"十四五"普通高等院校计算机类专业系列教材

交换机与路由器的配置管理

张继成◎主编

中国铁道出版社有限公司
CHINA RAILWAY PUBLISHING HOUSE CO., LTD.

内容简介

本书为"十四五"普通高等院校计算机类专业系列教材之一，详细介绍了网络拓扑结构、网络模型、IP 地址、交换机基本配置命令、端口安全性、端口聚合、虚拟局域网 VLAN 的配置、VLAN 通信、生成树技术与链路聚合、交换机 DHCP 技术、路由器的组成、路由器的工作原理、路由器的基本配置方法和配置命令、路由器的端口配置、静态路由及配置、RIP 路由协议、OSPF 路由协议、网络地址转换技术、访问控制技术等知识。

本书实用性强、局部剖析、整体设计，由浅入深、层次分明、理论够用、注重实践。

本书适合作为普通高等院校计算机及相关专业的教材，也可作为高职高专计算机类相关专业教材，还可作为计算机网络工程技术和网络管理人员的参考书。

图书在版编目（CIP）数据

交换机与路由器的配置管理 / 张继成主编 .—北京：中国铁道出版社有限公司，2024.2

"十四五"普通高等院校计算机类专业系列教材

ISBN 978-7-113-30851-3

Ⅰ.①交… Ⅱ.①张… Ⅲ.①计算机网络 - 信息交换高等学校 - 教材 ②计算机网络 - 路由选择 - 高等学校 - 教材 Ⅳ.① TN915.05

中国国家版本馆 CIP 数据核字（2024）第 001093 号

书　　名：**交换机与路由器的配置管理**
作　　者：张继成

策　　划：徐海英	编辑部电话：（010）63551006
责任编辑：王春霞　绳　超	
封面设计：刘　颖	
责任校对：苗　丹	
责任印制：樊启鹏	

出版发行：中国铁道出版社有限公司（100054，北京市西城区右安门西街 8 号）
网　　址：http://www.tdpress.com/51eds/
印　　刷：三河市燕山印刷有限公司
版　　次：2024 年 2 月第 1 版　2024 年 2 月第 1 次印刷
开　　本：850 mm×1 168 mm　1/16　印张：19.5　字数：538 千
书　　号：ISBN 978-7-113-30851-3
定　　价：53.00 元

版权所有　侵权必究

凡购买铁道版图书，如有印制质量问题，请与本社教材图书营销部联系调换。电话：（010）63550836
打击盗版举报电话：（010）63549461

前言

随着计算机和网络技术的迅猛发展,计算机网络及应用已渗透至社会的各个领域,大数据、云计算、物联网、人工智能等先进信息通信技术的发展和应用,均离不开网络这个信息化基础设施,它们彼此依附且相互助力。新一代信息技术产业将加快建设下一代信息网络,因此急需大量高层次网络人才。

交换机与路由器是大型交换式网络的核心设备,这些设备必须根据网络应用的需求进行合理正确的配置才能使用。在组建网络时,除布线以外,最重要的是对网管型交换机和路由器进行配置,以实现网络设计的功能。在日常的使用、管理和维护过程中,也要经常对网络设备的配置进行调整,以提高网络的性能和安全性,保证网络通畅,方便用户使用。这些都要求网络管理人员具备较高的对交换机、路由器、防火墙等网络设备进行配置和管理的技术。

本书是为满足新一代信息技术发展的需求而编写的高等院校教材,可满足理论和实践教学需求。本书的内容既注重基本理论、基本原理,又密切联系实际,解决生产一线问题,突出对高等院校学生动手能力的培养。注重把握读者的已有知识背景,依据读者的接受能力,循序渐进地组织教学内容。在内容安排上以企业网络的组建过程为主线,从不同角度采用不同的方法来剖析完整网络的组建过程。本书的主要特点是实用性强,局部剖析、整体设计,由浅入深、层次分明、理论够用、注重实践。

本书介绍了 Cisco 交换机和路由器的配置命令及其使用,以完整实训案例展示了交换机和路由器的应用。第 1 章主要介绍网络基础知识,包括计算机网络的定义、分类与主要性能指标,网络拓扑结构,网络通信协议,网络模型、IP 地址分类、子网划分。第 2 章主要介绍交换机配置途径与配置方法,交换机配置命令模式、交换机的基本配置、配置交换机端口安全性、配置二层交换机端口聚合及相关实训。第 3 章主要介绍虚拟局域网 VLAN 的配置、VLAN 通信以及 VLAN 技术实训。第 4 章主要介绍生成树技术与链路聚合及其相关实训。第 5 章主要介绍交换机 DHCP 配置命令,交换机 DHCP 服务、交换机 DHCP 中继服务及相关实训。第 6 章主要介绍路由器的组成、工作原理,路由器的基本配置方法和配置命令,路由器的端口配置及相关实训。第 7 章主要介绍静态路由及配置、RIP 路由协议配置命令及应用案例、OSPF 路由协议配置命令及应用案例、路由协议配置实训。第 8 章主要介绍网络地址转换（NAT）的工作原理、配置命令,NAT 技术配置实训。第 9 章主要介绍标准访问控制列表和扩展访问控制列表的应用。

本书适合作为普通高等院校计算机及相关专业的教材，也可作为高职高专计算机类相关专业教材，还可作为计算机网络工程技术和网络管理人员的参考书。

本书由荆州学院张继成主编。他负责全书的策划、编写提纲的制订与全书内容编写。

本书编者多年从事计算机网络、局域网组建与管理等课程的教学工作，有着丰富的理论和实践经验，为本书的编写奠定了基础。本书编者目前正在主持荆州学院的"计算机网络"一流本科课程立项项目，本书的编写得到了该课程立项项目的资助，是该课程立项项目的成果之一。

在本书编写过程中，编者参考了国内许多公开发表的相关资料，在此对相关专家、学者表示诚挚的感谢，同时也得到了学院领导的大力支持和帮助，课程组老师对编写本书提出了建设性意见，在此一并表示感谢。

限于编者学识，书中不足和疏漏之处在所难免，恳请专家、同行和读者批评指正，以便下次修订时改进（编者邮箱：bobzhangjc@163.com）。

编　者

2023 年 10 月

目 录

第1章 网络基础 1

1.1 计算机网络基本概念 1
- 1.1.1 计算机网络的定义、分类与主要性能指标 1
- 1.1.2 网络拓扑结构 3
- 1.1.3 网络通信协议 4

1.2 网络模型 5
- 1.2.1 ISO的OSI/RM 5
- 1.2.2 TCP/IP模型 10

1.3 IP地址 17
- 1.3.1 IP地址分类 18
- 1.3.2 子网划分 19

习题 23

第2章 交换机基本配置 25

2.1 认识Cisco交换机 25
- 2.1.1 Cisco交换机产品 25
- 2.1.2 Cisco的网际操作系统 26
- 2.1.3 Cisco交换机的关键部件 26

2.2 交换机配置途径与配置方法 27
- 2.2.1 交换机的本地配置 27
- 2.2.2 交换机的远程配置 31

2.3 交换机配置命令模式 33
- 2.3.1 配置模式间的切换 33
- 2.3.2 命令行界面的基本操作 35

2.4 交换机的基本配置 37
- 2.4.1 设置主机名 37
- 2.4.2 配置管理IP地址 38
- 2.4.3 配置特权密码和远程登录密码 38
- 2.4.4 配置交换机标题 40
- 2.4.5 设置系统日期和时间 40
- 2.4.6 show命令的使用 41

2.5 交换机的端口配置 42
- 2.5.1 配置端口的基本参数 42
- 2.5.2 配置二层交换机端口 44
- 2.5.3 配置三层交换机端口 45

2.6 配置交换机端口安全性 46

2.7 配置二层交换机端口聚合 49

2.8 交换机基本配置实训 51
- 2.8.1 交换机基本配置命令实训 51
- 2.8.2 交换机的端口配置实训 52
- 2.8.3 绑定交换机端口地址实训 54
- 2.8.4 交换机远程管理配置实训 56

习题 58

第3章 虚拟局域网 60

3.1 虚拟局域网概述 60
3.2 VLAN的配置 62
3.2.1 VLAN成员类型 62
3.2.2 VLAN的基本配置 62
3.2.3 通过VTP协议实现跨交换机的VLAN学习 68
3.3 VLAN通信 71
3.3.1 同一VLAN主机间通信 71
3.3.2 利用路由器实现VLAN通信 72
3.3.3 利用三层交换机实现VLAN间通信 74
3.4 VLAN技术实训 75
3.4.1 交换机VLAN的建立与端口分配实训 75
3.4.2 跨交换机相同VLAN的通信实训 80
3.4.3 交换机VTP的配置实训 83
3.4.4 交换机不同VLAN间的通信实训 87
3.4.5 路由器多端口实现VLAN间通信实训 90
3.4.6 单臂路由实现VLAN间通信实训 93
习题 98

第4章 生成树技术与链路聚合 100

4.1 生成树技术 100
4.1.1 网络中的冗余链路 100
4.1.2 生成树协议 101
4.1.3 生成树协议配置 105
4.2 链路聚合 107
4.2.1 链路聚合概述 107
4.2.2 流量平衡 108
4.2.3 链路聚合配置 109
4.3 生成树技术与链路聚合实训 111
4.3.1 生成树协议配置实训 111
4.3.2 快速生成树协议配置实训 114
4.3.3 交换机聚合端口的建立实训 118
4.3.4 端口聚合EtherChannel配置实训 ... 120
习题 122

第5章 交换机DHCP技术 123

5.1 DHCP概述 123
5.2 DHCP配置命令 125
5.3 交换机DHCP技术实训 127
5.3.1 交换机DHCP服务实训 127
5.3.2 交换机DHCP中继服务实训 131
5.3.3 DHCP协议的配置实训 135
5.3.4 DHCP中继的配置实训 139
习题 148

第6章 路由器基本配置 149

6.1 路由器简介 149
6.1.1 路由器的组成 149
6.1.2 路由器的工作原理 152
6.1.3 路由器的分类及选择原则 154

6.2 路由器的基本配置方法和配置命令 ...156
   6.2.1 路由器的基本配置方法 156
   6.2.2 配置模式与命令 157
   6.2.3 路由器名称和系统时间设置 159
   6.2.4 路由器标题配置 160
   6.2.5 控制台配置 161
   6.2.6 配置Telnet功能 161
   6.2.7 配置连接超时 162

6.3 路由器的端口配置 163
   6.3.1 端口基本配置 163
   6.3.2 以太网端口配置 164
   6.3.3 广域网端口配置 165
   6.3.4 逻辑端口配置 166

6.4 路由器配置实训 169
   6.4.1 路由器基本配置实训 169
   6.4.2 直连路由实现两个局域网互联实训 171

习题 174

第7章 IP路由协议及配置 176

7.1 常用路由协议 176
   7.1.1 静态路由 177
   7.1.2 动态路由 177

7.2 静态路由及配置 178

7.3 RIP路由协议 186
   7.3.1 RIP路由协议简介 186
   7.3.2 RIP路由协议的工作过程 186

   7.3.3 RIP的配置命令 187

7.4 OSPF路由协议 190
   7.4.1 OSPF路由协议简介 190
   7.4.2 OSPF配置命令 193

7.5 路由协议配置实训 195
   7.5.1 静态路由配置实训（一） 195
   7.5.2 静态路由配置实训（二） 201
   7.5.3 RIP路由配置实训（一） 205
   7.5.4 RIP路由配置实训（二） 208
   7.5.5 RIP路由配置实训（三） 213
   7.5.6 OSPF路由配置实训（一） 221
   7.5.7 OSPF路由配置实训（二） 223
   7.5.8 OSPF路由配置实训（三） 228

习题 234

第8章 网络地址转换 236

8.1 NAT技术 236
   8.1.1 NAT简介 236
   8.1.2 NAT的工作原理 237
   8.1.3 NAT的分类 239
   8.1.4 NAT配置命令 239
   8.1.5 NAT实现使用私有地址的网络接入互联网 242

8.2 NAT技术配置实训 251
   8.2.1 静态NAT配置实训 251
   8.2.2 动态NAT配置实训 255
   8.2.3 端口NAT配置实训 260

习题 265

第9章 访问控制技术 266

9.1 访问控制列表简介 266

9.2 配置号码式访问控制列表限制计算机访问 270

9.3 配置命名式访问控制列表限制计算机访问 286

9.4 访问控制列表实训 288

   9.4.1 标准访问控制列表实训 288

   9.4.2 基于VTY的访问控制实训 292

   9.4.3 扩展访问控制列表实训 295

习题 301

参考文献 304

第 1 章 网络基础

本章介绍在计算机网络工程规划设计、网络组建和网络运维管理过程中所必须理解和掌握的网络基础知识,并重点介绍了 OSI 七层参考模型和 TCP/IP 参考模型,IP 地址的分类和子网划分。

1.1 计算机网络基本概念

计算机网络是计算机技术和通信技术发展的必然产物。进入 20 世纪 90 年代以后,以互联网(internet)为代表的计算机网络得到了飞速发展,加速了全球数字化、网络化、信息化和智能化革命的进程。计算机网络正日益影响和改变着人们的生活方式、工作方式和学习方式,现在人们的生活、工作、学习和交往都已离不开计算机网络。

1.1.1 计算机网络的定义、分类与主要性能指标

1. 计算机网络的定义

计算机网络是指利用无线或有线传输介质,将分布在不同地理位置且自治的计算机互联起来而构成的计算机集合。组建网络的目的是实现资源共享和通信。

目前最大的计算机网络就是互联网,它是利用传输介质和网络互联设备,将分布在全球范围内的计算机和计算机网络互联起来,而形成的一个覆盖全球的计算机网络。

2. 计算机网络的分类

可以从不同的角度对计算机网络进行分类。

(1)根据网络交换功能的不同,计算机网络可分为电路交换网、报文交换网、分组交换网和混合交换网。混合交换就是在一个数据网络中同时采用了电路交换技术和分组交换技术。

目前计算机网络主要采用分组交换技术，而传统的电话网采用电路交换技术。

（2）根据网络覆盖地理范围的大小，计算机网络可分为个人区域网、局域网、城域网和广域网。

个人区域网（personal area network, PAN）：指通过无线技术将个人工作或家庭里属于自己的设备连接起来，如家庭局域网，将PC（个人计算机）、笔记本计算机、家用电器等连接起来。因连接方式采用无线技术，也有人将其称为无线个人区域网（wireless PAN, WPAN），其传输范围较小，大约在10 m以内。

局域网（local area network, LAN）：指网络覆盖范围在几百米至几千米的网络。网络覆盖的地理范围较小，如校园网、企事业单位内部网等。

局域网可运行的协议主要有以太网协议（IEEE 802.3）、令牌总线（IEEE 802.4）、令牌环（IEEE 802.5）和光纤分布式数据接口（FDDI）。目前局域网最常用的是以太网协议，因此在没有特别说明的情况下，局域网通常是指以太局域网。以太网是指运行以太网协议的网络。

城域网（metropolitan area network, MAN）：指网络覆盖范围在几千米至几十千米的网络，其作用范围为一个城市。

广域网（wide area network, WAN）：指网络覆盖范围在几十至几千千米的网络，可以跨越不同的国家或洲。互联网是全球最大的一个广域网，互联网通信采用TCP/IP族，该协议族就是为互联网而设计的。目前局域网也采用TCP/IP来通信。

（3）根据网络的使用者，计算机网络可划分为公用网络和专用网络。

3. 计算机网络的主要性能指标

计算机网络的主要性能指标有带宽和时延。

（1）带宽。在模拟信号中，带宽是指通信线路允许通过的信号频率范围，其单位为赫兹，简称"赫"。

在数字通信中，带宽是指数字信道发送数字信号的速率，其单位为bit/s，因此带宽有时也称为吞吐量，常用每秒发送的比特数来表示。比如，通常说某条链路的带宽或吞吐量为100 Mbit/s，实际上指该条链路的数据发送速率为100 Mbit/s，即每秒可发送100 Mbit的数据。

注意：在数据通信中，单位换算关系与计算机领域是不相同的。其换算关系如下：

$$1 \text{ kbit/s} = 1\,000 \text{ bit/s}$$
$$1 \text{ Mbit/s} = 1\,000 \text{ kbit/s}$$
$$1 \text{ Gbit/s} = 1\,000 \text{ Mbit/s}$$

（2）时延。时延是指一个报文或分组从链路的一端传送到另一端所需的时间。时延由发送时延、传播时延和处理时延三部分构成。

发送时延是使数据块从发送节点进入传输介质所需的时间，即从数据块的第一个比特数据开始发送算起，到最后一个比特发送完毕所需的时间，其值为数据块的长度除以信道带宽。因此在发送的数据量一定的情况下，带宽越大，则发送时延越小，传输越快。发送时延又称传输时延。

传播时延是指电磁波在信道中传输一定的距离所花费的时间。一般情况下，这部分时延可忽略不计，但如果通过卫星信道传输，则这部分时延较大。电磁波在铜线电缆中的传播速度约为 2.3×10^5 km/s，在光纤中的传播速度约为 2.0×10^5 km/s，1 000 km长的光纤线路产生的传播时延约为5 ms。

处理时延是指数据在交换节点为存储转发而进行一些必要处理所花费的时间。在处理时延中，排队时延占的比重较大，通常可用排队时延作为处理时延。

1.1.2 网络拓扑结构

网络拓扑结构是指用传输介质互联的各节点的物理布局。在网络拓扑结构图中，通常用点来表示联网的计算机，用线来表示通信链路。

在计算机网络中，网络拓扑结构主要有总线、星形、环形、网状和树状，最常用的是星形。

1. 总线拓扑结构网络

总线拓扑结构网络（见图1-1）使用同轴电缆细缆或粗缆作为公用总线来连接其他节点。总线的两端安装一对 50 Ω 的终端电阻，以吸收剩余的电信号，避免产生有害的反射电信号。采用细同轴电缆时，每一段总线的长度一般不超过 185 m。

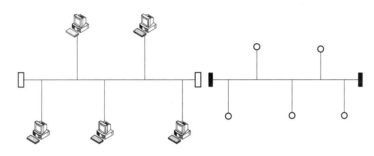

图 1-1　总线拓扑结构网络

主要优点：结构简单，所需电缆数量较少。

主要缺点：故障诊断和隔离较困难，可靠性差，传输距离有限，共享带宽，速度慢。

2. 星形拓扑结构网络

星形拓扑结构网络中，各节点以星形方式连接到中心交换节点，通过中心交换节点，实现各节点间的相互通信，是目前局域网的主要组网方式。中心交换节点可以用集线器或交换机，集线器是共享带宽设备，已淘汰，目前主要采用交换机作为中心交换节点，如图1-2所示。

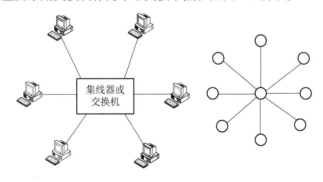

图 1-2　星形拓扑结构网络

主要优点：控制简单，故障诊断和隔离容易，易于扩展，可靠性好。

主要缺点：需要的电缆较多，交换节点负荷较重。

3. 环形拓扑结构网络

环形拓扑结构网络由通信线路将各节点连接成一个闭合的环，数据在环上单向流动，网络中用令牌控制来协调各节点的发送，任意两节点都可通信，如图1-3所示。

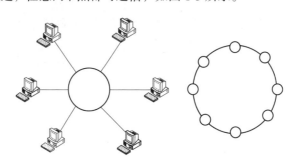

图1-3 环形拓扑结构网络

主要优点：所需线缆较少，易于扩展。
主要缺点：可靠性差，一个节点的故障会引起全网故障，故障检测困难。

4. 网状拓扑结构网络

网状拓扑结构网络在所有设备间实现点对点的互联，如图1-4所示。

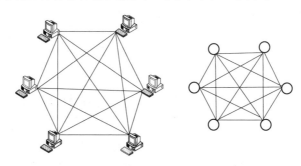

图1-4 网状拓扑结构网络

在局域网中，使用网状拓扑结构较少。在互联网中，主干路由器彼此间的互联可采用网状拓扑结构，以提供到目标网络的多种路径选择和链路冗余。

5. 树状拓扑结构网络

树状拓扑结构网络像一棵倒置的树，顶端是树根，树根以下带分支，每个分支还可再进行分支。树状拓扑结构网络易于扩展，故障隔离较容易，其缺点是各个节点对根的依赖性较大。

1.1.3 网络通信协议

1. 网络通信协议的概念

在计算机网络中，要做到有条不紊地交换数据和通信，就必须共同遵守一些事先约定好的规则，这些为进行网络数据交换而建立的规则、标准或约定就称为网络通信协议。

网络通信协议由语法、语义和同步三个要素组成。语法规定了数据与控制信息的结构或格式；语义则定义了所要完成的操作，即完成何种动作或做出何种响应；同步则是事件实现顺序的详细说明。

2. 常用的网络通信协议

在局域网中，常用的网络通信协议主要有NetBEUI和TCP/IP协议集，用得最广泛的主要是TCP/IP

协议集。

（1）NetBEUI 协议。NetBEUI（NetBIOS extended user interface, NetBIOS 用户扩展接口）是 IBM 于 1985 年开发的一种体积小、效率高、速度快的通信协议，但不具备跨网段工作的能力，主要用于小型网络。

（2）TCP/IP 协议集。TCP/IP 是互联网的标准通信协议，支持路由和跨平台特性。在局域网中，也广泛采用 TCP/IP 来工作。TCP/IP 是一个大的协议集，并不仅是 TCP 和 IP 这两个协议。

1.2 网络模型

1.2.1 ISO 的 OSI/RM

国际标准化组织（International Organization for Standardization, ISO），是一个全球性的非政府组织，负责制定大部分领域的国际标准，中国是 ISO 的正式成员。ISO 制定了 OSI/RM（open system interconnection reference model），即开放系统互连参考模型。开放是指任何遵守参考模型和有关标准的系统都能够相互连接，开放系统互连是指为了在终端设备、计算机、网络和处理机之间交换信息所需要的标准化协议，为了彼此都能使用这些协议，在它们之间也必须是相互开放的。OSI 参考模型定义了不同计算机体系结构互连的标准，是设计和描述计算机网络通信的基本框架。

1. 层次化体系结构

对于复杂的计算机网络，最好采用层次化结构。OSI 参考模型中的基本构造技术是分层结构，其划分层次的基本原则如下：

（1）层数应适当，避免不同的功能混杂在同一层中，但又不宜过多，避免描述各层及将各层组合起来过于繁杂。

（2）各层边界的选择应尽量减少跨过接口的通信量。

（3）每层应有明确的功能定义，对已被实践经验证明是成功的层次应予以保留。

（4）各层功能的选择应该有助于制定网络协议的国际标准。

（5）在保持与上下相邻层间接口服务定义不变的前提下，允许在本层内改变功能和协议。

（6）根据功能的需要，在同一层内可以建立若干子层，可以根据情况跳过某些子层。

（7）每一层仅和它的相邻层建立接口并规定相应的服务，这个原则也适用于子层的接口。

OSI 参考模型制定过程中采用的方法是将整个庞大而复杂的问题划分为若干个容易处理的小问题，这就是分层的体系结构办法。在 OSI 参考模型中，采用了三级抽象，即体系结构、服务定义、协议规格说明。

OSI 参考模型把网络通信的工作分为七层，如图 1-5 所示，它们由低到高分别是物理层、数据链路层、网络层、传输层、会话层、表示层和应用层。第一层到第三层属于 OSI 参考模型的低三层，负责创建网络通信连接的链路，实现通信子网的功能；第五层到第七层为 OSI 参考模型的高三层，具体负责端到端的数据通信，实现资源子网的功能；第四层负责高低层的连接。

图 1-5 OSI 参考模型

七层网络功能大致可以分为三个层次：第一、二层解决网络信道问题，第三、四层解决传输服务问题，第五、六、七层处理对应用进程的访问。从控制角度看，七层网络的下三层，即第一、二、三层为传输控制层，解决网络通信问题，上三层，即第五、六、七层为应用控制层，解决应用进程通信问题，中间层是第四层，作为传输层，属于传输与应用间的接口。

在 OSI 参考模型七层结构中，每层完成一定的功能，每层都直接为其上层提供服务，并且所有层次都互相支持，而网络通信则可以自上而下（在发送端）或者自下而上（在接收端）双向进行。当网络中的不同节点进行通信时，如图 1-6 所示，网络中各节点都有相同的层次，不同节点相同层次具有相同的功能，同一节点相邻层间通过接口通信，每一层可以使用下层提供的服务，并向上层提供服务，不同节点的同等层间通过协议实现对等层间的通信。

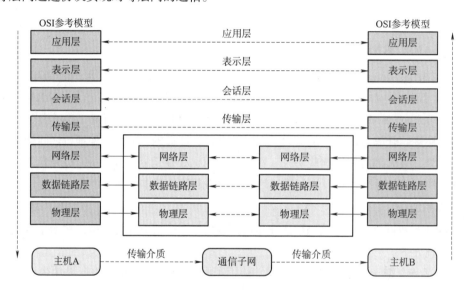

图 1-6　基于 OSI 参考模型的节点间通信模型

当然并不是每一次通信都需要经过 OSI 参考模型的全部七层，有的甚至只需要双方对应的某一层即可。物理接口之间的转接，以及中继器与中继器之间的连接就只需在物理层中进行即可，而路由器与路由器之间的连接则只需经过网络层以下的三层即可。总的来说，双方的通信是在层与层之间进行对等通信，且这种通信只是逻辑上的，真正的通信都是在物理层实现的，每一层要完成相应的功能，下一层为上一层提供服务，从而把复杂的通信过程分成多个独立的、比较容易解决的子问题。

2. 各层次功能

1）应用层

应用层位于 OSI 参考模型的第七层，即最高层。应用层的功能与应用进程相关，它的主要作用是为应用程序提供接口，使得应用程序能够使用网络服务。应用层的数据形式上是报文，称为应用层协议数据单元（application layer protocol data unit，APDU）。

2）表示层

表示层位于 OSI 参考模型的第六层，在应用层的下方。表示层规定了两个系统交换信息的语法和语义。语法是数据的表示形式，确定通信双方"如何讲"，定义了数据格式、编码和信号电平等。语义确定通信双方"讲什么",即数据的内容和意义,定义了用于协调同步和差错处理等控制信息。表示层的数据形式也是报文,称为表示层协议数据单元(presentation layer protocol data unit, PPDU)。

表示层的作用有以下几方面:

(1)数据的编码、解码。两个系统间的进程所交换的信息形式通常是字符、数字等,这些信息在传送前需要变换为二进制码流。不同的系统可能使用不同的编码系统,所以表示层的作用就是在不同的编码系统之间提供转换的能力。在发送端的表示层将信息从与发送端有关的格式转换为一种公共格式,在接收端的表示层将该公共格式转换为与接收端相关的格式。

(2)数据的加密、解密。数据的加密、解密过程是在表示层实现的。加密和解密是为了数据传输过程中的安全性,在发送端对数据进行加密处理,接收端收到数据后进行解密处理。

(3)数据的压缩和解压缩。数据压缩是指在不丢失有用信息的前提下,缩减信息中所包含的数据量以减少存储空间,提高其传输、存储和处理效率,数据的压缩和解压缩过程在表示层实现。

3)会话层

会话层位于表示层的下方,即第五层。该层的数据形式也是报文,称为会话层协议数据单元(session layer protocol data unit, SPDU)。会话层的作用有以下几方面:

(1)不同用户、不同节点间传输信道的建立和维护。会话层允许两个系统间进行会话,通信可以按全双工或半双工等方式进行。

(2)同步会话。确定通信双方"讲话的次序",定义了速度匹配和排序等。

(3)决定通信是否能被中断,以及中断后在何处恢复,断点续传功能在会话层实现。

4)传输层

传输层位于第四层,是整个网络体系结构中的关键层。其任务是在源主机与目的主机之间提供可靠的、性价比合理的数据传输服务,并且与当前所使用的物理网络完全独立。当网络中的两台主机通信时,从物理层算起,第一个涉及端到端的层次便是传输层,所以传输层位于端系统,而不是通信子网,它的数据形式是数据段。传输层的作用有如下几方面:

(1)端口号分配。为了标识同一主机的不同进程,在传输层分配端口号,端口号与IP结合形成唯一的套接字。

(2)报文分段与重组。传输层能够在发送端根据网络的处理能力把大的报文分成小的数据单元传送,在接收端按照序号正确地重组。

(3)复用与分用。传输层一个很重要的功能就是复用和分用。复用是传输层从应用层接收不同进程产生的报文,这些报文在传输层被复用并通过网络层的协议进行传输。分用是当这些报文到达目的主机后,传输层便使用分用功能将报文分别提交给应用层的不同进程。

(4)流量控制。如果发送端发送数据的速度大于接收端接收数据的速度,会使得接收端不能及时接收并处理数据。因此传输层流量控制的意义在于接收端来得及接收并处理发送端发送的数据。

(5)差错控制。发生错误通常通过重传机制实现差错控制。

5)网络层

网络层位于第三层,主要负责将数据从源端传递到目的端。如果中间经过多个网络,将由网络层来进行传送路径的选择,它的数据形式是分组或数据包。网络层的作用有以下几方面:

(1)为网络设备提供IP地址。在网络层通过分配IP地址进行设备的识别,IP地址是一种逻辑地址。

（2）路由选择。数据从源端到目的端，可能会经过不同的网络，在不同的网络之间进行路径的选择是由网络层完成的。

（3）网络互联。把使用不同网络层协议的网络连接起来，实现不同网络的互联。

6）数据链路层

数据链路层位于第二层，主要作用是一方面从物理层得到服务，另一方面把从网络层接收到的数据分成可以被处理的传输形式。不同的数据链路层协议定义的帧结构不同，数据链路层的数据形式是帧。

数据链路层主要考虑帧在数据链路上的传输问题，内容包括：帧的格式、帧的类型、比特填充技术、数据链路的建立和终止、流量控制、差错控制等。常用的数据链路层协议包括：面向字符的传输控制规程，如基本型传输控制规程；面向比特的传输控制规程，如高级数据链路控制规程。数据链路层的主要作用有以下几方面：

（1）成帧。数据链路层把从网络层接收到的数据分成数据帧。

（2）物理编址。数据链路层用来标识设备的是物理地址，即设备的实际地址。在成帧的过程中把物理地址添加到数据帧的头部。

（3）流量控制。根据接收端的数据接收处理能力，来确定发送端的发送速率。

（4）差错控制。为了增加数据传输的可靠性，数据链路层通过在帧尾加校验位来实现差错控制。

（5）接入控制。当多个设备连接到同一条链路时，数据链路层需要确定设备什么时候控制传输链路。

7）物理层

物理层位于第一层，即 OSI 参考模型的最底层。物理层主要负责在网络介质上传输比特流，信号的编码、解码等，与数据通信的物理和电气特性有关，物理层的数据形式是位。物理层的主要作用有以下几方面：

（1）实现位操作。将数据形式转换成二进制位。

（2）二进制信号在物理线路的传输。将二进制 0 和 1 转换成能够在传输介质上传输的电或光信号，对数据的传输速率和调制速率进行测算。常采用移频键控和移相键控技术进行信号传输，可采用多种编码方式对物理层的字符和报文组装，最常使用的是 ASCII 编码。在信号传输过程中，系统需要对字符进行控制，能够从比特流中区分和提取出字符或报文。

（3）信号传输规程。规定传输方式采用单工、半双工或全双工，传输过程及事件发生执行的先后顺序。

（4）接口规范。规范接口的形状、大小、引脚的个数、功能、规格，以及引脚的分布，相应传输介质的参数和特性。

3. 各层次间的数据封装及通信过程

OSI 参考模型的分层体系使得各层功能明确并且独立，下层为上层提供服务。OSI 参考模型的各层封装如图 1-7 所示。

为简化问题，假设计算机 1 和计算机 2 直接相连，现在计算机 1 的应用进程 AP1 要向计算机 2 的应用进程 AP2 发送数据，下面分析该数据在发送端和接收端的各层间的传递和处理过程。

应用进程 AP1 将要传送的数据交给应用层，应用层在数据首部加上必要的控制信息 H5，然后将数据传递给下面的传输层，数据和控制信息就成为下一层的数据单元。

传输层接收到这个数据单元后，在首部加上本层的控制信息 H4，再交给下面的网络层，成为网络层的数据单元。

第 1 章 网络基础

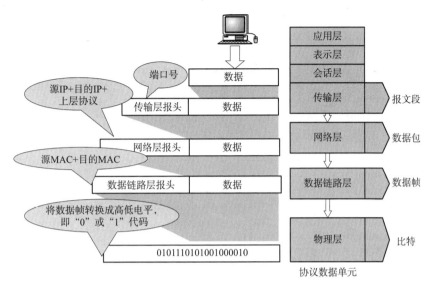

图 1-7 OSI 参考模型的各层封装

网络层接收到这个数据单元后，在首部加上 IP 报头 H3，再交给下面的数据链路层。

数据链路层接收到这个数据单元后，在首部和尾部分别加上控制信息 H2 和 T2，将数据单元封装成数据帧，然后交给物理层进行传送。对于 HDLC 数据帧，在首部和尾部各加上 24 bit 的控制信息，对应 Ethernet V2 格式的 MAC 帧，首部添加 14（6+6+2）字节，尾部添加 4 字节的帧校验序列 FCS。

物理层直接进行比特流的传送，不再加控制信息。当这一串比特流经网络传输介质到达目的主机时，就从第一层依次交付给上一层进行处理。每一层根据控制信息进行必要的操作，然后将本层的控制信息剥去，将剩下的数据单元再交付给上一层进行处理，最后应用进程 AP2 就可以收到来自 AP1 应用进程传送的数据。

从中可见，数据在发送时从高层向低层流动，每一层（物理层除外）都给收到的数据单元套上一个本层的"信封"（控制信息），数据在被接收时从低层向高层流动，每一层（物理层除外）进行必要处理后，去掉本层的"信封"，将"信封"中的数据单元再上交给上一层进行处理。整个传递过程如图 1-8 所示。

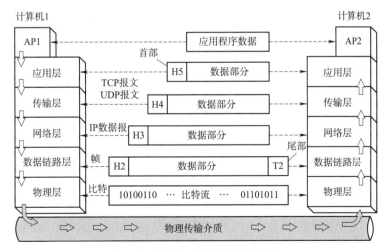

图 1-8 数据在各层间的传递过程

1.2.2 TCP/IP 模型

1. TCP/IP 模型体系结构

OSI 的七层体系结构仅是一个纯理论的分析模型,本身并不是一个具体协议的真实分层,具有四层体系机构的 TCP/IP 模型得到了广泛应用,成为事实上的国际标准和工业生产标准。

在 TCP/IP 模型中,网络体系结构由低层到高层,依次为网络接口层、网络层、传输层和应用层,其网络体系结构与 OSI 七层结构的对应关系如图 1-9 所示。

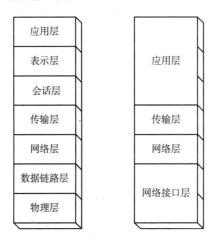

图 1-9 OSI 与 TCP/IP 体系结构的对应关系

1)应用层

应用层位于四层体系结构的最高层,对应于 OSI 参考模型的高三层(应用层、表示层、会话层),为用户提供各种所需的服务,比如域名解析、邮件接收和发送、文件传输等,为了实现这些服务,在应用层定义了 DNS、SMTP、POP、FTP、SNMP、HTTP、Telnet 等协议。

2)传输层

传输层提供端到端(主机服务进程对另一主机服务进程)的数据传输,提供可靠传输协议 TCP(transmission control protocol,传输控制协议)和不可靠传输协议 UDP(user datagram protocol,用户数据报协议)两种。

TCP 提供面向连接的、可靠的传输服务。利用 TCP 传输数据时,必须先建立 TCP 连接,连接成功后,才能传输数据。TCP 提供传输可靠性控制机制,通过流量控制、分段/重组和差错控制功能,能对传送的分组进行跟踪,对在传输过程中丢失的报文,会要求重传,从而保证传输的可靠性。

UDP 是一种无连接的传输层协议,提供面向事务的、简单、不可靠的信息传送服务。UDP 无法跟踪报文的传输过程,当报文发送之后,是无法得知其是否安全完整地到达目标呼叫的,故是不可靠的传输协议,常用于数据量大且对可靠性有要求的传输应用,比如音频或视频信号的传输。

3)网络层

网络层对应 OSI 参考模型的网络层,主要提供路由功能,解决主机到主机的数据通信问题。网络层协议 IP 是 TCP/IP 体系结构中两个最主要的协议之一。与 IP 配套应用的还有四个协议:ARP(address resolution protocol,地址解析协议)、RARP(reverse address resolution protocol,反向地址解析协议)、

ICMP（internet control message protocol，互联网控制报文协议）、IGMP（internet group management protocol，互联网组管理协议）。

4）网络接口层

网络接口层位于 TCP/IP 模型的最底层，对应 OSI 参考模型的数据链路层和物理层。TCP/IP 本身并未对该层功能进行定义，由参与互联的各网络使用自己的数据链路层和物理层协议，与 TCP/IP 的网络接口层进行连接。

2. TCP

TCP 传送的数据单元是 TCP 报文段。由于 TCP 提供可靠的、面向连接的传输服务，因此增加了许多额外的开销，使得报文结构的首部增大很多，并且占用了更多的处理机资源。TCP 报文结构如图 1-10 所示。

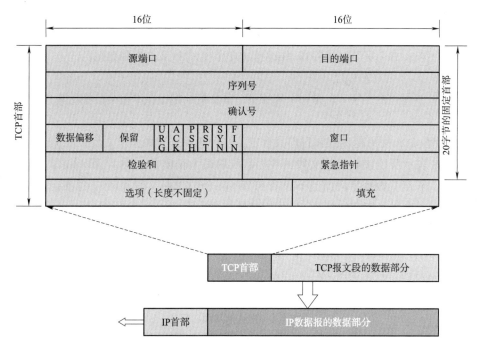

图 1-10　TCP 报文结构

（1）源端口、目的端口字段：各占 2 字节。端口是传输层与应用层的服务接口，传输层的复用和分用功能都要通过端口才能实现。

（2）序列号字段：占 4 字节。由于 TCP 是面向字节传输的，因此 TCP 将所要传送的报文看成是字节组成的数据流，并为每一字节对应一个序号。在连接建立时，双方商定初始序号。TCP 每次发送的报文段的首部中的序号字段数值表示该报文段中的数据部分的第一个字节的序号。

（3）确认号字段：占 4 字节。TCP 的确认是对接收到的数据的最高序号表示确认。接收端返回的确认号是已收到的数据的最高序号加 1，因此确认号表示接收端期望下次收到的数据中的第一个数据字节的序号。

（4）数据偏移字段：占 4 位。它指出 TCP 报文段的数据起始处距离 TCP 报文段的起始处有多远。

数据偏移量以 4 字节为计算单位，实际表示的是 TCP 报文的头长度。

（5）保留字段：占 6 位。保留以后使用，置 0。

（6）标志位：共 6 位。

URG：紧急位，1 位，URG 与紧急字段配合使用。URG=1，表示紧急字段有效。它告诉系统此报文段中有紧急数据，优先传送（优先级高）。

ACK：确认位，1 位，当 ACK=1 时，确认号字段有效；当 ACK=0 时，确认号字段无效。

PSH（push）：推送位，1 位，PSH=1 时，尽快提交报文。

RST（reset）：复位位，1 位，RST=1 时，表明 TCP 连接中出现严重问题，必须释放此次连接，重新建立传输连接。

SYN：同步位，1 位，SYN=1，ACK=0 表示连接请求；SYN=1，ACK=1 表示响应报文。

FIN：终止位，1 位，释放连接。FIN=1，表示此报文段发送端的数据已发送完毕，请求释放连接。

（7）窗口字段：占 2 字节。流量控制，允许发送端发送的最大值，单位为字节。

（8）校验和字段：占 2 字节。校验和字段检验的范围包含报文头部和数据两部分，采用伪头部计算方式。

（9）紧急指针字段：占 2 字节。是一个偏移量，紧急指针指出在本报文段中的紧急数据的最后一个字节的序号。

（10）选项字段：长度可变。TCP 目前只规定了一种选项，即最大报文段长度（maximum segment size，MSS）。MSS 表示所能接收的报文段的数据字段的最大长度是 MSS 字节（MSS 是 TCP 报文段中的数据字段的最大长度，数据字段加上 TCP 首部等于整个 TCP 报文段）。由于选项字段的长度不稳定，为了保证整个头部长度是 4 字节的整数倍，可以使用填充字段。

端口号分配有两种方式：使用中央管理机构统一分配的端口号或使用动态绑定。

（1）使用中央管理机构统一分配的端口号。应用程序的开发者都默认在 RFC1700 中定义特殊端口号，在进行软件设计时，都要遵从 RFC1700 中定义的规则，不能随便使用已定义的端口号。系统常用端口号见表 1-1。例如，任何 Telnet 应用中的会话都要使用标准端口号 23。

表 1-1 系统常用端口号

常用的应用层协议或应用程序	端口号	
	UDP	TCP
FTP		21
Telnet		23
SMTP		25
DNS	53	
TFTP	69	
SNMP	161	
HTTP		80
DHCP		67

（2）使用动态绑定。如果一个应用程序的会话没有涉及特殊的端口号，那么系统将在一个特定的取值范围内随机地为应用程序分配一个端口号。

主机中的应用程序在发送报文之前，必须确认自身和目的端口号，如果不知道对方的端口号，就必须发送请求以获得对方的端口号。

（1）服务器端使用的端口号可以分为以下三类：

第一类是熟知端口号或公用端口号，这类端口号的值小于 255。

第二类是公共应用端口号，是由特定系统应用程序注册的端口号，其值为 255~1 023。

第三类端口号称为登记端口号，当在互联网中使用一个未曾用过的应用程序时，就需要向 IANA 申请注册一个其他应用程序尚未使用的端口号，以便在互联网中能够使用该应用程序，这类端口号的值为 1 024~49 151。

（2）客户端使用的端口号。这类端口号仅在客户端进程运行时临时选择使用，又称临时端口号，其值为 49 152~65 535。在客户端/服务器（C/S）模型下，当服务器进程接收到客户端进程的报文时，就可以知道客户端进程所使用的端口号，因而可以把数据发送给客户端进程。当本次通信结束后，客户端使用过的临时端口号被释放，这个端口号可以提供给其他的客户端进程继续使用。

3. IP

IP 数据报由首部和数据两部分构成。IP 首部由固定部分和可变部分组成，固定部分总共为 20 字节，可变部分最多为 40 字节。最常用的首部长度为 20 字节，即不使用任何可选项。IP 数据报的格式如图 1-11 所示。

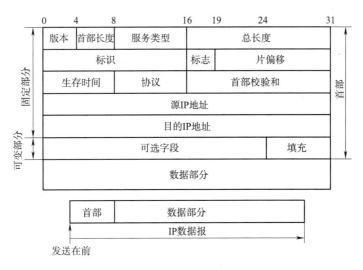

图 1-11　IP 数据报的格式

1）版本字段

其长度占 4 位，它表示所使用的网络层 IP 协议的版本号，版本字段值为 4，表示 IPv4；版本字段值为 6，表示 IPv6。通信双方使用的 IP 协议的版本必须一致。

2）首部长度字段

首部长度字段的长度占 4 位，它定义了以 4 字节为一个单位的首部的长度，可以表示的最大十进制数值是15。首部中可选字段和填充字段是可变的,其他各项是固定不变的,长度是20字节,因此,首部长度的最小值就是5,表示首部的最小长度为20字节。

由于首部长度字段的最大值是15,表示首部长度最大达到了60字节,其中可选字段和填充字段一共占到了40字节,因此,IP数据报的首部长度在20～60字节。同时,协议还规定,IP数据报的首部长度必须是4字节的整数倍,如果不是4字节的整数倍,则通过填充字段补0来补齐。IP数据报的数据部分永远在4字节的整数倍开始,这样在实现IP协议时较为方便。合理的首部长度有利于用户减少开销。

3)服务类型字段

其长度占8位,用来获得更好的服务,服务类型字段由4位服务类型字段与3位优先级字段构成,剩下的1位为保留位。服务器类型参数为:延迟、可靠性、吞吐量与成本,每位取值0或1,在这4位中,最多只能有1位的值为1,其他3位的值为0。一般情况下,每种网络技术都不可能同时在这四个方面达到最优,因此,只能强调用户最需要保证的性能,而降低其他方面的要求,这是IP协议在设计中遵循的原则和基本思路。

当分组在网络之间传输时,有的应用需要网络提供优先服务,重要服务信息的处理等级比一般服务信息的处理等级高,这时候需要设置优先级字段。

4)总长度字段

总长度字段占16位,它是指首部和数据之和的长度,IP数据报的最大长度为$2^{16}-1=65\ 535$字节,总长度的单位为字节,然而实际上传送这样长的数据报在现实中是少见的。

一个IP数据报可以通过几个不同的网络进行传输,每一个路由器将它所接收的帧拆封成IP数据报,对它进行处理,然后再将它封装成另一个帧。接收到的帧的格式和长度取决于此帧刚刚经过的物理网络所使用的协议,被发送的帧的格式和长度取决于此帧将要经过的物理网络所使用的协议。

在IP层下面的每一种数据链路层协议都规定了一个数据帧中的数据字段的最大长度,称为最大传输单元(maximum transfer unit, MTU)如图1-12所示。当一个IP数据报封装成链路层的帧时,此数据报的总长度一定不能超过下面数据链路层所规定的MTU值。若超过,则必须把过长的数据报进行分片处理,常用的以太网就规定其MTU值是1 500字节。

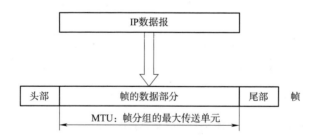

图1-12 最大传送单元MTU

虽然使用尽可能长的IP数据报会使传输效率得到提高,但短的数据报能够提高路由器转发的速度。

图1-13给出了IP数据报分片的基本方法。首先要确定片长度,然后将原始IP数据报分成第一个片,如果剩余的数据仍然超过片长度,则需要进行第二次分片,第二个分片数据加上原来的首部,构成第二个片,这样一直分割到剩下的数据小于片长度为止。

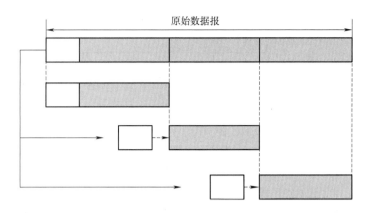

图 1-13 IP 数据报分片的基本方法

5）标识字段

标识字段的长度为 16 位，是一个计数器，用来产生数据报的标识，每产生一个数据报，计数器就加 1，并将此值赋给标识字段。由于属于同一 IP 数据报的不同分片到达目的节点会出现乱序，把标识字段的值复制到所有的数据报片的标识字段中，相同的标识字段的值使分片后的各数据报片最后能正确地重装成为原来的数据报。

6）标志字段

标志字段的结构如图 1-14 所示。标志字段共 3 位，目前只有两位有意义，最高位为保留位。

图 1-14 标志字段的结构

标志字段的最低位记为 MF，MF 值表示该分片是不是最后一个分片。MF=1 表示接收的不是最后一个分片，MF=0 表示接收的是最后一个分片。

标志字段的中间一位记为 DF，DF=1 表示接收节点不能对数据报进行分片。如果数据报的长度超过 MTU，又不可以分片，那么只能丢弃这个分组，并用 ICMP 差错报文向源主机报告。DF=0 表示允许分片。

7）片偏移字段

片偏移字段表示分片在整个分组中的相对位置。它的长度为 13 位，片偏移是以 8 字节为单位来计数，因此选择的分片长度应为 8 字节的整数倍。

若一个数据报的总长度为 2 820 字节，使用固定首部，其数据部分为 2 800 字节长，需要分片为长度不超过 1 020 字节的数据报片。因固定首部长度为 20 字节，因此每个数据报片的数据部分长度不能超过 1 000 字节，于是分为三个数据报片，其数据部分的长度分别为 1 000 字节、1 000 字节和 800 字节。原始数据报首部被复制为各数据报片的首部，但必须修改有关字段的值，图 1-15 给出了分片后得出的结果，请注意片偏移的数值。

表 1-2 给出了本例中数据报首部与分片有关的字段中的数值，其中标识字段的值是任意给定的（12 668）。具有相同标识的数据报片在目的站就可无误地重装原来的数据报。

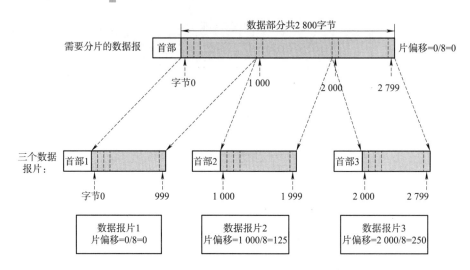

图 1-15 数据报的分片结果

从原始数据报到分片以后，首部的总长度字段、标志字段与片偏移字段均发生改变。在数据报片 1、数据报片 2 中 MF=1，表示它后面还有分段，它不是最后一个分段。在数据报片 3 中 MF=0，表示它是最后一个分段。需要注意的是，由于标识、标志与片偏移值发生变化，因此首部的校验和需要重新计算。

表 1-2 IP 数据报首部与分片有关的字段中的数值

项　目	总长度/字节	标识	MF	DF	片偏移
原始数据报	2 820	12 668	0	0	0
数据报片 1	1 020	12 668	1	0	0
数据报片 2	1 020	12 668	1	0	125
数据报片 3	820	12 668	0	0	250

8）生存时间字段

生存时间字段占 4 位，常用的英文缩写为 TTL（time to live），表明这是数据报在网络中的寿命。由于路由协议的某些故障，数据报一遍又一遍地访问某些网络而没有到达目的端，比如从路由器 R1 转发到 R2，再转发到 R3，然后又转发到 R1，因而白白消耗网络资源。生存时间 TTL 字段的意义是指明数据报在互联网中至多可经过多少个路由器，当源主机发送数据报，它在这个字段存储一个数字，这个数值大约任意两主机之间路由数量最大值的两倍。每个处理数据报的路由器将此数值减 1，如果在减 1 之后，此字段的值为 0，路由器就丢弃该数据报。

很显然，若把 TTL 的初始值设置为 1，就表示这个数据报只能在本局域网中传送。因为这个数据报一传送到局域网上的某个路由器，在被转发之前，TTL 的值就减小到零，因而就会被这个路由器丢弃。

9）协议字段

协议字段的长度为 8 位，它是指使用 IP 协议的高层协议类型，方便目的主机的 IP 层知道应将数据部分上交给哪个协议进行处理。协议字段值所表示的高层协议类型见表 1-3。

表 1-3 协议字段值所表示的高层协议类型

协议字段值	高层协议类型	协议字段值	高层协议类型
1	ICMP	9	IGP
2	IGMP	17	UDP
6	TCP	41	IPv6
8	EGP	50	ESP
89	OSPF		

10）首部校验和字段

首部校验和字段的长度占 16 位，设置这个字段的目的是保证首部的数据完整性，这个字段只校验数据报的首部，但不校验数据部分。这是因为：IP 数据报首部每经过一个路由器都要改变一次，但数据部分并不改变。只对变化的首部进行校验是合理的，如果对整个 IP 数据报进行校验，则需要花费路由器大量的时间对整个数据报进行计算，极大地降低了系统的性能。IP 数据报首部的校验和不采用复杂的 CRC 检验码而采用简单的计算方法，进一步减小计算校验和的工作量，提高路由器的工作效率。

11）源 IP 地址字段

源 IP 地址字段占 32 位，表示发送分组的源主机的 IPv4 地址。

12）目的 IP 地址字段

目的 IP 地址字段也占 32 位，表示接收分组的目的主机的 IPv4 地址。

13）可选字段

IP 数据报首部的可变部分就是一个可选字段，可选字段用来支持排除、测量以及安全等措施，内容很丰富。此字段长度可变，从 1 字节到 40 字节不等，取决于所选择的项目。有些选项项目只需要 1 字节，它只包括 1 字节的选项代码，而有些选项需要多个字节，这些选项一个个拼接起来，中间不需要有分隔符，最后用全 0 的填充字段补齐为 4 字节的整数倍。

1.3 IP 地址

目前应用的 IP 协议版本为 IPv4，使用 32 位二进制表示。为了便于表示，每个地址由 4 段 8 位二进制组成，每个 8 位组被转换成十进制并用"."来分隔，即"点分十进制表示法"。图 1-16 所示为同一 IP 地址的二进制与十进制之间的对应关系。

IPv4 地址是有层次结构的，但是它被分成了两部分。地址的第一部分称为前缀，又称网络号，它标识主机（或路由器）所连接到的网络。一个网络号在整个互联网范围内必须是唯一的。地址的第二部分称为后缀，又称主机号，它定义了设备到互联网的连接。一台主机号在它前面的网络号所指明的网络范围内必须是唯一的。由此可见，一个 IP 地址在整个互联网范围内是唯一的。图 1-17 所示为一个 32 位 IPv4 地址的前缀和后缀，前缀长度是 n 位，后缀长度是（32-n）位。

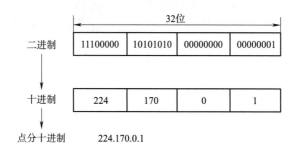

图 1-16　IP 地址格式

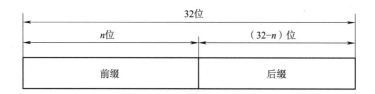

图 1-17　IP 地址的层次结构

1.3.1　IP 地址分类

根据地址类别的不同,将 IP 地址分为五类,如图 1-18 所示。

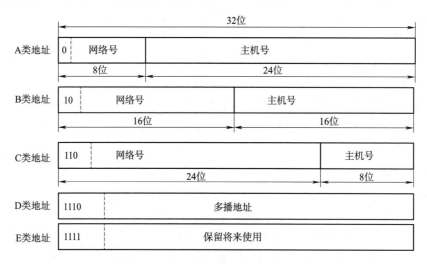

图 1-18　IP 地址分类

1. A 类地址

网络号占 8 位,其中第 1 位是固定的为 0,其余 7 位可以分配,A 类地址可以指派的网络号为 126 个(2^7-2),其中网络号字段为全 0 的 IP 地址是个保留地址,意思是"本网络",网络号为 127 保留作为本地软件环回测试本机的进程之间的通信之用。A 类地址的主机号占 24 位,每一个 A 类地址可以带的最大主机数为 $2^{24}-2$ 个,即 16 777 214 个,主机号全 0 和全 1 的两个地址保留用于特殊目的。

2. B 类地址

网络号占 16 位，其中前 2 位是固定的为 10，剩下的 14 位可以分配，B 类地址可以指派的网络号为 2^{14} 个，即 16 384。网络号字段不可能出现全 0 或者全 1 的情况，因此不存在网络总数减 2 的问题。B 类地址的主机号占 16 位，每一个 B 类地址可以带的最大主机数为 $2^{16}-2$，即 65 534，主机号全 0 和全 1 的两个地址仍然需要扣除。

3. C 类地址

网络号占 24 位，其中前 3 位是 110，剩下的 21 位可以分配，C 类地址可以指派的网络号为 $2^{21}-1$，即 2 097 151 个，也不指派 C 类网络地址 192.0.0.0，C 类地址的主机号占 8 位，每一个 C 类地址可以带的最大主机数为 2^8-2，即 254 个，同样扣除了主机号全 0 和全 1 的两个地址，这两个地址保留用于特殊目的。

把 IP 地址划分为 A 类、B 类、C 类三个类别，是由于各种网络存在差异性，有的网络拥有的主机多，有的网络上的主机少，把 IP 地址划分为 A 类、B 类、C 类可以满足不同用户的需求，当某个单位申请到一个 IP 地址时，实际上是获得了具有同样网络号的一块地址。而单位可以自行分配具体的各台主机号，只要做到在该单位管辖的范围内没有重复的主机号即可。

4. D 类地址

前 4 位也是固定不变的，为 1110，不用于标识网络，只用于其他特殊的用途，如多播地址。

5. E 类地址

前 4 位也是固定不变的，为 1111，E 类 IP 地址暂时保留，用于某些实验和将来使用。

1.3.2 子网划分

由于 IPv4 版本地址缺乏，为了提高 IP 地址的利用率，减少网络边界，同时配合 VLAN 使用，减少广播风暴，增加网络的安全性能，便于管理，往往需要对网络进行细致的子网划分。

1. 掩码的概念

IP 地址在没有相关掩码的情况下是没有意义的。掩码与 IP 地址的组成相似，由 32 位 0 和 1 组成，既可以用二进制表示，也可以用点分十进制表示。与 IP 地址的表示不同的是，掩码的 1 是连续的，而不是 0 和 1 混合组成。掩码包含了两个域：网络域和主机域，这些域分别代表网络 ID 和主机 ID，见表 1-4。

表 1-4 掩码的组成

网络域部分	主机部分
十进制表示 255 255 255	0
网络域	主机域
网络 ID	主机 ID

掩码通过连续 1 的个数来定义构成 IP 地址的 32 位中有多少位用于表示网络 ID，或者网络 ID 及其相关子网 ID。掩码中的二进制位构成了一个过滤器，它仅通过应该解释为网络地址的 IP 地址的那一部分，完成这个任务的过程称为按位求与。按位求与是一个逻辑运算，它对 IP 地址中的每一位和相应的掩码位进行，得到的结果就是 IP 地址中所表示的网络 ID 部分。

现在互联网的标准规定：所有的网络都必须使用子网掩码，同时在路由器的路由表中也必须有子网掩码这一栏。如果一个网络不划分子网，那么该网络的子网掩码就使用默认子网掩码。默认子网掩码中 1 的位置和 IP 地址中的网络号字段正好相对应，显然：

A 类地址的默认子网掩码是 255.0.0.0。

B 类地址的默认子网掩码是 255.255.0.0。

C 类地址的默认子网掩码是 255.255.255.0。

2. 子网掩码

子网掩码主要用于子网的划分。

1）子网掩码的作用

默认情况下，一个 IP 地址由网络 ID 和主机 ID 组成，但通过子网掩码的划分，可以将主机 ID 中的部分位数作为网络 ID 使用，将默认状态下属于主机 ID 但被用作网络 ID 的部分称为子网 ID。这样，在引入了子网掩码后，IP 地址将由网络 ID、子网 ID 和主机 ID 三部分组成，即从原来的"网络 ID+ 主机 ID"的结构转换成"网络 ID+ 子网 ID+ 主机 ID"的结构。

2）子网掩码的确定

子网掩码的应用打破了默认掩码的限制，使用者可以根据实际需要自己定义网络地址。因为子网掩码确定了子网域的界限，所以当给子网域分配了一些需要的位数（连续的二进制位数 1）后，剩余的位数就是新的主机域。例如，168.38.0.1 为 B 类 IP 地址，默认的掩码为 255.255.0.0，即该 32 位 IP 地址的前 16 位表示网络域，后 16 位表示主机域，如果将原来属于主机域的前 4 位作为子网域，这时这个 B 类 IP 地址的掩码将变为 255.255.240.0，主机域将由原来的 16 位变成 12 位。B 类地址划分子网后的结构如图 1-19 所示。

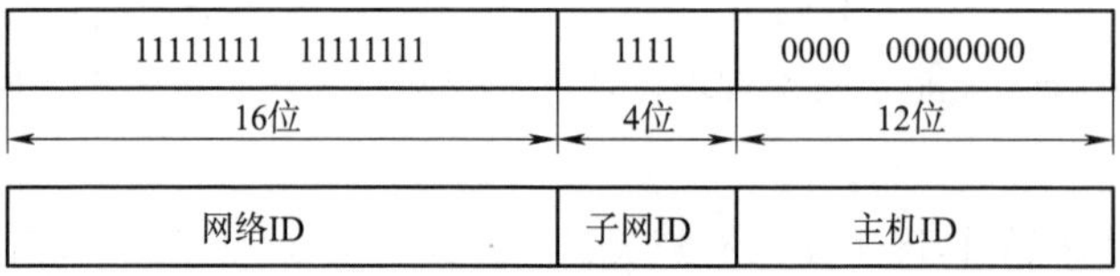

11111111 11111111	1111	0000 00000000
16 位	4 位	12 位
网络 ID	子网 ID	主机 ID

子网掩码：255.255.240.0

图 1-19 B 类地址划分子网后的结构

给一个 IP 地址划分子网，在默认掩码上，从表示主机域的起始位置连续借出若干位用作子网位，这些位由 0 变为 1，此时默认掩码就变成了子网掩码。

3. 划分子网

在划分子网之前，需要确定所需要的子网数和每个子网的最大主机数，有了这些信息后，就可以定义每个子网的子网掩码、网络地址（网络 ID+ 子网 ID）的范围和主机 ID 的范围。

划分子网的步骤如下：

（1）确定需要多少位子网号来唯一标识网络上的每一个子网。

（2）确定需要多少位主机号来标识每个子网上的每台主机。

（3）确定一个合适的子网掩码。

（4）确定标识每一个子网的网络地址。

（5）确定每一个子网所使用的 IP 地址范围。

例如，一个企业，需要对一个 C 类 IP 地址 192.168.0.0/24 进行子网划分，划分 6 个子网，每个子网能容纳 20～30 台主机。具体步骤如下：

（1）确定子网位（确定子网掩码）。假设创建子网的数量为 2^N（N 是默认掩码中主机位被借用的位数），则 $2^2 < 6 < 2^3$。如果将默认掩码从主机位借 2 位，则可以创建 4（2^2）个子网（其中包括子网 0 和子网 1），不够分配。将掩码从主机位借 3 位作为子网位，能够创建 8（2^3）个子网，可以满足需求。C 类地址的默认掩码为 24 位长，因此新的子网掩码长度为 27 位，即子网掩码为 255.255.255.224。

（2）验证主机位。在使用这个子网掩码前，需要验证一下它是否满足每个子网所需的主机数目。使用 3 个子网位后，剩下的主机位数为 5，因此每个子网可以拥有 $2^5-2=30$ 台主机，可以满足该企业的需求。

（3）确定子网的地址。根据确定的子网位，可以依次确定相应的子网，如图 1-20 所示。

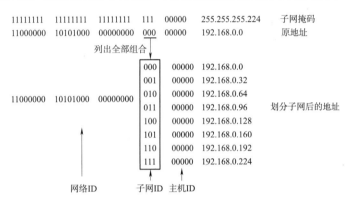

图 1-20 子网地址的确定

注意：在一些参考资料上认为划分子网时子网数目要减 2，因为全 0 和全 1 的子网不可使用。事实上，在相应的 RFC 文档中，已经承认了子网位全 1 的子网，并且子网 0 也可以使用。

（4）确定每个子网的 IP 地址，如图 1-21 所示。

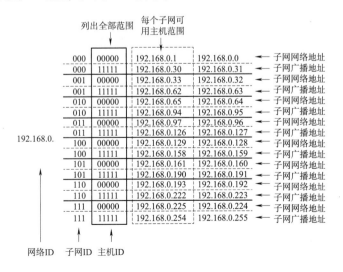

图 1-21 每个子网 IP 地址的确定

4. 无类别域间路由

无类别域间路由选择（classless inter-domain routing, CIDR），取消了地址的分类结构，将 IP 地址空间看成一个整体，划分成连续的地址块，采用分块的方法分配 IP 地址。在 CIDR 技术中，采用掩码中表示网络 ID 号的二进制位长度来区分网络地址块的大小，称为 CIDR 前缀。CIDR 使用"斜线记法"，或称为 CIDR 记法，即在 IP 地址后面加上斜线"/"，然后写上网络前缀所占的位数。例如，用 CIDR 方法给出一个地址块中的一个 IP 地址是 202.13.20.0/22，表示这个 IP 地址的前 22 位是网络前缀、后 10 位是主机号。

在实际应用中，常常用 CIDR 技术做 IP 地址汇总，形成超网，即将连续的地址块总结成一条路由条目，减少了路由器中路由条目的数量，提高了路由选择的效率。

利用 CIDR 技术实现路由汇总的条件：

（1）待汇总的 IP 地址具有相同的高位网络 ID。

（2）待汇总的网络地址数目必须是 $2n$，如 2、4、6、8 等。

利用 CIDR 技术把多个网络表项缩成一个路由表项的方法如下：

[起始网络，数量]：第一个网络地址和数量。可以用一个超网子网掩码来表示相同的信息，而且用网络前缀法来表示。

例如：一个单位拥有 2000 台主机，那么 NIC 不是分给它一个 B 类网络，而是分配 8 个连续的 C 类网络，每个 C 类网络可容纳 254 台主机，总共可供 2032 台主机使用，也满足用户需求。但是，这种 IP 地址的分配带来的问题就是每个路由器的路由表中必须有 8 个 C 类路由表项，降低了路由效率。采用 CIDR 技术，对这 8 个连续的 C 类网络地址进行汇总形成一个网络块，见表 1-5。

表 1-5 CIDR 汇总 IP 地址

C 类网络地址	地址二进制编码	汇总后的地址及编码
200.66.168.0	<u>11001000　01000010　10101</u>000　00000000	
200.66.169.0	<u>11001000　01000010　10101</u>001　00000000	
200.66.170.0	<u>11001000　01000010　10101</u>010　00000000	
200.66.171.0	<u>11001000　01000010　10101</u>011　00000000	200.66.168.0/21
200.66.172.0	<u>11001000　01000010　10101</u>100　00000000	
200.66.173.0	<u>11001000　01000010　10101</u>101　00000000	
200.66.174.0	<u>11001000　01000010　10101</u>110　00000000	
200.66.175.0	<u>11001000　01000010　10101</u>111　00000000	

注：表中加线部分表示网络前缀所占位数。

习 题

一、选择题

1. 网络层为（　　）提供服务。
   A. 应用层　　　　　B. 表示层　　　　　C. 会话层　　　　　D. 传输层
2. 负责在网络介质上传输比特流的是（　　）。
   A. 数据链路层　　　B. 应用层　　　　　C. 物理层　　　　　D. 网络层
3. TCP/IP 参考模型的传输层中，TCP 协议提供（　　）。
   A. 无连接不可靠的服务　　　　　　　　B. 无连接可靠的数据报服务
   C. 有连接可靠的服务　　　　　　　　　D. 有连接不可靠的数据报服务
4. 当 C 类网络地址 198.168.0.1 向主机号借用 3 位作为子网号时，它的子网掩码为（　　）。
   A. 255.255.255.0　　　　　　　　　　　B. 255.255.255.192
   C. 255.255.0.0　　　　　　　　　　　　D. 255.255.255.224
5. 以下 IP 地址中，属于 B 类地址的是（　　）。
   A. 10.10.5.8　　　　　　　　　　　　　B. 198.168.6.8
   C. 130.168.6.8　　　　　　　　　　　　D. 224.56.6.10
6. IP 地址 200.65.8.9 的（　　）表示网络号。
   A. 200　　　　　　　B. 200.65　　　　　C. 200.65.8　　　　D. 9
7. 要划分 28 个子网，需要向主机借（　　）位。
   A. 3　　　　　　　　B. 4　　　　　　　　C. 5　　　　　　　　D. 6
8. C 类地址的默认子网掩码是（　　）。
   A. 255.255.255.0　　　　　　　　　　　B. 255.255.0.0
   C. 255.0.0.0　　　　　　　　　　　　　D. 255.255.255.192
9. TCP 是（　　）的协议。
   A. 应用层　　　　　　　　　　　　　　B. 网络接口层
   C. 网络层　　　　　　　　　　　　　　D. 传输层
10. 路由选择功能是由（　　）完成的。
    A. 物理层　　　　　　　　　　　　　　B. 数据链路层
    C. 网络层　　　　　　　　　　　　　　D. 传输层
11. 在 TCP 和 UDP 协议中，采用（　　）来区分不同的应用进程。
    A. IP 地址　　　　　B. MAC 地址　　　　C. 端口号　　　　　D. 协议类型
12. 以下地址不属于子网 192.168.16.0/20 的 IP 地址是（　　）。
    A. 192.168.17.2　　　　　　　　　　　B. 192.168.30.3
    C. 192.168.23.5　　　　　　　　　　　D. 192.168.12.45

二、简答题

1. 简述 TCP/IP 模型各层次的功能。
2. 简述 IP 地址分类。
3. 简述服务器端使用的端口号。
4. 简述划分子网的步骤。

第 2 章

交换机基本配置

交换机是交换式局域网的主要网络设备，在网络组建时，必须对交换机按功能需求进行相应配置，网络才能正常运行。本章主要介绍交换机的配置途径与配置方法，以及交换机最基本、最常用的配置指令。

2.1 认识 Cisco 交换机

2.1.1 Cisco 交换机产品

Cisco 交换机产品以 "Catalyst" 为标志，包含局域网接入交换机、紧凑型局域网交换机、局域网核心和分布式交换机、数据中心交换机、运营商交换机、工业以太网交换机、虚拟网络交换机和成长型企业交换机等众多系列。早期的 1900、2950 和 3550 等产品用户还在大量使用，但产品线已经被升级，如 2960 就是 2950 的升级产品。由于 Cisco 不断改进技术和并购生产厂商，产品线也在不断变化，因此购买产品时要注意 Cisco 网站公布的产品周期终止声明。Cisco 适用于各种网络的交换机如图 2-1 所示。

总的来说，这些交换机可以分为两类：一类是固定配置交换机，包括 3560 及以下的大部分型号，除了有限的软件升级，这些交换机不能扩展；另一类是模块化交换机，用户可根据网络需求，选择不同数目和型号的接口模块、电源模块及相应的软件。

Cisco 交换机插槽可以支持的模块很多，这里仅介绍两个千兆 GBIC 模块：

WS-G5484=，1000BaseSX GBIC 模块，是短波长 GBIC 模块，用于连接多模光纤。

WS-G5486=，1000BaseLX/LH GBIC 模块，是长波长、远距离 GBIC 模块，单模和多模光纤都可以连接。

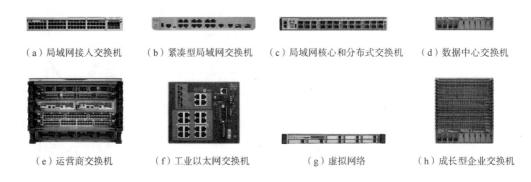

图 2-1　Cisco 适用于各种网络的交换机

2.1.2　Cisco 的网际操作系统

Cisco 的网际操作系统（IOS）是一个与硬件分离的软件体系结构，随着网络技术的不断发展，可以动态地进行升级以适应不断变化的技术应用。Cisco 交换机和路由器都使用 IOS 进行管理和通信。

Cisco 的网际操作系统具有以下特点：

（1）支持通过命令行接口（CLI）配置或 Web 界面，对交换机或路由器进行配置和管理。通常采用命令行方式进行配置。

（2）支持通过配置口（Console）进行本地配置，或通过超级终端（Telnet）或 SSH 进行远程配置。

（3）通过工作模式来区分配置权限。Cisco IOS 提供了六种配置模式。比如在用户模式下，仅能运行少数的命令，允许查看当前配置信息，但不能对交换机进行配置修改；在特权模式下，能运行较多的命令，但对交换机或路由器的配置修改则需进入全局配置模式。

（4）IOS 命令不区分大小写。

（5）IOS 支持命令简写，简写的程度以能区分出不同的命令为准。比如 enable 命令可简写为 en，FastEthernet0/8 可简写为 f0/8。

（6）支持命令补全。当命令记忆不全或为了提高输入速度，可在输入命令的前几个字母后，按【Tab】键让系统自动补全命令。

（7）可随时使用 "?" 来获得命令帮助。在命令的输入过程中，如果要查询命令的下一选项，可以输入 "?" 获得帮助，系统会自动显示下一个可能的选项。

2.1.3　Cisco 交换机的关键部件

Cisco 交换机产品的系列很多，交换能力和端口数各不相同，可以适合不同场合的应用。但交换机中一般都有以下关键部件：

1）CPU

CPU 负责执行交换机操作系统的命令和各种用户输入的命令。

2）Flash Memory

Flash Memory 又称闪存，容量通常为 8 MB、16 MB、32 MB、64 MB、128 MB 等，是一种可擦写、可编程的 ROM，它负责保存 IOS 映像。只要闪存容量够大，便可以存放多个映像，供用户调试，如果 IOS 要升级或者 IOS 丢失，可以很容易重新写入。可以通过简易文件传送协议（TFTP）将 IOS 映像保存到计算机上备用，需要时可以通过 Xmodem、TFTP 等方法重新写入闪存。

可以通过交换机命令"show flash："查看闪存的存储信息，如图 2-2 所示。

```
Switch#show flash:
Directory of flash:/

    1  -rw-       4414921              <no date>  c2960-lanbase-mz.122-25.FX.bin

64016384 bytes total (59601463 bytes free)
```

图 2-2　查看闪存的存储信息

从显示的信息中可以看到，闪存中的 IOS 映像文件名称为 c2960-lanbase-mz.122-25.FX.bin，它是一个二进制文件，是 Catalyst 2960 交换机的 IOS。文件大小为 4 414 921 字节，闪存容量为 64 016 384 字节，还有 59 601 463 字节空余。

3）NVRAM

NVRAM 用于存储交换机的启动配置文件（Startup Config）。交换机在启动过程中，从该存储器中读入启动配置文件，并按配置文件中的指令对设备进行初始化和配置。保存在 NVRAM 中的配置文件通常称为启动配置文件，当前生效的正在内存中运行的配置文件称为正在使用的配置文件（Running Config）。对交换机进行配置修改后，其配置修改结果是保存在正在使用的配置文件中的，即在内存中，断电后将丢失，因此在确定配置正确无误后，应保存配置内容，即将内存中的配置内容复制到启动配置文件中永久保存。

4）ROM

ROM 为只读存储器，用来存储交换机的 IOS 引导和自检程序。

5）DRAM

DRAM 是动态随机存储器，用来存放运行过程中的数据、正在运行的配置。DRAM 保存的信息是靠电维持的，一旦断电，保存的数据信息立即消失。

2.2　交换机配置途径与配置方法

2.2.1　交换机的本地配置

对交换机或路由器的配置，分为本地配置和远程配置两种方式。首次配置，必须采用本地配置方式，只有配置好远程登录所需的 IP 地址和登录密码之后才支持远程配置。

交换机与路由器的配置管理

1. 配置端口与配置线缆

可通过网络管理的交换机或路由器提供配置端口，用于对设备进行配置。通过配置端口登录连接交换机，并实现对交换机的配置，这种配置方式称为本地配置。

交换机或路由器的配置端口采用 RJ-45 接口形式，是一个符合 EIA/TIA-232 异步串行规范的串口。交换机或路由器随设备配送有配置线缆，该配置线缆一端为 RJ-45 头，另一端为 9 针串口母头，外观如图 2-3 所示。RJ-45 头用于插接到交换机或路由器的配置端口，9 针串口母头用于连接到计算机的串行端口（COM）。

现在的台式计算机或笔记本计算机已很少配置串口。为了能提供串口，诞生了 USB 转 RJ-45 配置线缆，外观如图 2-4 所示，该线缆一端为 USB 接口，另一端为 RJ-45 接口。RJ-45 接口用于插接到交换机或路由器的配置端口，USB 接口用于连接到计算机的 USB 接口上。

图 2-3　配置线缆外观

图 2-4　USB 转 RJ-45 配置线缆外观

USB 转 RJ-45 配置线缆内部集成有接口转换电路，在计算机上首次使用时，要安装设备驱动程序。Windows 系统一般能自动识别和安装设备驱动程序。每次插上 USB 转 RJ-45 配置线缆，所模拟出的串口号是不相同的，具体的串口号可通过 Windows 系统的设备管理器查看。在设备管理器的端口（COM 和 LPT）下面，将显示所模拟出的串口号。

2. 超级终端程序

除了准备好配置线缆外，还必须在计算机上安装超级终端程序。超级终端程序可使用 SecureCRT、XShell 或 MobaXterm。

3. 配置超级终端实现本地登录连接交换机

1）利用配置线缆连接计算机与网络设备

将配置线缆的 USB 接头插入计算机的 USB 接口上，将配置线缆的 RJ-45 头插入交换机或路由器的 Console 端口。

2）查看 USB 转 RJ-45 线缆本次所模拟出的串口号

打开 Windows 系统的设备管理器，展开"端口（COM 和 LPT）"，查看并记下所模拟出的串口号。

3）在超级终端程序中创建串口连接

启动 SecureCRT 软件，主界面如图 2-5 所示。

第 2 章 交换机基本配置

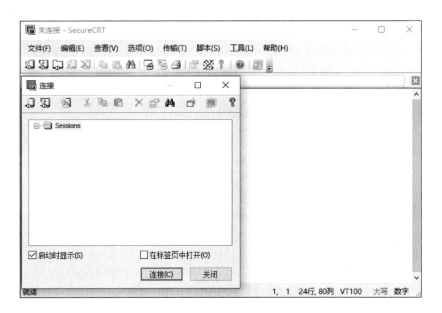

图 2-5 SecureCRT 软件主界面

在连接窗口的工具栏中单击 按钮,此时将打开"新建会话向导"对话框,在"协议"下拉列表中,选择 Serial(串行通信协议),如图 2-6 所示。

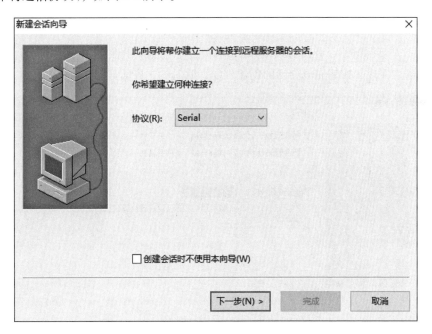

图 2-6 选择协议类型

选择协议类型后单击"下一步"按钮,此时将打开如图 2-7 所示的对话框。在"端口"下拉列表中,选择 USB 转 RJ-45 线缆所模拟出的串口号,如 COM4。波特率为串口通信的波特速率,交换机的 Console 端口默认通信速率为 9 600 bit/s,必须设置修改为 9600。数据位保持默认的 8 不变,奇偶校验保持默认的 None 不变,停止位保持默认的 1 不变,"流控"中取消勾选 RTS/CTS 复选框,全部保持设置为不勾选。

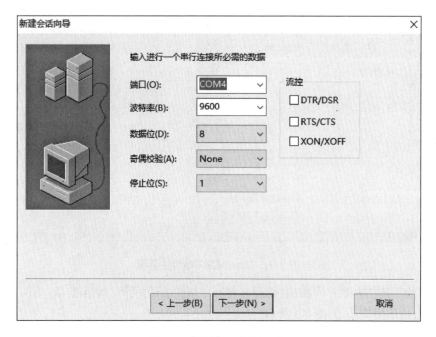

图 2-7　设置串口通信参数

然后单击"下一步"按钮,弹出对话框如图 2-8 所示,可为即将创建的会话取一个名字,也可使用默认的名字,单击"完成"按钮完成会话的创建工作,此时的主界面如图 2-9 所示。

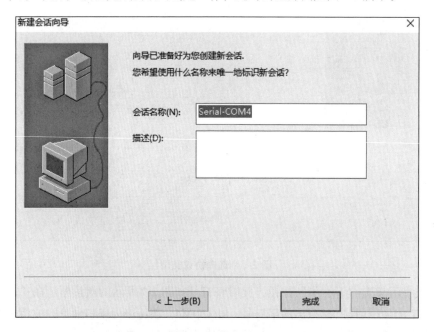

图 2-8　为会话命名

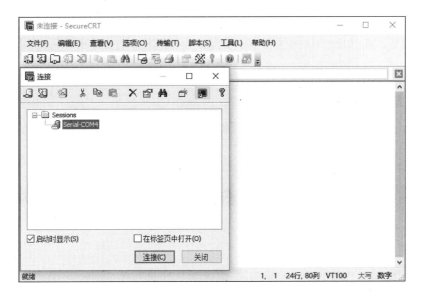

图 2-9　创建会话后的主界面

在"连接"窗口中显示了创建好的连接会话。当需要连接交换机时,在"连接"窗口中单击选中该会话,然后单击 按钮,发起该会话的连接。连接成功后,在主界面右侧就会增加显示终端窗口,在终端窗口中就显示了交换机的命令行(CLI),通过命令行就可实现对交换机的配置,如图 2-10 所示。

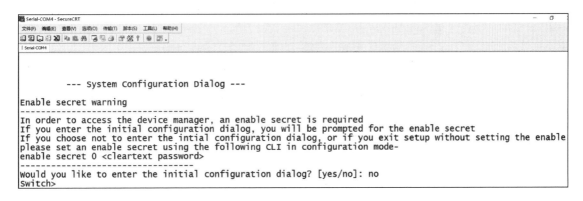

图 2-10　配置口本地登录交换机

2.2.2　交换机的远程配置

交换机的远程配置可通过 Telnet 或 SSH 远程登录连接到交换机,对交换机实施远程配置和管理。为便于远程维护和管理网络设备,交换机和路由器默认都开启了 Telnet 服务,但 SSH 服务默认未开启。SSH 协议采用加密传输,Telnet 协议采用明文传输,因此 SSH 登录的安全性比 Telnet 好。可根据应用需要,选择采用 Telnet 远程登录,还是采用 SSH 远程登录。

下面以 Telnet 远程登录为例,介绍在 SecureCRT 软件中如何创建远程登录连接。

在"连接"窗口的工具栏中单击 按钮,打开"新建会话向导"对话框,在"协议"下拉列表中,选择 Telnet,然后单击"下一步"按钮,此时将打开图 2-11 所示对话框。在"主机名"输入框中输入要远程登录连接的网络设备的 IP 地址，如 198.168.0.1，"端口"和"防火墙"保持默认设置不修改，然后单击"下一步"按钮，在打开的对话框中，保持默认的会话名称，直接单击"完成"按钮，完成新会话的创建。

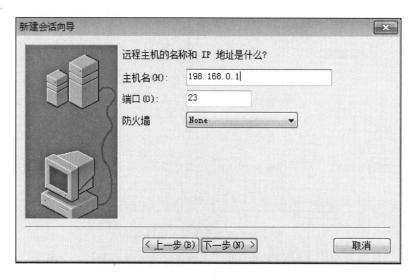

图 2-11　设置远程登录网络设备的 IP 地址

在"连接"窗口中选择刚才新建的会话，单击 按钮，发起该会话的连接，如图 2-12 所示。

图 2-12　远程登录连接交换机

连接成功后，将提示输入 Telnet 登录密码，密码校验成功后，即可登录连接交换机，并进入交换机的命令行。命令行提示符">"代表交换机处于用户模式。在该模式下，输入 enable 命令并按【Enter】键执行，然后输入进入特权模式的密码，校验成功后，就可进入权限更高的特权模式，此时命令行提示符变为"#"。再进一步执行 configure terminal 命令，就可进入全局配置模式，此时就可对交换机进行远程配置修改了，如图 2-13 所示。

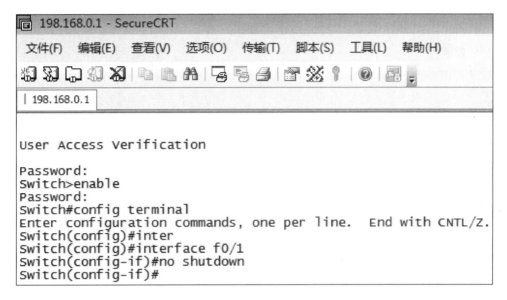

图 2-13 远程配置交换机

2.3 交换机配置命令模式

2.3.1 配置模式间的切换

Cisco 网络设备的命令行提供多种不同的配置模式，不同的配置模式允许执行的配置命令不相同。Cisco 网络设备的命令行提供了六种基本的配置模式，分别是用户模式、特权模式、全局配置模式、接口配置模式、线路配置模式和 VLAN 配置模式。

1. 用户模式

用户模式的权限最低，只能执行一些有限的命令，这些命令主要是查看系统信息的命令、网络诊断调试命令、终端登录以及进入特权模式的命令等。

用户模式的命令行提示符为">"，在提示符的左侧显示的是网络设备的主机名，交换机默认的主机名是 Switch，路由器默认的主机名是 Router，例如，Switch>。要查看用户模式下可用命令列表，在提示符下输入"?"，如 Switch？。

2. 特权模式

在用户模式下，执行 enable 命令，即可进入特权模式，其命令提示符为"#"。出于安全考虑，由用户模式进入特权模式，通常设置有密码，只有正确输入密码后，才能进入特权模式。密码输入时不回显，例如：

```
Switch>enable
Password:
Switch#
```

离开特权模式，返回用户模式，可执行 exit 或 disable 命令。

3. 全局配置模式

在特权模式下，执行 configure terminal 命令，即可进入全局配置模式，其命令行提示符为"（config）#"，例如：

```
Switch#configure terminal
Enter configuration commands, one per line.End with CNTL/Z.
Switch(config)#
```

在全局配置模式下，只要输入一条有效的配置命令并按【Enter】键，内存中正在运行的配置就会立即被改变并生效。该模式下的配置命令的作用域是全局性的，是对整个交换机或路由器起作用。

从全局配置模式可进一步进入其他子配置模式，比如接口配置模式、线路配置模式和 VLAN 配置模式等子配置模式。从子配置模式返回全局配置模式，执行 exit 命令，从全局配置模式返回特权模式，执行 exit 命令。如果要退出任何配置模式，直接返回特权模式，则执行 end 命令或按【Ctrl+Z】组合键。

4. 接口配置模式

网络设备的端口又称接口，所有对端口的配置，均在接口配置模式下进行。在全局配置模式下，使用 interface 命令选中要配置的端口，即可进入接口配置模式，该模式的命令行提示符为"（config-if）#"，操作示例如下：

```
Switch#configure terminal
Switch(config)#interface fastEthernet 0/8
Switch(config-if)#
```

5. 线路配置模式

在全局配置模式下，执行 line vty 或 line console 命令，将进入线路配置模式。线路配置模式的命令行提示符为"（config-line）#"，该模式用于对虚拟终端和配置口（Console）进行配置，主要用于设置通过 Telnet 登录，或者通过配置口登录时的登录密码。

交换机和路由器都支持多个虚拟终端，一般为 16 个（0～15），以允许多个用户同时登录连接到网络设备上进行远程配置或管理操作。出于安全考虑，只有设置了虚拟终端的登录密码之后，虚拟终端才允许登录连接网络设备。网络设备一般有一个配置口，其编号为 0，通过配置口登录连接网络设备属于本地连接，比较安全，一般不设置登录密码。

如果要对 0～5 号虚拟终端进行配置，则操作命令如下：

```
Switch(config)#line vty 0 5
Switch(config-line)#
```

此时就进入线路配置模式。在该模式下，可执行相应的命令，对虚拟终端登录进行相应的配置。

6. VLAN 配置模式

在全局配置模式下，执行创建 VLAN 的命令，就会进入 VLAN 配置模式，该配置模式的命令行提示符为"(config-vlan)#"。

例如，如果要在交换机中创建 VLAN 8 和 VLAN 18，创建方法如下：

```
Switch#configure terminal
Switch(config)#vlan 8
Switch(config-vlan)#exit
Switch(config)#vlan 18
Switch(config-vlan)#end
Switch#show vlan
```

show vlan 用于显示查看 VLAN 信息，如图 2-14 所示。

```
VLAN Name                             Status    Ports
---- -------------------------------- --------- -------------------------------
1    default                          active    Fa0/1, Fa0/2, Fa0/3, Fa0/4
                                                Fa0/5, Fa0/6, Fa0/7, Fa0/8
                                                Fa0/9, Fa0/10, Fa0/11, Fa0/12
                                                Fa0/13, Fa0/14, Fa0/15, Fa0/16
                                                Fa0/17, Fa0/18, Fa0/19, Fa0/20
                                                Fa0/21, Fa0/22, Fa0/23, Fa0/24
                                                Gig0/1, Gig0/2
8    VLAN0008                         active
18   VLAN0018                         active
1002 fddi-default                     act/unsup
1003 token-ring-default               act/unsup
1004 fddinet-default                  act/unsup
1005 trnet-default                    act/unsup
```

图 2-14　显示查看 VLAN 信息

各配置模式下的命令行提示符及各模式间的切换方法如图 2-15 所示。

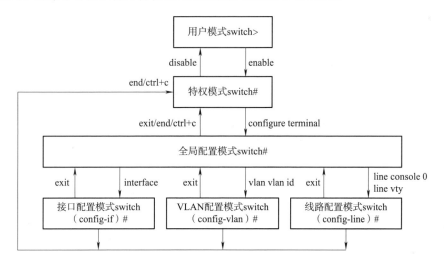

图 2-15　配置模式与切换方法

2.3.2　命令行界面的基本操作

1. 不同工作模式的进入及退出

```
Switch>enable                                    !从用户模式进入特权模式
```

交换机与路由器的配置管理

```
Switch#configure terminal                          !从特权模式进入全局配置模式
Switch(config)#exit                                !从全局配置模式返回到特权模式
Switch#
Switch#configure terminal
Switch(config)#interface fastEthernet 0/6          !从全局配置模式进入交换机f0/6接口模式
Switch(config-if)#exit
Switch(config)#vlan 28                             !从全局配置模式建立一个VLAN,并进入VLAN配置模式
Switch(config-vlan)#exit
Switch(config)# fastEthernet 0/8
Switch(config-if)#end                              !从接口模式直接返回到特权模式
Switch(config-if)#^Z                               !按Ctrl+Z组合键退回到特权模式
Switch#
```

2. 获得帮助

用户在配置设备过程中,实际上并不需要非常熟悉地记住所有命令,对于不熟悉的命令,可以通过输入"?"来获得帮助。

```
Switch>?                   !显示用户模式下所有命令
Switch#?                   !显示特权模式下所有命令
Switch#show ?              !显示特权模式下show命令后附带的参数
Switch#co?                 !显示当前模式下所有以co开头的命令
```

3. 命令自动补齐

```
Switch(config)#inter<Tab>     !按Tab键自动补齐inter后的命令interface
Switch(config)#interface
```

4. 命令简写

Cisco 的 IOS 支持命令简写,简写的原则是唯一性,即简写部分能唯一地标识一个命令。

```
Switch#configure terminal     !完整命令
Switch#conf t                 !简写命令
```

5. 使用快捷键

(1)【Ctrl+P】或者【↑】键:查询历史命令表中的前一条命令。

(2)【Ctrl+N】或者【↓】键:使用查询前一条命令后,回到更近一条命令。

(3)【Ctrl+Z】退回到特权模式。

(4)【Ctrl+C】终止正在运行的某些命令。

6. 配置文件的保存

交换机有两个配置文件:运行配置文件和启动配置文件。

运行配置文件:这个文件位于 RAM 中,名为 running-config,它是设备在工作时使用的配置文件。

启动配置文件:这个文件位于 NVRAM 中,名为 startup-config,当设备启动时,它被装入 RAM,成为运行配置文件。

新出厂的交换机是没有配置文件的,第一次对其配置时,这些配置信息就生成了 running-config,

以后所做的配置信息都会添加到 running-config 中。running-config 运行在 RAM 中，由于 RAM 中的信息在设备断电或重启时就会丢失，所以在对设备的参数进行任何修改后，都应该把当前运行的配置文件保存到 NVRAM 里。保存配置文件就是把 running-config 保存为 startup-config。

在特权模式下配置，以下三种命令方式的功能相同。

```
Switch#copy running-config startup-config
Switch#write memory
Switch#write
```

7. 使用 No 命令

使用 No 命令来删除某个配置、禁止某个功能或执行与命令本身相反的操作。例如，shutdown 命令关闭端口，no shutdown 激活端口，是 shutdown 的反向操作。

```
Switch(config-if)#ip address 198.168.0.1 255.255.255.0    !配置IP地址
Switch(config-if)#no ip address                            !删除已配置的IP地址
Switch(config-if)#shutdown                                 !端口关闭
Switch(config-if)#no shutdown                              !端口激活
```

8. 命令行出错提示

命令行出错信息解释见表 2-1。

表 2-1 命令行出错信息解释

错误信息	含 义	解决方式
%Ambiguous command : "v"	以 "v" 开头的命令不唯一，交换机无法识别	重新输入命令，或者 "v" 后输入 "?"
%Incomplete command	命令参数不全	重新输入命令，输入空格再输入 "?"
%Invalid input detected at '^' marker	输入命令错误，符号 "^" 指明错误的位置	重新正确输入，或者当前提示符下输入 "?"

2.4 交换机的基本配置

在交换机的全局模式下，可以对交换机进行一些基本的配置，如设置主机名、配置管理 IP 地址、配置特权密码和远程登录密码、配置交换机标题、设置系统日期和时间等。

2.4.1 设置主机名

为了管理方便，唯一地标示一台设备，可以为交换机设置主机名。在全局配置模式下，使用 hostname 命令实现。命令格式为

```
Hostname hostname
```

其中，**hostname** 表示交换机的主机名。主机名应符合设备命名规则，一般根据场地位置、属性、楼层等唯一标示。

配置举例：主机名设置为 jxjhj。

```
Switch>enable                      !从用户模式进入特权模式
Switch#configure terminal          !从特权模式进入全局配置模式
Switch(config)#hostname jxjhj      !设置主机名为jxjhj
jxjhj(config)#                     !提示符中主机名变为jxjhj
```

2.4.2 配置管理 IP 地址

交换机通过带外方式进行管理时，需要对交换机配置管理 IP 地址。交换机工作在数据链路层，它的端口是不能配置 IP 地址的。怎么解决 IP 地址的配置问题呢？在交换机上存在一个 VLAN 1，这个 VLAN 1 是交换机自动创建和管理的，用户不能建立和删除。默认情况下，交换机的所有端口都属于 VLAN 1。把管理 IP 设置在 VLAN 1 上，可以通过任意一个属于 VLAN 1 的接口来管理交换机。

设置步骤：首先在全局配置模式下进入 VLAN 1 接口，然后用 ip address 命令配置地址，最后激活该端口。命令格式为

```
interface vlan vlan_id
ip address ip_address subnet_mask
```

其中，vlan_id 表示要配置的 VLAN 号，ip_address 表示分配给这个交换机的管理 IP 地址，subnet_mask 表示 IP 地址的子网掩码。

配置举例：管理 IP 地址为 198.165.1.1，子网掩码为 255.255.255.0。

```
Switch>enable
Switch#configure terminal
Switch(config)#interface vlan 1
Switch(config-if)#ip address 198.165.1.1 255.255.255.0
                                   !配置IP地址和子网掩码
Switch(config-if)#no shutdown      !激活该端口,端口配置IP地址后都要立即激活
Switch(config-if)#end
Switch#
```

默认情况下，端口处于 shutdown 状态。为一个端口配置了 IP 地址后，需要用 no shutdown 命令激活该端口，以使端口工作。

若要删除已配置的 IP 地址，进入 VLAN 1 接口后，执行 no ip address 命令即可。

```
Switch(config)#interface vlan 1
Switch(config-if)#no ip address
```

2.4.3 配置特权密码和远程登录密码

密码可用于防范非授权人员登录到交换机上修改设备的配置参数。计算机通过 Telnet 命令登录交换机时，需要输入远程登录密码。远程登录是一种远程配置方式，安全起见这个密码应该设置。在 Cisco 设备中，没有设置远程登录密码的设备是不能用 Telnet 命令登录的。

登录设备后，从用户模式进入特权模式，需要输入特权密码。由于特权模式是进入各种配置模式的必经之路，在这里设置密码可有效防范非授权人员对设备配置的修改。特权模式可设置多个级别，每

个级别可设置不同的密码和操作权限,可以根据实际情况让不同人员使用不同的级别。

1. 配置远程登录(Telnet)密码

远程登录密码在线路配置模式下设置。命令格式为

```
line vty 0 4
password [0|7] password
login
```

其中,line vty 0 4 命令表示配置远程登录线路,0~4 是远程登录的线路编号,表示同时支持 5 个用户 telnet。login 命令用于打开登录认证功能,如果没有设置 login,登录时密码认证不会启用。[0|7] 中 0 表示明文方式设置密码,7 表示密文方式设置密码,**password** 为远程登录线路设置的密码,密码长度最大为 25 个字符。口令中不能有问号和其他不可显示的字符,如果口令中有空格,则空格不能位于最前面,只有中间和末尾的空格可作为口令的一部分。

删除配置的远程登录密码:

```
Switch(config)#line vty 0 4
Switch(config-line)#no password
```

配置举例:为交换机设置远程登录密码为 moon

```
Switch>enable
Switch#configure terminal
Switch(config)#line vty 0 4
                            !进入远程登录线路配置模式,同时支持5个Telnet用户
Switch(config-line)#password 0 moon    !配置远程登录密码为moon
Switch(config-line)#login              !打开登录认证功能
Switch(config-line)#end
Switch#
```

2. 配置特权密码

在全局配置模式下设置。命令格式为

```
enable password password
enable secret password
```

其中,enable password **password** 命令配置的密码在配置文件中是用明文存放的,**password** 是要设置的密码。enable secret **password** 命令配置的密码在配置文件中是用安全加密方式存放的,**password** 是要设置的密码。以上两种密码只需要配置一种,如果两种都配置了,用 secret 定义的密码优先。

删除配置的特权密码:

```
no enable password
no enable secret
```

配置举例:设置密码为 student,使用安全加密的密文存放。

```
Switch>enable
Switch#configure terminal
Switch(config)#enable secret student
```

```
Switch(config)#end
Switch#
```

2.4.4 配置交换机标题

当用户登录交换机时,可以通过创建标题来告诉用户一些信息。可以创建两种类型标题:每日通知和登录标题。默认情况下,每日通知和登录标题均未设置。

1. 配置每日通知

每日通知针对所有连接到网络设备的用户,当用户登录设备时,通知消息将首先显示在终端上。利用每日通知,可以发送一些较为紧迫的消息(如系统即将关闭等)给用户。

在全局配置模式下设置每日通知信息,命令格式为

```
banner motd c message c
```

其中,c 表示分界符,这个分界符可以是任何字符(如"#"等字符)。输入分界符后,按【Enter】键,可以开始输入文本,再次输入分界符并按【Enter】键表示文本输入结束。每日通知信息的文本中不能出现作为分界符的字母,文本的长度不能超过 255 B。

配置举例:使用"#"作为分界符,每日通知的文本信息为"Notice! Save"。

```
Switch(config)#banner motd #
Enter TEXT message.End with the character '#'.
Notice!Save#
Switch(config)#
```

2. 配置登录标题

登录标题显示在每日通知之后,它的主要作用是提供一些常规的登录提示信息。在全局配置模式下设置登录标题信息,命令格式为

```
banner login  c message c
```

配置举例:使用"#"作为分界符,文本信息为"please enter your password"。

```
Switch(config)#banner login #
Enter TEXT message.End with the character '#'.
please enter your password#
Switch(config)#
```

2.4.5 设置系统日期和时间

可以通过手工的方式来设置设备的时间。当设置了时钟后,时钟将以用户设置的时间为准一直运行下去,即使设备下电,时钟仍然继续运行。所以时钟设置一次后,原则上不需要再进行设置,除非用户需要修正设备上的时间。但是对于没有提供硬件时钟的设备,手工设置设备上的时间实际上只是设置了软件时钟,它仅对本次运行有效,当设备下电后,手工设置的时间将失去。

在特权模式下设置,命令格式为

```
clock set hh:mm:ss day month year
```

其中，hh:mm:ss 表示小时（24 小时制）、分、秒；day 表示日；month 表示月，月份使用英语；year 表示年，不能缩写。

配置举例：设置系统时间为 2023 年 3 月 30 日 8 时 8 分 28 秒。

```
Switch#clock set 8:8:28 30 march 2023
```

2.4.6　show 命令的使用

交换机使用"show"命令查看配置信息，可在用户模式和特权模式下查看。通过"show ?"了解两个模式下各自所能查看内容的详细清单，这里讲解特权模式下的查看。

1. 查看 IOS 版本

```
Switch#show version
```

2. 查看配置信息

```
Switch#show running-config        !显示当前正在运行的配置信息
Switch#show startup-config        !显示启动配置信息
```

3. 查看 VLAN 配置

```
Switch#show vlan
```

4. 查看 MAC 地址表

```
Switch#show mac address-table
```

5. 查看系统时钟

```
Switch#show clock
```

6. 查看端口状态

查看端口状态可以使用"show interface"命令。该命令格式为

```
show interface interface-type interface-number
```

interface-type 为端口类型，常见端口类型有：

（1）以太网接口（Ethernet），通信速率为 10 Mbit/s。
（2）快速以太网接口（FastEthernet），通信速率为 100 Mbit/s。
（3）千兆位以太网接口（GigabitEthernet），又称吉比特以太网接口，通信速率为 1 Gbit/s。
（4）万兆位以太网接口（TenGigabitEthernet），通信速率为 10 Gbit/s。

interface-number 为端口编号。Cisco 是按照"单元号/插槽号/端口号"的方式给交换机端口编号的。一般中高端的模块化交换机才会有单元号，所以低端产品一般采用"插槽号/端口号"方式编号。

例如：显示 Catalyst 2960-24-TT 交换机的第 8 个端口（没有插槽，认为是 0 号插槽）。

```
Switch#show interface f0/8
```

7. 查看 ARP 地址表

```
Switch#show arp
```

网络管理员可以根据 ARP 表查看有没有病毒攻击，分析出攻击源。

2.5 交换机的端口配置

2.5.1 配置端口的基本参数

端口参数在接口配置模式下配置，只作用于具体的端口。对一个或一组端口进行配置时，通过全局模式下指定一个或一组端口，从而进入接口配置模式。

1. 选择端口

（1）选择一个端口。在全局配置模式下，命令格式为

```
interface type port-id
```

interface 命令用于指定一个端口，之后的命令都是针对该端口的。其中，type 为要配置端口的类型，可以是一个物理端口，也可以是 VLAN（此时把 VLAN 理解为一个端口）；port-id 是具体的端口编号、VLAN ID。

配置举例：分别选择交换机的 0 号插槽 18 号端口、VLAN 8。

```
Switch#configure terminal                          !进入全局配置模式
Switch(config)#interface fastEthernet0/18          !选择端口f0/18
Switch(config-if)#exit                             !退回全局配置模式
Switch(config)#interface vlan 8                    !选择VLAN 8,对VLAN 8配置
Switch(config-if)#
```

（2）选择多个端口。如果有多个端口需要配置相同的参数且端口类型相同时，可以同时配置这些端口。在全局配置模式下，命令格式为

```
interface range type port-range
```

其中，type 为要配置端口的类型，可以是物理端口，也可以是 VLAN（此时把 VLAN 理解为一个端口）；port-range 是端口范围，可以是物理端口范围，也可以是一个 VLAN 范围。

配置举例：分别选择交换机 0 号插槽 3～8 号、15 号端口，以及 VLAN 3～VLAN 5。

```
Switch#configure terminal     !进入全局配置模式
Switch(config)#interface range f0/3 - 8,f0/15
```

! 选择 3～8 及 15 号端口，3～8 属于同一模块，结束端口号前省略 "0/"，开始端口号 3 和结束端口号 8 之间的连接符 "-" 前后均有空格，如果端口号有几个范围段，范围段之间用逗号分隔

```
Switch(config-if-range)#exit                       !退回全局配置模式
```

```
Switch(config)#interface range vlan 3 - 5        !选择VLAN 3~VLAN 5配置
Switch(config-if-range)#
```

2. 端口描述

端口描述常用于标注一个端口的功能、用途，起到备注的作用。

在接口配置模式下，命令格式为

```
description string
```

其中，string 为端口的描述文字，最多不超过 240 个字符。如果描述文字中有空格，要用双引号将描述文字引起来。

配置举例：对交换机的 0 号插槽 10 号端口描述 "this is a test port"。

```
Switch#configure terminal
Switch(config)#interface f0/10
Switch(config-if)#description "this is a test port"        !描述端口
```

3. 端口的管理状态

端口的管理状态有两种：启用（Up）和禁用（Down）。当端口被禁用时，端口的管理状态为 Down，否则为 Up。没有连接传输介质的端口，其管理状态是 Down。已连接传输介质的端口，可以根据需要对端口的管理状态进行启用或禁用。如果禁用一个端口，则这个端口将不会接收和发送任何帧。如果对一个端口配置了 IP 地址，则需要启用该端口。

在接口模式下，禁用和启用的命令格式分别为

```
shutdown
no shutdown
```

配置举例：对交换机的 0 号插槽 15 号端口分别进行禁用和启用操作。

```
Switch#configure terminal
Switch(config)#interface f0/15
Switch(config-if)#shutdown                !禁用该端口
Switch(config-if)#no shutdown             !启用(激活)该端口
```

4. 端口的速率

接口模式下，命令格式为

```
speed [10|100|1000|auto]
```

其中，根据端口的最大速率可分别设置为 10、100、1000，或者设置为自适应模式（auto），由通信双方自动协商通信速率和单双工通信方式。

5. 端口的双工

接口模式下，命令格式为

```
Duplex [auto|full|half]
```

交换机默认设置为 "auto"，由通信双方自动协商半双工还是全双工通信，也可以具体指定双方的

通信方式。full 为全双工模式，half 为半双工模式。

6. 端口流控

接口模式下，命令格式为

```
flowcontrol [auto|on|off]
```

其中，on 表示打开流控功能；off 表示关闭流控功能；auto 表示自协商模式。当 speed、duplex、flowcontrol 都设为非 auto 模式时，该端口关闭自协商过程。

对交换机 0/12 号端口分别设置 100M、全双工、流控关闭。

```
Switch#configure terminal
Switch(config)#interface f0/12
Switch(config-if)#speed 100                    !端口速率100M
Switch(config-if)#duplex full                  !全双工
Switch(config-if)#flowcontrol off              !流控关闭
Switch(config-if)#end
```

2.5.2 配置二层交换机端口

交换机工作在数据链路层，是二层设备。交换机端口指交换机上能够连接传输介质的物理接口。二层交换机端口被用于管理物理接口和与之相关的第二层协议，不处理路由，只有二层交换功能，所以称为 Switch 端口。Switch 端口分为 Access 端口和 Trunk 端口两种模式，这两种模式都需要手动配置。

1. Access 端口

Switch 端口默认模式为 Access，如果一个 Switch 端口的模式是 Access，则该端口只能是一个 VLAN 的成员，只传输属于这个 VLAN 的数据帧，这种模式的端口主要连接的是终端设备。

在接口模式下，命令格式为

```
switchport mode access
```

配置举例：将交换机 f0/9 端口设置为 Access 模式。

```
Switch#configure terminal
Switch(config)#interface f0/9
Switch(config-if)#switchport mode access       !将Switch端口模式设置为Access
```

2. Trunk 端口

将 Switch 端口的模式设置成 Trunk，则该端口可以传输属于多个 VLAN 的数据帧。通常把交换机和交换机、交换机和路由器连接的端口设置为 Trunk 端口。默认情况下，Trunk 端口将传输所有 VLAN 的帧，为了减轻设备的负载，减少对带宽的浪费，可通过设置 VLAN 许可列表来限制 Trunk 端口传输哪些 VLAN 的帧。

在接口模式下，命令格式为

```
switchport mode trunk
```

可以使用 no switchport mode 命令把端口模式恢复成默认值，即 Access 端口。

配置举例：将交换机 f0/3 端口设置为 Trunk 模式。

```
Switch#configure terminal
Switch(config)#interface f0/3
Switch(config-if)#switchport mode trunk         !将Switch端口模式设为Trunk端口
Switch(config-if)#no switchport mode            !将Switch端口恢复为Access端口
```

2.5.3 配置三层交换机端口

三层交换机就是具备部分路由器功能的交换机。二层交换技术工作在 OSI 参考模型的第二层数据链路层，三层交换技术是在 OSI 参考模型中的第三层网络层实现数据包的转发。三层交换技术实质上是二层交换技术与三层转发技术的结合，能够做到一次路由，多次转发。

三层交换机的每个三层端口都是一个单独的广播域，每个端口都可以配置 IP 地址，配置 IP 地址的端口就成为连接该端口的同一个广播域内其他主机的网关，该 IP 地址就是网关地址，通过网关地址实现基于三层寻址的分组路由功能。

1. 启动路由功能协议

为了使交换机进行三层路由，需要启动要使用的协议的路由功能。在全局配置模式下，命令格式为

```
protocol routing
```

其中，protocol 是要启动路由功能的协议，可以是 IP、IPX、Appletalk 等。对于采用 TCP/IP 的网络，启用 IP 的路由选择功能。默认情况下，已启动 IP，即 ip routing 命令已启用。

2. 二层或三层端口选择

三层交换机的端口既可用作二层交换端口，也可当作三层路由端口，默认作为二层交换端口使用。配置三层路由端口，在接口配置模式下，命令格式为

```
no switchport
```

其中，该命令先将端口二层模式禁用，然后重新启用三层模式。将路由端口恢复为二层端口。接口模式下，命令格式为

```
switchport
```

以上两个命令的作用顺序，都是先禁用，再重新启用。

配置举例：将交换机的 f0/16 端口配置成三层模式。

```
Switch#configure terminal
Switch(config)#interface f0/16
Switch(config-if)#no switchport                 !将端口设为路由端口
```

3. 配置端口 IP 地址

在接口模式下，命令格式为

```
ip address ip_address subnet_mask
```

其中，ip_address 是要配置的 IP 地址，subnet_mask 是该 IP 地址对应的掩码。三层端口默认情况下是 shutdown 的，所以配置 IP 地址后应进行端口激活操作。删除端口 IP 地址的命令不带任何参数：no ip address。

配置举例：将 Catalyst 3560 交换机的 f0/18 端口配置成三层模式并设置 IP 地址为 198.168.0.5/24。

```
Switch#configure terminal
Switch(config)#interface f0/18
Switch(config-if)#no switchport              !将端口设为路由端口
Switch(config-if)#ip address 198.168.0.5 255.255.255.0   !设置IP地址及掩码
Switch(config-if)#no shutdown         !激活端口
Switch(config-if)#no ip address       !如果需要,使用此命令删除IP地址
```

2.6 配置交换机端口安全性

1. 端口安全性介绍

端口安全（port security）是一种网络接入安全机制，是对已有的 802.1x 认证和 MAC 地址认证的扩充。但对端口配置来讲，使用了 802.1x 就不能使用端口安全，使用了端口安全就不能使用 802.1x。

端口安全是通过限制端口允许的最大 MAC 地址数量，规定所允许接收的数据帧的源 MAC 地址。对于非法的源地址的数据帧，采取一定的处理措施。

配置端口安全流程如图 2-16 所示。

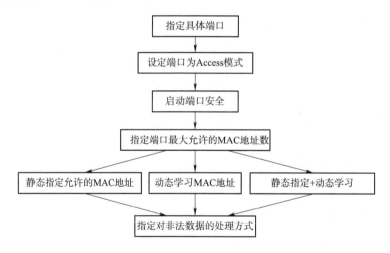

图 2-16　配置端口安全流程

先看一个图 2-17 所示的端口安全性实例。将 Catalyst 3560 的第 1 号端口设置为安全端口，1 号端口连接一个集线器，集线器连接多台计算机，要求端口最多允许接入的 MAC 地址数为 2，允许接收源 MAC 地址为 0030.5B6C.3480 和 0025.8DF2.576D 的数据帧，丢弃其他的数据帧，这样只有 PC0 和 PC1 能够访问服务器，而 PC2 不能访问服务器。

```
Switch(config)#interface f0/1
Switch(config-if)#switchport mode access
Switch(config-if)#switchport port-security
Switch(config-if)#switchport port-security maximum 2
```

```
Switch(config-if)#switchport port-security mac-address 0030.5B6C.3480
Switch(config-if)#switchport port-security mac-address 0025.8DF2.576D
Switch(config-if)#switchport port-security violation protect
Switch(config-if)#end
```

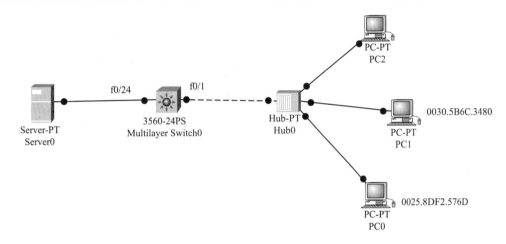

图 2-17 端口安全性实例

执行以上配置后,只有 PC0 和 PC1 能够通过交换机访问服务器,而 PC2 不能访问服务器。PC0、PC1、PC2 之间的互相访问是没有问题的。

需要注意的是,如果用交换机来代替图 2-17 中的集线器,要达到前面同样的效果,需要将"switchport port-security maximum 2"改为"switchport port-security maximum 3",因为交换机自身有一个 MAC 地址,而集线器没有。

2. 端口安全性配置步骤

第一步:指定具体端口。

配置端口安全的交换机端口要满足以下条件:不能是聚合端口,不能是镜像端口,必须是一个接入端口。例如:

```
Switch(config)#interface fastEthernet 0/9
```

第二步:将端口指定为 Access 模式。例如:

```
Switch(config-if)#switchport mode access
```

第三步:启用端口安全。
启用端口安全命令格式如下:

```
switchport port-security
```

例如:Switch(config-if)#switchport port-security
第四步:指定端口最大允许的 MAC 地址数。
指定端口最大允许的 MAC 地址数的命令格式如下:

```
switchport port-security maximum value
```

value 是最大允许的 MAC 地址的个数。

例如：指定交换机端口允许接入的 MAC 地址数为 5。

```
Switch(config-if)#switchport port-security maximum 5
```

第五步：指定允许接收数据帧的源 MAC 地址。

只接收指定源 MAC 地址的数据帧，交换机对其他源 MAC 地址的数据帧将按照指定的方式进行处理，处理方式见第六步。

指定源 MAC 地址的方式有三种，配置时只能选择其中的一种。

1）静态地址

静态指定 MAC 地址时，可以指定具体的 MAC 地址，MAC 地址用点分十六进制形式表示，这种方式指定的 MAC 地址明确，对应的 IP 地址不明确。可以指定 IP 地址，这种方式 IP 地址明确，MAC 地址不明确，当 IP 地址从一台机器换到另一台机器时，MAC 地址会被改变。也可以指定 MAC 地址和 IP 地址的绑定，这种方式 MAC 和 IP 地址都明确。静态指定的三种语法如下：

```
switchport port-security mac-address mac-address
或switchport port-security ip-address ip-address
或switchport port-security mac-address mac-address ip-address ip-address
```

这三种指定方式一般不同时使用，同时使用也只有一种方式有效。后两种同时设置时，哪种方法后设置，哪种方法就生效。既设置了后面的方法，又设置了第一种方法时，则第一种无效。

2）动态地址

动态学习 MAC 地址的方法使用交换机的 MAC 地址学习功能，不需要做任何配置。

3）黏性地址

合法 MAC 地址可以静态指定产生，也可以动态学习产生，或者静态和动态组合产生。配置时使用 sticky 关键字。配置语法如下：

```
switchport port-security mac-address sticky [mac-address]
```

例如：端口允许的最大 MAC 地址数为 5，指定了一个 MAC 地址，其余动态学习。配置如图 2-18 所示的黏性地址。

```
Switch(config-if)#switchport port-security maximum 5
Switch(config-if)#switchport port-security  mac-address sticky
Switch(config-if)#switchport port-security  mac-address sticky 0025.8DF2.576D
```

图 2-18　黏性地址配置

第六步：指定对违例数据的处理方式。

未经授权的 MAC 地址或超过规定的 MAC 地址数目以外的指定 MAC 地址发来数据帧，称为违例。

违例产生时按三种方式处理。

（1）protect：当安全地址数达到规定数目后，安全端口丢弃规定数目指定 MAC 之外的数据帧，不发送通知。

（2）restrict：丢弃数据帧，发送一个 trap 通知。

（3）shutdown：禁用端口，发送一个 trap 通知。

例如：只允许 MAC 地址 0025.8DF2.576D 的一台计算机连接交换机的第 18 号端口，违例处理方式为 protect。命令如下：

```
Switch(config)#interface f0/18
Switch(config-if)#switchport mode access
Switch(config-if)#switchport port-security
Switch(config-if)#switchport port-security maximum 1
Switch(config-if)#switchport port-security mac-address 0025.8DF2.576D
Switch(config-if)#switchport port-security violation protect
Switch(config-if)#end
```

3. 配置端口绑定

端口安全配置可以为端口指定一个或多个合法 MAC 地址，实现了端口与 MAC 地址的绑定。两端口绑定是在全局模式下利用 ARP 协议，将 IP 地址解析为绑定于某个端口固定的 MAC 地址。端口只接收 IP 地址和 MAC 地址对应的数据包。

在计算机的命令行模式下，可以执行"arp -s 198.165.1.5 0025.8DF2.576D"命令来静态指定 IP 地址 198.165.1.5 对应 MAC 地址 0025.8DF2.576D，通过静态指定地址解析，实现了 IP 地址与 MAC 地址的绑定。

同一个 MAC 地址，只能绑定一次。交换机上端口绑定的命令格式如下：

```
arp ip-address mac-address arpa interface-type interface-number
```

例如：将 Catalyst 3750 的第 3 号端口与 IP 地址 198.165.1.5、MAC 地址 0025.8DF2.576D 进行绑定。命令如下：

```
Switch(config)#arp 198.165.1.5 0025.8DF2.576D arpa fastethernet 0/3
```

2.7 配置二层交换机端口聚合

端口聚合是指将多个以太网端口聚合成一个逻辑上的以太网通道，将连接于这些以太网端口的多个物理链路聚合为一个逻辑链路。端口聚合常用于设备之间的级联，多条级联链路可以聚合为一条逻辑链路，提高级联的带宽。同一以太网通道内的各个成员端口之间彼此动态备份，从而提高了连接的可靠性。如果不采用链路聚合，两条上联链路会使用生成树算法，只有一条上联链路是活动的，另一条上联链路只起备份作用。

也就是说不采用聚合，两条 100 Mbit/s 的上联链路，可用带宽一共只有 100 Mbit/s。而采用端口聚合，两条 100 Mbit/s 的上联链路，可聚合为 200 Mbit/s 的带宽。参与聚合的端口越多，聚合后的逻辑链路带宽越高。

以端口聚合为例。两台 Catalyst 3560 的 G0/1 和 G0/2 口互相连接，要进行链路的聚合，形成 2 000 Mbit/s 的逻辑链路。两条链路根据目的 IP 地址做负载均衡。

如图 2-19 所示，如果不进行链路聚合，两条链路只有一条能传输数据，另一条做备份。而聚合后，两条链路都可以传输数据，既增加了带宽，还可以实现负载均衡。

交换机与路由器的配置管理

图 2-19　交换机端口聚合

两台 Catalyst 3560 交换机的参考配置如下：

```
Switch(config)#interface gigabitEthernet 0/1
Switch(config-if)#channel-group 1 mode on
Switch(config-if)#exit
Switch(config)#interface gigabitEthernet 0/2
Switch(config-if)#channel-group1 mode on
Switch(config-if)#exit
Switch(config)#interface port-channel 1
Switch(config-if)#switchport mode trunk
Switch(config-if)#exit
Switch(config)#port-channel load-balance dst-ip
```

上面的例子将交换机的 G0/1 和 G0/2 口使用端口聚合命令"channel-group"聚合成一个以太网通道端口"port-channel 1"，在这个以太网通道端口根据目的 IP 地址来实现负载均衡。

在接口配置模式下，二层端口聚合的命令格式如下：

```
channel-group number mode active|auto|desirable|passive|on
```

参数说明如下：

（1）channel-group：聚合后的以太网通道。

（2）number：以太网通道号，可为任意数字。

（3）active：启用 LACP 协议。

（4）auto：仅在检测到 PAgP 设备时使用 PAgP 协议，默认为 auto。

（5）desirable：启用 PAgP 协议

（6）passive：仅在检测到 LACP 设备时使用 LACP 协议。

（7）on：表示仅仅使用 Ethernet Channel。

例如：

```
Switch(config)#interface gigabitEthernet 0/1
Switch(config-if)#channel-group 1 mode on
```

Catalyst 2900 平台不支持 PAgP，要使用端口聚合，可以使用 on。

端口聚合后的以太网通道就像一个交换机端口一样使用。以太网通道口类型为 Port-Channel。例如：

```
Switch(config)#interface port-channel 1
Switch(config-if)#switchport mode trunk
```

在配置了基于二层的端口聚合后，还可以在全局配置模式下，指定组成以太网通道的各端口的负载均衡算法。默认均衡算法为源 MAC 地址。负载均衡算法配置命令格式为

```
port-channel load-balance method
```

method 的可选值如下：src-ip（源 IP 地址）、dst-ip（目的 IP 地址）、src-dst-ip（源和目的 IP 地址）、src-mac（源 MAC 地址）、dst-mac（目的 MAC 地址）、src-dst-mac（源和目的 MAC 地址）、src-port（源端口号）、dst-port（目的端口号）、src-dst-port（源和目的端口号）。

例如，以太网通道根据数据包目标 MAC 地址实现负载均衡：

```
Switch(config)#port-channel load-balance dst-mac
```

2.8 交换机基本配置实训

2.8.1 交换机基本配置命令实训

1. 实训目标

（1）掌握主机和交换机的线缆连接方式。

（2）掌握常用的交换机基本配置命令。

2. 实训任务

配置如图 2-20 所示交换机的基本信息，包括主机名、管理 IP、每日通知、登录标题。

交换机基本配置命令实训

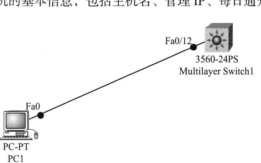

图 2-20　交换机拓扑图

3. 任务分析

交换机可以选择二层交换机也可以选择三层交换机，这里选择 Cisco 的三层交换机 3560，主机 PC1 和交换机之间用直通线连接。

4. 任务实施

（1）交换机命令行操作模式的进入：

```
Switch>enable
Switch#
Switch#configure terminal
Switch(config)#interface fastEthernet 0/6
Switch(config-if)#
Switch(config-if)#exit
```

```
Switch(config)#end
Switch#
```

（2）交换机主机名称的配置：

```
Switch>enable
Switch#configure terminal
Switch(config)#hostname teacher
teacher(config)#
```

（3）交换机每日通知的配置：

```
teacher(config)#banner motd &
Enter TEXT message. End with the character '&'.
welcome to you&
teacher(config)#exit
teacher#exit
```

（4）交换机登录标题的配置：

```
teacher(config)#banner login #
Enter TEXT message. End with the character '#'.
enter password
#
teacher(config)#
```

（5）配置交换机的管理IP：

```
teacher(config)#interface vlan 1
teacher(config-if)#ip address 198.168.1.1 255.255.255.0
teacher(config-if)#no shutdown
teacher(config-if)#exit
teacher(config)#exit
teacher#show running-config
teacher#write
```

2.8.2 交换机的端口配置实训

交换机的端口配置实训

1. 实训目标

（1）掌握主机IP地址的设置方式。

（2）掌握交换机的端口配置命令。

2. 实训任务

配置交换机的端口速率、双工模式、三层端口、交换机端口最大连接数并查看交换机系统、配置信息和端口信息，以图2-20为例。

3. 任务分析

可以设置主机的IP地址、默认掩码和网关，交换机的各种端口配置需要在交换机的接口模式下完成。

4. 任务实施

（1）配置交换机的端口：

```
Switch>enable
Switch#
Switch#configure terminal
Switch(config)#
Switch(config)#interface fastEthernet 0/9
Switch(config-if)#speed 100
Switch(config-if)#duplex full
Switch(config-if)#no shutdown
Switch(config-if)#
```

（2）配置交换机的三层端口。选择一台三层交换机，配置交换机的 f0/12 端口为三层端口，IP 地址为 198.168.1.6，然后将 PC1 的主机 IP 地址设置为 198.168.1.18，网关设置为 198.168.1.6。

```
Switch>enable
Switch#
Switch#configure terminal
Switch(config)#
Switch(config)#interface fastEthernet 0/12
Switch(config-if)#no switchport
Switch(config-if)#ip address 198.168.1.6 255.255.255.0
Switch(config-if)#no shutdown
```

在 PC1 主机上测试和网关的连通性，如图 2-21 所示，可以 ping 通。

```
命令提示符

Packet Tracer PC Command Line 1.0
PC>ping 198.168.1.6

Pinging 198.168.1.6 with 32 bytes of data:

Reply from 198.168.1.6: bytes=32 time=41ms TTL=255
Reply from 198.168.1.6: bytes=32 time=0ms TTL=255
Reply from 198.168.1.6: bytes=32 time=33ms TTL=255
Reply from 198.168.1.6: bytes=32 time=0ms TTL=255

Ping statistics for 198.168.1.6:
    Packets: Sent = 4, Received = 4, Lost = 0 (0% loss),
Approximate round trip times in milli-seconds:
    Minimum = 0ms, Maximum = 41ms, Average = 18ms
```

图 2-21　PC1 主机和网关的连通性

（3）查看交换机的各项信息：

```
Switch#show version
Switch#show mac address-table
Switch#show running-config
```

注意： show mac address-table、show running-config 查看的是当前生效的配置信息，该信息存储在 RAM（随机存储器）里，交换机重启会生成新的 MAC 地址表和配置信息。

（4）端口安全及最大地址和违例方式的设置：

```
Switch(config)#interface fastEthernet 0/15
Switch(config-if)#switchport mode access
Switch(config-if)#switchport port-security
Switch(config-if)#switchport port-security maximum 5
Switch(config-if)#switchport port-security violation protect
```

2.8.3 绑定交换机端口地址实训

绑定交换机端口地址实训

1. 实训目标

掌握在交换机端口配置安全地址的方法。

2. 实训任务

在一台 S3560 的三层交换机上对 f0/8 端口绑定 MAC 地址，两台主机 PC1 和 PC2 连接在交换机上，配置主机 PC1 和 PC2 的 IP 地址，测试主机 PC1 和 PC2 的连通性。

拓扑结构如图 2-22 所示。

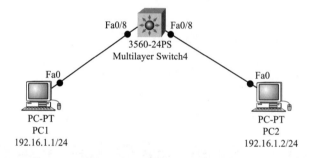

图 2-22 交换机端口绑定拓扑

3. 任务分析

由于主机 PC1 和 PC2 属于同一个子网，在设置 IP 地址时可以不设置默认网关。为端口绑定 IP 地址的步骤为先设置端口模式为 access，然后定义端口安全，最后绑定 IP 地址和 MAC 地址。

4. 任务实施

（1）配置 PC1 和 PC2 的 IP 地址

主机 PC1 的 IP 地址设置如图 2-23 所示。

主机 PC2 的 IP 地址设置如图 2-24 所示。

测试网络连通性，主机 PC1 能够 ping 通主机 PC2，如图 2-25 所示。

（2）为 f0/8 端口绑定 MAC 地址。

```
Switch(config)#interface FastEthernet0/8
Switch(config-if)#switchport mode access
Switch(config-if)#switchport port-security
Switch(config-if)#switchport port-security mac-address 00D0.97E6.1870
Switch(config-if)#end
Switch#show running-config
```

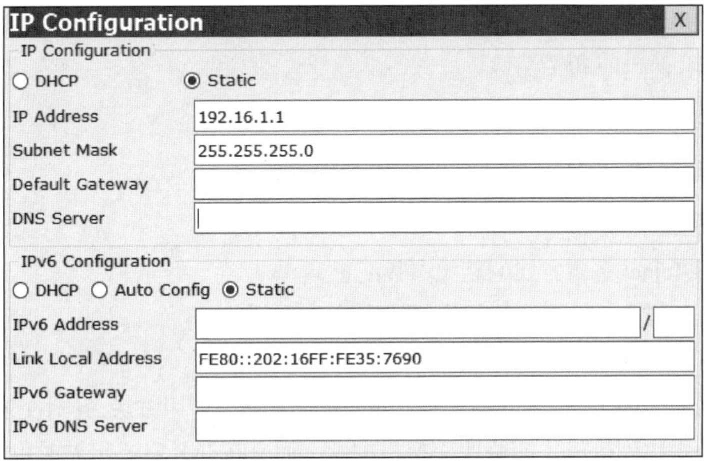

图 2-23 主机 PC1 的 IP 地址设置

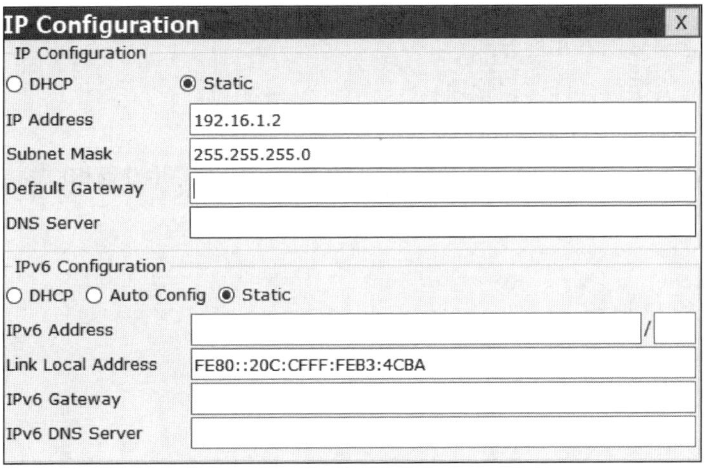

图 2-24 主机 PC2 的 IP 地址设置

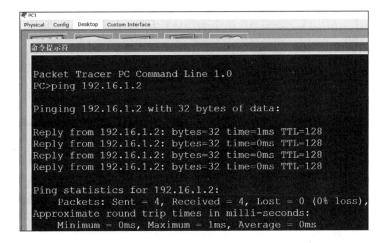

图 2-25 主机 PC1 能够 ping 通主机 PC2

（3）测试 PC1 和 PC2 的连通性。

（4）将 PC1 接在交换机的 f0/7 端口。

（5）测试 PC1 和 PC2 的连通性。

2.8.4 交换机远程管理配置实训

1. 实训目标

（1）熟悉 Telnet 登录方式的相关参数配置。

（2）掌握通过 Telnet 对交换机进行远程管理的方法。

2. 实训任务

经过一段时间的工作，你很快掌握了交换机配置命令使用方法，并对交换机进行了初始配置，希望以后不用每次到机房才能修改交换机配置，而是在办公室或出差时也可以对机房的交换机进行远程管理，现要在交换机上做适当配置，满足这一要求。

3. 任务分析

对交换机的带内管理有以下几种方式：

（1）通过 Telnet 对交换机进行远程管理。

（2）通过 Web 对交换机进行远程管理。

以上管理方式均需要给交换机指定 IP 地址、开启相应访问权限，并设置相应的登录密码才能够访问，具体如图 2-26 所示。

4. 任务实施

1）配置 PC 主机的 IP 地址

PC1 主机的 IP 地址设置如图 2-27 所示。

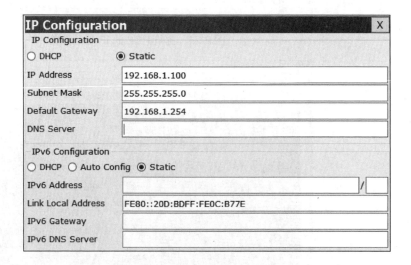

图 2-26　通过 Telnet 登录　　　　　图 2-27　PC1 主机的 IP 地址设置

2）Telnet 远程管理配置方法

（1）主机能 ping 通交换机。

（2）交换机设置 telnet 密码。

（3）交换机允许通过 telnet 登录。

（4）如果需要进入特权模式，还需要配置 enable 密码。

3）配置交换机远程 Telnet 管理功能

（1）设置交换机管理密码。

```
Switch>enable
Switch#configure terminal
Switch(config)#enable secret cisco
Switch(config)#enable password cisco
Switch(config)#line vty 0 4
Switch(config-line)#login
Switch(config-line)#password 123
Switch(config-line)#end
Switch#show running-config
```

（2）配置交换机管理 IP 地址及网关。

```
Switch(config)#interface vlan 1
Switch(config-if)#ip address 192.168.1.1 255.255.255.0
Switch(config-if)#no shutdown
Switch(config-if)#exit
Switch(config)#ip default-gateway 192.168.1.254
```

（3）在 PC 上进行测试。

在主机 PC1 上 ping 交换机能够 ping 通，如图 2-28 所示。

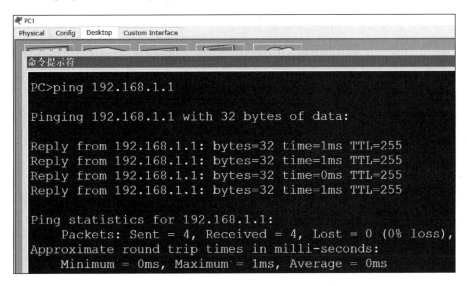

图 2-28　在主机 PC1 上能够 ping 通交换机

在主机 PC1 上能够 telnet 登录交换机，如图 2-29 所示。

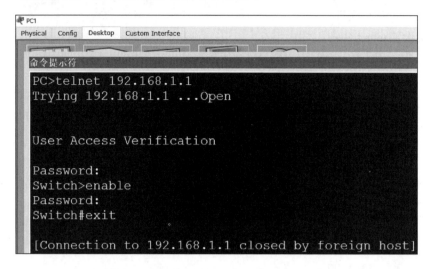

图 2-29　在主机 PC1 上能够 telnet 登录交换机

习　题

一、选择题

1. 交换机属于 OSI 参考模型（　　）的设备。

　　A. 数据链路层　　　　　　　　　　　　B. 物理层

　　C. 网络层　　　　　　　　　　　　　　D. 传输层

2. 交换机当前正在运行生效的配置文件保存在（　　）中。

　　A. ROM　　　　　B. Flash　　　　　C. DRAM　　　　　D. NVRAM

3. （　　）命令显示交换机初始化配置。

　　A. show running-config　　　　　　　B. show startup-config

　　C. show version　　　　　　　　　　 D. show mac address-table

4. 使用（　　）命令，可以显示所在模式下的所有可执行命令。

　　A. list　　　　　　B. dir　　　　　　C. show　　　　　　D. ?

5. "Switch（config）#line vty 0 5" 是指（　　）条虚拟终端线路。

　　A. 0　　　　　　　B. 5　　　　　　　C. 4　　　　　　　D. 6

6. 同时设置了 enable secret 和 enable password 两种特权密码，（　　）密码有效。

　　A. enable secret　　　　　　　　　　 B. enable password

　　C. 两种　　　　　　　　　　　　　　 D. 没有

7. "Switch（config）#" 是交换机的（　　）命令。

　　A. 用户模式　　　　　　　　　　　　 B. 特权模式

C. 全局配置模式 D. 接口配置

8. 将交换机端口的模式设置成中继接口的命令是（　　）。

A. switchport mode trunk B. switchport mode access

C. switchport access vlan 1 D. no switchport

二、简答题

1. 简述 Cisco IOS 操作系统具有的特点。
2. 简述 Cisco 网络设备的命令行提供了哪些基本的配置模式？
3. 简述配置交换机管理 IP 地址的步骤。
4. 简述交换机端口安全性配置步骤。
5. 如何配置二层交换机端口聚合？

第 3 章

虚拟局域网

为了限制广播流量、提高网络的安全性、方便网络的施工和管理，通常会在企业网中划分多个虚拟局域网（VLAN），将业务相关的计算机划分到一个虚拟工作组，每个虚拟工作组就像一个独立的局域网一样。

本章将介绍虚拟局域网的配置实现方法，并利用该技术与路由技术相结合，实现大中型局域网的通信。

3.1 虚拟局域网概述

虚拟局域网（virtual local area network, VLAN）是一种将物理局域网根据某种网络特征从逻辑上划分（注意，不是从物理上划分）成多个网段，从而实现虚拟工作组的数据交换技术。划分后的 VLAN 具有局域网的所有特征，一个 VLAN 内部的广播和单播流量不会转发到其他 VLAN 中，从而可以隔离网络上的广播流量、提高网络的安全性。

随着 VLAN 技术的出现，网络管理员可以根据实际应用需求，基于某个条件，把同一物理局域网内的不同用户逻辑上划分成不同的广播域。由于它是从逻辑上划分的，而不是从物理上划分的，因此同一个 VLAN 内各个工作站没有限制在同一个物理范围中，即这些工作站可以位于不同的物理 VLAN 网段。

VLAN 可应用于交换机和路由器中，但目前主流应用还是在交换机中。不是所有交换机都具有 VLAN 功能，这一点可以查看相应交换机的说明书。

1. 划分 VALN 的原因及 VLAN 的作用

没有划分 VLAN 的传统局域网处于同一个网段，是一个大的广播域，广播帧占用了大量的带宽，当网络内的计算机数量增加时，广播流量也随之增大，广播流量大到一定程度时，网络效率急剧下降，所以给网络分段是一个提高网络效率的办法。网络分段后，不同网段之间的通信又是一个需要解决的问题。原先属于一个网段的用户，要调整到另一个网段时，需要将计算机搬离原来的网段而接入新的网段，因此又会出现重新布线的问题。

虚拟局域网技术的出现很好地解决了上述问题。

VLAN 的作用主要有：

（1）提高了网络通信效率。由于缩小了广播域，一个 VLAN 内的单播、广播不会进入另一个 VLAN，减小了整个网络的流量。

（2）方便了维护和管理。VLAN 是逻辑划分的，不受物理位置的限制，给网络管理带来了方便。

（3）提高了网络的安全性。不同 VLAN 之间不能直接通信，杜绝了广播信息的不安全性。要求高安全性的部门可以单独使用一个 VLAN，可有效防止外界的访问。

2. 划分 VLAN 的方法

VLAN 目前主要是在交换机上划分，可以分为静态 VLAN 和动态 VLAN。静态 VLAN 明确地指定交换机的端口分别属于哪个 VLAN，动态 VLAN 是根据交换机端口上所连接的计算机的情况来决定属于哪个 VLAN。普遍使用的是基于端口的静态 VLAN。

VLAN 实现的方法很多，IP 组播实际上就是一种 VLAN 的定义，即认为一个 IP 组播就是一个 VLAN。通过 IP 组播，VLAN 可以跨越路由器延伸到广域网。但 VLAN 主要是在交换机上定义的，通常采用以下几种划分方法。

1）基于端口划分 VLAN

基于端口划分的 VLAN 属于静态 VLAN，是将交换机上的物理端口分成若干个组，每个组构成一个虚拟网，相当于一个独立的 VLAN 交换机。基于端口的划分方法也是最常应用的一种 VLAN 划分方法，目前绝大多数交换机都提供这种 VLAN 划分方法。一台没有划分 VLAN 的交换机，所有的端口属于同一个 VLAN。基于端口划分 VLAN 时，每个端口只能属于一个 VLAN。

VLAN 流量可以跨越交换机，多个 VLAN 通过一条物理线路时，需要给数据帧打标签，以区分不同的 VLAN 流量。

从这种划分方法本身可以看出，其优点是定义 VLAN 成员非常简单，只要将所有的端口都定义为相应的 VLAN 组即可，适合于任何大小的网络。它的缺点是如果某用户离开了原来的端口，到了一个新交换机的某个端口，就必须重新定义。

2）基于 MAC 地址划分 VLAN

基于 MAC 地址的 VLAN 是动态 VLAN，就是依据 MAC 地址分成若干个组，同一组的用户构成一个虚拟局域网。它实现的机制就是每一块网卡都对应唯一的 MAC 地址，VLAN 交换机跟踪属于某个 VLAN 的 MAC 地址。这种方式的 VLAN 允许网络用户从一个物理位置移动到另一个物理位置时自动保留其所属 VLAN 的成员身份。

由这种划分的机制可以看出，这种 VLAN 划分方法的最大优点就是当用户物理位置移动时，即从一个交换机换到其他交换机时，VLAN 不用重新配置，因为它是基于用户而不是基于交换机端口的。这种方法的缺点是初始化时必须添加所有用户的 MAC 地址，计算机较多时工作量很大，所以这种划分方法通常适用于小型局域网。

基于 MAC 地址的 VLAN 在交换机上配置时，除了配置交换机参数，还需要配置 VMPS（虚拟局域网管理策略服务器，一种 C/S 结构的软件，交换机一般作为客户机），在 VMPS 上配置 MAC 地址与 VLAN 的映射关系。

3）基于网络层协议划分 VLAN

基于网络层协议的 VLAN 也是动态 VLAN 的一种。可以依据每个主机使用的网络层地址或者协议类型划分 VLAN。这种划分方法依据的是网络地址（如 IP 地址），因此需要查看每个数据包的 IP 地址。

这种划分 VLAN 的优点是即使用户的物理位置发生变化，也不需要重新配置所属 VLAN。缺点是效率低，检查每个数据包的 IP 地址需要消耗时间。

其中，基于交换机端口的 VLAN 是企业网中使用最多也是最简单的，只需要在交换机上配置，不需要另外的软件支持。

3.2 VLAN 的配置

一个 VLAN 是以 VLAN ID 来标识的，遵循 IEEE 802.1q 规范，最多支持 4 094 个 VLAN（VLAN 1～VLAN 4094），其中 VLAN 1 是由设备自动创建，不可删除的默认 VLAN。在设备中可以添加、删除、修改 VLAN 2～VLAN 4094，可以在接口配置模式下配置一个端口的 VLAN 成员类型或加入、移出一个 VLAN。

3.2.1 VLAN 成员类型

可以通过配置一个端口的 VLAN 成员类型，来确定这个端口通过帧的类型，以及这个端口可以属于多少个 VLAN。VLAN 成员类型见表 3-1。

表 3-1　VLAN 成员类型

VLAN 成员类型	VLAN 接口特征
Access	一个 Access 端口，只能属于一个 VLAN，并且是通过手工设置指定 VLAN 的
Trunk（802.1q）	一个 Trunk 端口，在默认情况下是属于本设备所有 VLAN 的，它能够转发所有 VLAN 的帧。也可以通过设置许可 VLAN 列表（allowed-VLANs）来加以限制

3.2.2 VLAN 的基本配置

1. 创建 VLAN

在全局配置模式下，命令格式为

```
vlan vlan-id
```

其中，vlan-id 为 1～4094 中的任意一个数值，代表要创建或修改的 VLAN 号。由于 VLAN 1 是设备自动创建并且不可删除的，因此创建 VLAN，vlan-id 为 2～4094 中的任意值。

该命令是进入 VLAN 配置模式的导航命令。如果输入的是一个新的 VLAN ID，则设备会创建一个 VLAN；如果输入的是已经存在的 VLAN ID，则修改相应的 VLAN。

配置举例：在交换机上创建 VLAN 30 和 VLAN 40。

```
Switch#configure terminal
Switch(config)#vlan 30
Switch(config-vlan)#
Switch(config-vlan)#exit
Switch(config)#vlan 40
Switch(config-vlan)#end
Switch#
```

2. 命名 VLAN

在 VLAN 模式下，命令格式为

```
name vlan-name
```

其中，vlan-name 为 VLAN 的名字。如果没有这一步配置，则设备会自动为 VLAN 起一个名字 VLANxxxx，其中 xxxx 是以 0 开头的四位 VLAN ID。例如，VLAN0030 就是 VLAN 30 的默认名字。如果想把 VLAN 的名字改回默认名字，在 VLAN 模式下，输入 no name 命令。

配置举例：为 VLAN 30 命名 student。

```
Switch#configure terminal
Switch(config)#vlan 30
Switch(config-vlan)#
Switch(config-vlan)#name student
Switch(config-vlan)#end
Switch#
```

3. 查看 VLAN 配置信息

查看 VLAN 配置信息的命令有以下几种用法。

1）查看所有 VLAN 的配置信息

命令如下：

```
show vlan或show vlan brief
```

其中，show vlan 详细显示所有 VLAN 的配置信息；show vlan brief 简要显示所有 VLAN 的配置信息，如图 3-1 所示。

```
Switch#show vlan brief
VLAN Name                             Status    Ports
---- -------------------------------- --------- -------------------------------
1    default                          active    Fa0/1, Fa0/2, Fa0/3, Fa0/4
                                                Fa0/5, Fa0/6, Fa0/7, Fa0/8
                                                Fa0/9, Fa0/10, Fa0/11, Fa0/12
                                                Fa0/13, Fa0/14, Fa0/15, Fa0/16
                                                Fa0/17, Fa0/18, Fa0/19, Fa0/20
                                                Fa0/21, Fa0/22, Fa0/23, Fa0/24
                                                Gig0/1, Gig0/2
30   student                          active
40   VLAN0040                         active
1002 fddi-default                     active
1003 token-ring-default               active
1004 fddinet-default                  active
1005 trnet-default                    active
```

图 3-1　简要显示所有 VLAN 的配置信息

2）查看指定 VLAN 的配置信息

命令如下：

```
show vlan id vlan-id/name vlan-name
```

命令功能：通过 VLAN 号或 VLAN 名称查看显示指定 VLAN 的配置信息。通过 VLAN 名称查看时，VLAN 名称要区分字母的大小写。

例如，如果要查看 VLAN 30 的配置信息，则实现命令为 show vlan id 30 或 show vlan name student，如图 3-2 所示。

```
Switch#show vlan id 30
VLAN Name                             Status    Ports
---- -------------------------------- --------- -------------------------------
30   student                          active

VLAN Type  SAID       MTU   Parent RingNo BridgeNo Stp  BrdgMode Trans1 Trans2
---- ----- ---------- ----- ------ ------ -------- ---- -------- ------ ------
30   enet  100030     1500  -      -      -        -    -        0      0
```

图 3-2　查看 VLAN 30 的配置信息

4. 删除 VLAN

默认 VALN（VLAN 1）不可删除。

在全局配置模式下，命令格式为

```
no vlan vlan-id
```

其中，vlan-id 为要删除的 VLAN 的 ID。

VLAN 删除后，原属于该 VLAN 的端口不能自动划回到 VLAN 1，仍属于该 VLAN。因为所属 VLAN 已被删除，这些端口将由 Active 状态变为 Inactive 状态，用 show vlan 命令时不能看到这些端口。因此删除 VLAN 前要把该 VLAN 内的端口划回到 VLAN 1。

配置举例：在交换机上删除 VLAN 30。

```
Switch#configure terminal
Switch(config)#no vlan 30
Switch(config)#end
Switch#
```

5. Switch 端口模式

交换机的一个二层交换接口，可以指定为 Access 端口模式或者 Trunk 端口模式。

在接口配置模式下，命令格式为

```
switchport mode access|trunk
```

其中，access 表示设置一个 Switch 端口为 Access 端口；trunk 表示设置一个 Switch 端口为 Trunk 端口。

如果一个 Switch 端口模式是 Access，则该端口只能是一个 VLAN 的成员。可以使用 switchport access vlan vlan-id 命令指定该端口属于哪一个 VLAN。如果一个 Switch 端口模式是 Trunk，则该端口可以是多个 VLAN 的成员。一个端口属于哪些 VLAN，由该端口的许可 VLAN 列表决定。Trunk 端口默认情况下许可 VLAN 列表中所有 VLAN 成员。

对 Trunk 端口的配置通常有以下三方面的内容。

1）配置封装协议

命令如下：

```
Switch(config-if)#switchport trunk encapsulation dot1q
```

命令功能：配置使用 IEEE 802.1q 协议作为打标签的封装协议。三层交换机配置 Trunk 端口时，必须配置指定封装协议，二层交换机不用配置指定。

2）配置端口工作模式

对于 Trunk 端口，必须将端口的工作模式配置为 Trunk 模式，命令如下：

```
switchport mode trunk
```

3）配置 Trunk 端口允许转发的 VLAN 流量

配置 Trunk 链路允许哪些 VLAN 通过。命令如下：

```
Switch(config-if)#switchport trunk allowed vlan vlanlist
```

命令功能：配置指定 Trunk 端口转发哪些 VLAN 的数据帧。vlanlist 代表允许转发的 VLAN 列表，VLAN 号之间用逗号进行分隔。如果全部允许，则 vlanlist 用 all 表示，对应的命令如下：

```
Switch(config-if)#switchport trunk allowed vlan all
```

在 Trunk 链路上，如果需要在现有允许通过的 VLAN 中指定不允许通过的 VLAN，可以采用以下命令：

```
Switch(config-if)#switchport trunk allowed vlan remove vlan-id
```

在 Trunk 链路上，如果需要在现有允许通过的 VLAN 的基础上增加允许通过的 VLAN，可以采用以下命令：

```
Switch(config-if)#switchport trunk allowed vlan add vlan-id
```

其中，"vlan-id" 为具体的某个 VLAN。

Cisco 交换机的 Trunk 端口默认允许所有 VLAN 流量通过。当互联的两台交换机之间存在两条或两条以上的 Trunk 链路时，此时就需要为每条 Trunk 链路配置指定允许哪些 VLAN 流量通过本 Trunk 链路。

配置举例：将二层交换机的 f0/5 端口设置为 Access 端口，f0/22 设置为 Trunk 端口。

```
Switch#configure terminal
Switch(config)#interface f0/5
Switch(config-if)#switchport mode access
Switch(config-if)#exit
Switch(config)#interface f0/22
Switch(config-if)#switchport mode trunk
Switch(config-if)#end
Switch#
```

配置举例：在 Catalyst 3560 的 f0/16 上，现有允许通过的 VLAN 1、VLAN 10、VLAN 20 中不允许

VLAN 10 通过，增加允许 VLAN 30 和 VLAN 40 通过。

```
Switch(config)#interface f0/16
Switch(config-if)#switchport trunk encapsulation dot1q
Switch(config-if)#switchport mode trunk
Switch(config-if)#switchport trunk allowed vlan remove 10
Switch(config-if)#switchport trunk allowed vlan add 30
Switch(config-if)#switchport trunk allowed vlan add 40
```

配置举例：假设三层交换机的 G0/1 和 G0/2 均为 Trunk 端口，两台交换机之间存在两条 Trunk 链路，交换机有 VLAN 1、VLAN 5、VLAN 15、VLAN 25、VLAN 35、VLAN 45。现要配置允许 G0/1 口的 Trunk 链路通过 VLAN 1、VLAN 25、VLAN 35、VLAN 45，G0/2 口的 Trunk 链路仅允许 VLAN 15 通过。

```
Switch(config)#interface gigabitEthernet 0/1
Switch(config-if)#switchport trunk encapsulation dot1q
Switch(config-if)#switchport mode trunk
Switch(config-if)#switchport trunk allowed vlan 1,25,35,45
Switch(config-if)#exit
Switch(config)#interface g0/2
Switch(config-if)#switchport trunk encapsulation dot1q
Switch(config-if)#switchport mode trunk
Switch(config-if)#switchport trunk allowed vlan 15
Switch(config-if)#
```

6. 划分 VLAN 接口

在接口模式下，命令格式为

```
switchport access vlan vlan-id
```

使用该命令可以把选中的端口划分到一个已经创建的 VLAN 中，如果把该端口分配给一个不存在的 VLAN，那么这个 VLAN 将自动被创建。如果选定的端口是一个 Trunk 端口，该操作没有任何作用。

使用 no switchport access vlan 命令将该端口指派到默认的 VLAN 中。

配置举例：在单台交换机中，把 f0/18 作为 Access 端口加入 VLAN 12 中。

```
Switch#configure terminal
Switch(config)#interface f0/18
Switch(config-if)#switchport  mode access
Switch(config-if)#switchport  access vlan 12
Switch(config-if)#end
```

配置举例：在单台交换机中，把多个物理端口划分到 VLAN 15。

```
Switch#configure terminal
Switch(config)#vlan 15
Switch(config-vlan)#exit
Switch(config)#interface range f0/1 - 5,f0/8 - 13
Switch(config-if-range)#switchport mode access
Switch(config-if-range)#switchport access vlan 15
Switch(config-if-range)#
```

7. 配置 Native VLAN

由于交换机都有 VLAN 1，因此交换机的默认 Native VLAN 为 VLAN 1。根据应用需要，Native VLAN 可以配置修改，其配置命令如下：

```
switchport trunk native vlan vlan-id
```

其中，vlan-id 代表要指定的 Native VLAN 的 VLAN 号，该项配置为可选配置，在中继端口的接口配置模式下执行该命令。

8. 配置 VLAN 接口

1）VLAN 接口简介

二层交换机可以创建和划分 VLAN 接口，但无法实现 VALN 间的通信。三层交换机具备路由功能，在实际应用中，通常在三层交换机上创建和划分 VLAN 接口，并配置 VLAN 接口的 IP 地址。这样就可以利用三层交换机的路由功能，通过各 VLAN 接口间的路由转发，实现 VLAN 间的相互通信。

在三层交换机创建 VLAN 后，每一个 VLAN 对应地会有一个虚拟的 VLAN 接口，比如 VLAN 10 对应的接口名称为 VLAN 10，VLAN 20 对应的接口名称为 VLAN 20。可为每个 VLAN 接口配置指定一个 IP 地址，该 IP 地址就成为本 VLAN 的网关地址。由于各 VLAN 接口都在交换机上，属于直连，三层交换机会自动添加相应的直连路由到路由表中。在三层交换机上配置好 VLAN 10 和 VLAN 20 的接口 IP 地址之后，执行 show ip route 命令查看路由表，就可以查到对应的直连路由。

2）配置 VLAN 接口 IP 地址

命令如下：

```
ip address address netmask
```

VLAN 接口地址将成为对应 VLAN 的网关地址。VLAN 接口地址配置后，该 VLAN 所属的网段也就确定了。

配置举例：配置 VLAN 20 的接口地址为 198.168.0.1/24。

```
Switch#configure terminal
Switch(config)#vlan 20
Switch(config-vlan)#exit
Switch(config)#interface vlan 20
Switch(config-if)#ip address 198.168.0.1 255.255.255.0
Switch(config-if)#
```

3）配置 DHCP 中继

用户主机 IP 地址的分配方式有两种：一种是手工静态分配，另一种是自动获得 IP 地址。在组建局域网时，如果某些网段或全部网段要求采取自动获得 IP 地址的分配方式，则在局域网中就必须安装部署 DHCP 服务器。DHCP 服务器可用 Windows Server 服务器或 Linux Server 来安装部署，也可以直接利用交换机或路由器来提供 DHCP 服务。

除了安装部署 DHCP 服务器之外，要采用自动获得 IP 地址方式的网段，还要在其 VLAN 接口上配置指定 DHCP 中继，即配置指定 DHCP 服务器的地址，其配置命令如下：

```
ip helper-address dhcp-server
```

配置举例：假设 DHCP 服务器的 IP 地址为 168.16.0.1，VLAN 30 和 VLAN 40 都采用自动获得 IP 地址的分配方式，则为 VLAN 30 和 VLAN 40 配置指定 DHCP 中继服务器的配置命令为

```
Switch(config)#vlan 30
Switch(config-vlan)#exit
Switch(config)#vlan 40
Switch(config-vlan)#exit
Switch(config)#interface vlan 30
Switch(config-if)#ip helper-address 168.16.0.1
Switch(config-if)#exit
Switch(config)#interface vlan 40
Switch(config-if)#ip helper-address 168.16.0.1
```

在配置 DHCP 服务器时，哪些网段要自动分配 IP 地址，就必须在 DHCP 服务器上为相应网段配置 DHCP 作用域，其配置内容包括可分配的 IP 地址池、IP 地址租用期、默认路由、域名服务器地址等信息。

3.2.3 通过 VTP 协议实现跨交换机的 VLAN 学习

在大型企业网中，交换机的数量非常多，而各个交换机的 VLAN 配置基本相同，因此在企业交换网络的配置和管理过程中存在非常多的重复劳动，而且也会由此产生一些配置错误，使网络出现故障。VTP（VLAN Trunk protocol，VLAN Trunk 协议）实现了在单个控制点上管理整个网络，实现了 VLAN 的统一配置和管理，减轻了网络管理员的负担，减少了出错的概率。

VTP 协议在某个域内工作，域内的每台交换机必须使用相同的 VTP 域名，在交换机与交换机之间不能连接其他设备，即交换机必须是相邻的，而且要求在所有交换机中启用 Trunk。域内的 VTP 服务器通过 VLAN 1 向特定的组播地址发送 VTP 消息，来通告 VTP 服务器的 VLAN 配置情况，域内的其他服务器和 VTP 客户机接收通告统一自己的 VLAN 信息。

要完成交换机之间的 VLAN 信息交换，需要完成配置 Trunk 口、封装 VLAN 协议、指定 VTP 域、指定工作模式以及修剪不必要的 VLAN 流量等工作。

VTP 是 VLAN 中继协议，是第二层信息传送协议，主要控制网络内具有相同 VTP 域名的交换机上 VLAN 的添加、删除和重命名。网络内具有相同 VTP 域名的交换机组成一个 VTP 管理域。

Cisco 交换机配置 VTP 管理域是在全局配置模式下进行的。命令格式为

```
vtp domain domain-name
```

其中，"domain-name"代表要创建的 VLAN 管理域域名。域名是区分大小写的，域名不会隔离广播域，仅仅用于同步 VLAN 配置信息。一台交换机只能属于一个域，同一个域内的交换机之间才能交换 VLAN 信息。

VTP 协议有三种工作模式：服务器模式（Server）、客户端模式（Client）和透明模式（Transparent）。运行 VTP 协议的交换机必须设置某一种模式，Cisco 交换机默认为 VTP 的 Server 模式。

服务器模式：控制它所在域中所有 VLAN 的修改、添加与删除。一个网络最少要有一台 Server 模式的交换机，Server 模式的交换机在配置了 VLAN 后，会将 VLAN 信息向网络上的其他交换机进行通告，同时接收网络上其他 Server 模式的交换机发来的通告，以统一 VLAN 数据库。

客户端模式：不允许管理员修改、添加与删除 VLAN，只接收从服务器发过来的 VTP 通告，对自

己的 VLAN 数据库进行更新。

透明模式：此模式不参与 VTP，其 VLAN 数据不会传播到其他交换机上，只在本地有效。当交换机处于此模式时，如果采用 VTPv1，则不转发服务器传来的 VTP 通告；如果采用 VTPv2，则转发来自服务器传来的 VTP 通告。

到目前为止，VTP 具有三种版本：VTPv1、VTPv2 和 VTPv3。其中，VTPv2 与 VTPv1 区别不大，主要区别在于：VTPv2 支持令牌环 VLAN，而 VTPv1 不支持。VTPv3 不能直接处理 VLAN 事务。

在全局配置模式下，指定 VTP 版本的命令格式为

```
vtp version 1|2
```

Cisco 交换机配置 VTP 工作模式可以在全局配置模式下进行。在全局配置模式下的命令格式为

```
vtp mode server|client|transparent
```

配置举例：由一台 Catalyst 3560 和两台 Catalyst 2960 组成如图 3-3 所示的网络，Catalyst 3560 设置 VTP 的 Server 模式，中间一台交换机设置 VTP 的 Transparent 模式，右边一台设置 VTP 的 Client 模式。三台交换机都设置 VTP 域名 test，就是说三台交换机位于同一个 VTP 管理域。在 Catalyst 3560 上创建 VLAN 18、VLAN 28、VLAN 38 和 VLAN 58，给 VLAN 18 分配 1～8 端口、VLAN 28 分配 9～15 端口、VLAN 38 分配 16～21 端口、VLAN 58 分配 22～24 端口。

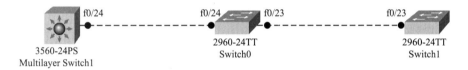

图 3-3　基于 VTP 协议的 VLAN

在 Catalyst 3560 上的配置：

```
Switch(config)#vtp domain test
Switch(config)#vtp mode server
Switch(config)#vlan 18
Switch(config-vlan)#exit
Switch(config)#vlan 28
Switch(config-vlan)#exit
Switch(config)#vlan 38
Switch(config-vlan)#exit
Switch(config)#vlan 58
Switch(config-vlan)#exit
Switch(config)#interface f0/24
Switch(config-if)#switchport trunk encapsulation dot1q
Switch(config-if)#switchport mode trunk
Switch(config-if)#exit
Switch(config)#interface range f0/1 - 10
Switch(config-if-range)#switchport access vlan 18
Switch(config-if-range)#exit
Switch(config-if-range)#interface range f0/9 - 15
Switch(config-if-range)#switchport access vlan 28
```

```
Switch(config-if-range)#exit
Switch(config)#interface range f0/9 - 10
Switch(config-if-range)#interface range f0/9 - 15
Switch(config-if-range)#switchport access vlan 28
Switch(config-if-range)#exit
Switch(config)#interface range f0/16 - 21
Switch(config-if-range)#switchport access vlan 38
Switch(config-if-range)#exit
Switch(config)#interface range f0/22 - 24
Switch(config-if-range)#switchport access vlan 58
```

在中间的 Catalyst 2960 上的配置：

```
Switch(config)#vtp domain test
Switch(config)#vtp mode transparent
Switch(config)#interface range f0/23 - 24
Switch(config-if-range)#switchport mode trunk
Switch(config-if-range)#exit
Switch(config)#
```

在右边的 Catalyst 2960 上的配置：

```
Switch(config)#vtp domain test
Switch(config)#vtp mode client
Switch(config)#interface f0/23
Switch(config-if)#switchport mode trunk
Switch(config-if)#exit
Switch(config)#
```

在执行了上面的配置后，可以通过 "show vlan" 命令来查看两台 Catalyst 2960 的 VLAN 配置情况，结果是中间那台没有 VLAN 18、VLAN 28、VLAN 38、VLAN 58，而右边那台有了 VLAN 18、VLAN 28、VLAN 38、VLAN 58。

图 3-3 中右边的 Catalyst 2960 上显示的内容如图 3-4 所示。

右边的 Catalyst 2960 通过 VTP 协议学习到了 VLAN 18、VLAN 28、VLAN 38、VLAN 58，但每个 VLAN 里的端口成员还是需要手工添加的，这是因为 VTP 协议通告里不包含端口成员。

```
Switch#show vlan

VLAN Name                             Status    Ports
---- -------------------------------- --------- -------------------------------
1    default                          active    Fa0/1, Fa0/2, Fa0/3, Fa0/4
                                                Fa0/5, Fa0/6, Fa0/7, Fa0/8
                                                Fa0/9, Fa0/10, Fa0/11, Fa0/12
                                                Fa0/13, Fa0/14, Fa0/15, Fa0/16
                                                Fa0/17, Fa0/18, Fa0/19, Fa0/20
                                                Fa0/21, Fa0/22, Fa0/24, Gig0/1
                                                Gig0/2
18   VLAN0018                         active
28   VLAN0028                         active
38   VLAN0038                         active
58   VLAN0058                         active
1002 fddi-default                     act/unsup
1003 token-ring-default               act/unsup
1004 fddinet-default                  act/unsup
1005 trnet-default                    act/unsup
```

图 3-4　右边的 Catalyst 2960 上的 VLAN 信息

VTP 减少了交换网络中的管理工作，用户在 VTP 服务器上配置新的 VLAN，该 VLAN 信息就会分发到域内所有的交换机，从而可以避免到处配置相同的 VLAN。通过 VTP 其域内的所有交换机都清楚所有的 VLAN 情况，然而 VTP 会产生不必要的网络流量。因为通过 Trunk，单播和广播在整个 VLAN 内进行扩散，使得域内的所有交换机接收到所有广播，即使某个交换机上没有某个 VLAN 的成员，情况也不例外。而 VTP pruning 技术正可以消除这个多余流量，pruning 技术可以自动修剪掉不需要经过 Trunk 的那些流量。

修剪功能只需要在 VTP 服务器上打开，就可以实现整个域内的多余 VLAN 流量的修剪。在全局配置模式下，配置修剪功能的命令格式为

```
vtp pruning
```

为了提高网络的安全性，还可以为 VTP 协议之间的通信设置密码，域内参与通信的交换机必须设置相同的 VTP 密码才能进行 VTP 协议之间的通信。在全局配置模式下设置密码的命令格式为

```
vtp password password
```

3.3 VLAN 通信

VLAN 通信按照主机是否处于同一 VLAN 分别考虑。同一 VLAN 的主机间通信是由二层交换机处理的。不同的 VLAN 属于不同的广播域，相当于设备处于不同的网段，不同的网段之间的数据通信是由第三层设备来实现的，在 OSI 的分层体系中，第三层是网络层，典型的网络层设备有路由器和三层交换机。

3.3.1 同一 VLAN 主机间通信

主机处于同一交换机同一 VLAN 内，如图 3-5（a）所示，主机 A 向主机 B 发送信息。主机 A 根据目的 IP 地址，判断主机 B 和自己在同一个网段（同一个广播域）。主机 A 为了获得主机 B 的 MAC 地址，发送了一个 ARP 请求。交换机 1 接收到 ARP 请求后，根据 MAC 地址表学习源 MAC 地址的规则，在 MAC 地址表中记录下主机 A 的 MAC 地址及对应的端口号 1。

由于 ARP 请求的目的 MAC 地址是广播地址，即 FF-FF-FF-FF-FF-FF，交换机 1 将向除端口 1（主机 A 的连接口）以外的所有同一 VLAN（同一广播域）的端口发送该数据帧。收到广播帧的主机会比较数据帧中的目的 IP 地址是否为自身 IP 地址，如果不是，则丢弃数据。

主机 B 收到该广播帧后，回复一个响应帧，该响应帧的源 MAC 地址和源 IP 地址都是主机 B 的地址，目的 IP 地址和目的 MAC 地址都是主机 A 的地址。交换机 1 收到响应帧后，在 MAC 地址表中记录下主机 B 的 MAC 地址和对应的端口号 3，并根据 MAC 地址表中主机 A 的 MAC 地址和端口的对应关系，将响应帧转发到端口 1，送往主机 A 接收。

至此，交换机 1 中已保存了主机 A 和主机 B 的 MAC 地址表的信息，可以通信了。

在整个数据流向过程中，由于交换机端口配置了 VLAN，进入交换机 Access 端口方向的数据帧将进行 Tag 操作，即封装 VLAN 标识等信息，离开交换机 Access 端口方向的数据帧将进行 Untag 操作，即去掉 VLAN 标识信息。

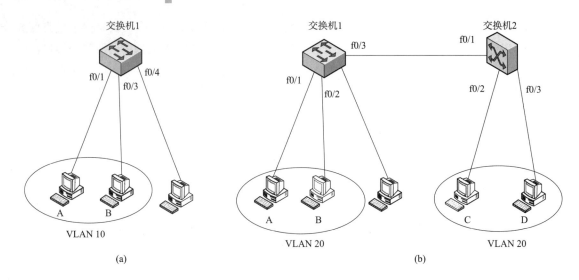

图 3-5　同一 VLAN 主机通信

主机处于不同交换机同一 VLAN 内，如图 3-5（b）所示，主机 A 向主机 C 发送信息。

主机 A 根据目的 IP 地址，判断主机 C 和自己在同一个网段（同一个广播域）。主机 A 为了获得主机 C 的 MAC 地址，发送了一个 ARP 请求。交换机 1 接收到 ARP 请求后，根据 MAC 地址表学习源 MAC 地址的规则，在 MAC 地址表中记录下主机 A 的 MAC 地址及对应的端口号 1，并向除端口 1（主机 A 的连接口）以外的所有同一 VLAN（同一广播域）的端口发送该数据帧。

主机 C 收到该广播帧后，回复一个响应帧，该响应帧的源 MAC 地址和源 IP 地址都是主机 C 的地址，目的 IP 地址和目的 MAC 地址都是主机 A 的地址。交换机 2 收到响应帧后，在 MAC 地址表中记录下主机 C 的 MAC 地址和对应的端口号 2，并根据 MAC 地址表中主机 A 的 MAC 地址和端口的对应关系，将响应帧转发到交换机 2 的端口 1，送往交换机 1 的端口 3 接收。

交换机 1 接收到响应帧后，由于 MAC 地址表中已保存了主机 A 的 MAC 地址和端口号的对应关系，直接将响应帧转发到端口 1，送往主机 A 接收。

至此，交换机 1 和交换机 2 中均保存了主机 A 和主机 B 的 MAC 地址表的信息，可以通信了。

交换机 1 的端口 3 和交换机 2 的端口 1 被设置成 Trunk 端口。在这里，可以表述成两个端口都属于 VLAN 20。

3.3.2　利用路由器实现 VLAN 通信

利用路由器实现 VLAN 间通信时，最基本的解决思路是每个 VLAN 预留一个交换机端口，用以连接路由器的一个以太网端口。这种解决方法，有多少个 VLAN，就需要多少个路由器以太网端口，并且每个 VLAN 都需要一个连接路由器的端口，如图 3-6 所示，当有多个 VLAN 被划分时，这种连接方式既浪费了多个交换机端口，又需要路由器能提供更多的以太网端口，因此这种解决方案并不具有现实意义。

在一个交换机上，不论划分了多少个 VLAN，路由器与交换机的连接都只占用一个端口，用一条线路连接，如图 3-7 所示。在这种连接方式中，交换机的端口设置为 Trunk 端口，在路由器端的以太网端口上，要为每一个 VLAN 创建一个对应的交换虚拟接口（switch virtual interface, SVI），每个虚拟接口都是建立在所连接的物理接口之下的子接口，并且为虚拟子接口配置 IP 地址，该 IP 地址与对应的

VLAN 应在一个网段内，该 IP 地址是该 VLAN 的默认网关地址。

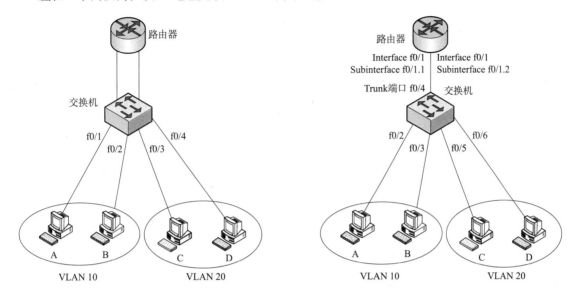

图 3-6　路由器实现 VLAN 通信　　　　　　图 3-7　单臂路由器实现 VLAN 通信

图 3-8 中，主机 A 与主机 C 之间通信，根据目的 IP 地址，判断目的主机与本机不在同一网段中，因此主机 A 向本机的默认网关地址发送数据帧，在发送之前，先通过 ARP 广播信息，获得默认网关的 MAC 地址（图 3-8 中，两个 VLAN 的默认网关是路由器以太网端口 f0/1 的虚拟子接口地址，两个子接口属于同一个物理接口，因此两个子接口的 MAC 地址相同，都是端口 f0/1 的 MAC 地址）。然后根据交换机中的 MAC 表，得到此 MAC 地址在交换机上的对应端口是端口 4，然后向端口 4 发送数据帧。该数据帧的源 MAC 地址是主机 A 的 MAC 地址，目的 MAC 地址是路由器端口 f0/1 的 MAC 地址，源 IP 地址是主机 A 的地址，目的 IP 地址是主机 C 的地址。

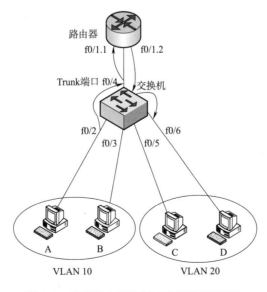

图 3-8　单臂路由实现 VLAN 通信数据流向

端口 4 是 Trunk 端口，根据 IEEE 802.1q 协议，将对接收到的数据帧进行 Tag 封装，即在原始以太网数据帧基础上增加 4 B 的 Tag 信息，以标识 VLAN 10 信息，然后通过汇聚链路发送信息到路由器的端口，路由器端口接收到数据帧后，根据 Tag 信息，识别为 VLAN 10 的数据，将此数据帧转交处理 VLAN 10 数据的虚拟子接口 f0/1.1。

路由器是三层设备，接收数据帧后，在网络层解析数据包，获取目的 IP 地址，根据目的 IP 地址及路由器内的路由表信息（端口直连路由，不需另外配置），将数据包转发到 VLAN 20 的子接口。然后通过 ARP 发送广播信息，根据目的 IP 地址，获取目的 MAC 地址，得到目的主机 C 的 MAC 地址。此时数据包的源 IP 地址为主机 A 的 IP 地址，目的 IP 地址为主机 C 的 IP 地址，目的 MAC 地址为主机 C 的 MAC 地址，源 MAC 地址为路由器端口 f0/1 的 MAC 地址，通过汇聚链路从路由器端口传送到交换机的 Trunk 端口。

交换机的 Trunk 端口接收数据帧后，根据交换机的 MAC 地址表，找到目的 MAC 地址与端口的对应关系，去掉数据帧内的 Tag 信息，将数据帧转发到端口 5，传送到主机 C，完成了 VLAN 10 到 VLAN 20 之间的信息传送，实现了不同 VLAN 间的数据通信。

处于不同交换机的不同 VLAN，如果用路由器实现通信，连接方式如图 3-9 所示。与图 3-7 不同的是，交换机与路由器的连接端口设置成 Access 端口，并且和终端设备属于同一个 VLAN，路由器侧的端口是物理端口，直接设置 IP 地址。

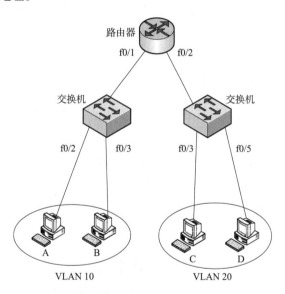

图 3-9　路由器实现不同交换机不同 VLAN 间通信

3.3.3　利用三层交换机实现 VLAN 间通信

路由器的功能是在三层处理数据包的转发，如果用来处理 VLAN 间的大量数据通信，将会形成网络瓶颈。因此在局域网内部，通常用具有三层功能的交换机，即三层交换机来实现 VLAN 间通信。

同一交换机不同 VLAN 间通信，用三层交换机实现的连接方式如图 3-10 所示。这种方式与单臂路由器实现 VLAN 间通信类似。不同的是，三层交换机的连接端口也要设置成 Trunk 端口，在三层交换机端，为每一个 VLAN 创建对应的虚拟接口，并不是配置在某一个物理接口上，而是以 VLAN 接口方式配置的，即交换虚拟接口（SVI）。

SVI 是用来实现三层交换的逻辑接口。创建 SVI 为一个网关接口，就相当于对应各个 VLAN 的虚拟子接口，用于三层设备中跨 VLAN 之间的路由。可通过 Interface Vlan 接口配置命令来创建 SVI，然后给 SVI 分配 IP 地址来建立 VLAN 之间的路由。如图 3-10 所示，VLAN 10 的主机可直接互相通信，无须通过三层设备的路由，若 VLAN 10 的主机 A 想和 VLAN 20 内的主机 C 通信，必须通过 VLAN 10 对应的 SVI 10 和 VLAN 20 对应的 SVI 20 才能实现。

用三层交换机实现不同交换机不同 VLAN 间通信的连接方式如图 3-11 所示。交换机间的连接端口均设置成 Trunk 端口，在三层交换机上创建各个 VLAN 的 SVI，并为各个 SVI 配置 IP 地址，此 IP 地址是每个 VLAN 内主机的默认网关地址。

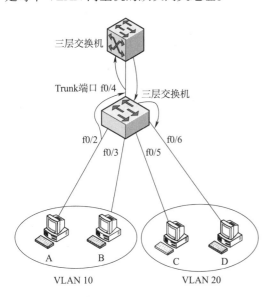

图 3-10　三层交换机实现 VLAN 通信（一）

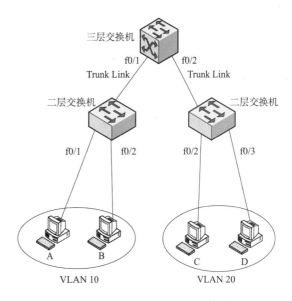

图 3-11　三层交换机实现 VLAN 通信（二）

3.4　VLAN 技术实训

3.4.1　交换机 VLAN 的建立与端口分配实训

1. 实训目标

（1）掌握交换机 VLAN 的划分方法，理解 VLAN 网络隔离的作用。

（2）掌握将交换机端口分配到 VLAN 中的操作技能。

2. 实训任务

你是某公司网络管理员，公司有技术部、业务部等部门。为了安全、便捷地实行管理，公司领导要求你组建公司局域网，使相同部门内主机可以相互访问，但为了安全，部门之间禁止互访。

交换机VLAN的建立与端口分配实训

3. 任务分析

将交换机划分成两个 VLAN,使每个部门的主机在相同 VLAN 中,两个部门 VLAN 划分:技术部在 VLAN 10 中,VLAN 10 包含 f0/1~f0/10 端口;业务部在 VLAN 20 中,VLAN 20 包含 f0/11~f0/20 端口。这样在同一 VLAN 内的主机能够相互访问,不同 VLAN 之间主机不能相互访问,达到了公司要求。网络拓扑结构如图 3-12 所示。

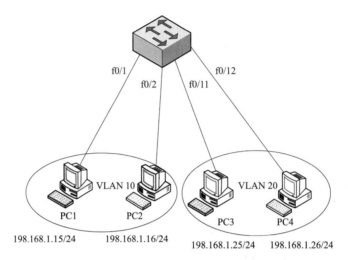

图 3-12 交换机 VLAN 的建立与端口分配网络拓扑结构

4. 任务实施

1)配置各 PC 的 IP 地址

在 Packet Tracer 中单击 PC1 按钮,在弹出的窗口中选择"桌面"选项卡下的"IP 地址配置"选项,出现如图 3-13 所示的对话框,然后设置 PC1 的 IP 地址和子网掩码,按照同样方法设置其他 PC 的 IP 地址和子网掩码。由于所有计算机在同一网段,因此不需要配置网关。

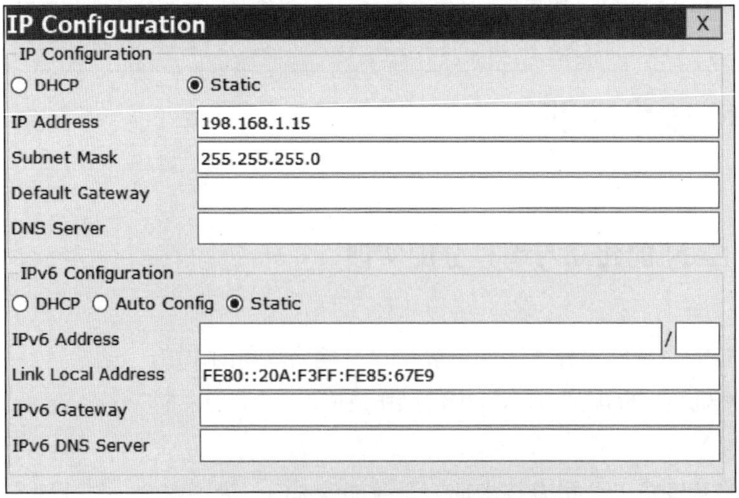

图 3-13 配置 PC1 主机的 IP 地址和子网掩码

配置 PC2 主机的 IP 地址和子网掩码如图 3-14 所示。

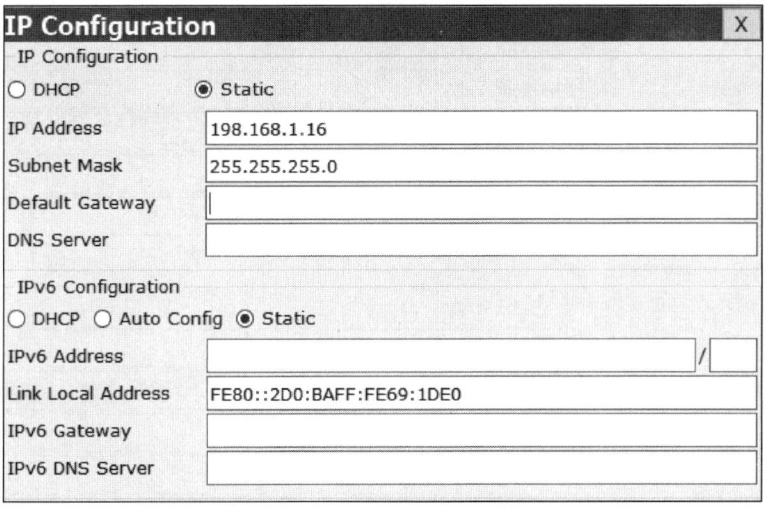

图 3-14 配置 PC2 主机的 IP 地址和子网掩码

配置 PC3 主机的 IP 地址和子网掩码如图 3-15 所示。

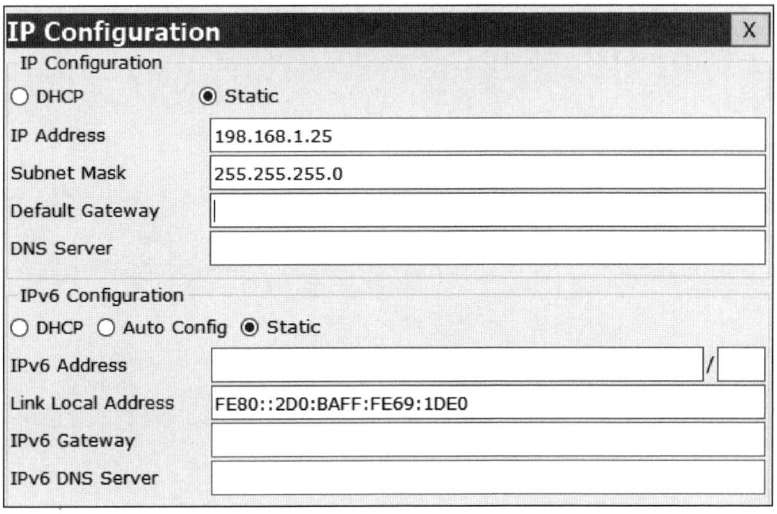

图 3-15 配置 PC3 主机的 IP 地址和子网掩码

配置 PC4 主机的 IP 地址和子网掩码如图 3-16 所示。

2）创建 VLAN 和分配端口

（1）创建 vlan 10。

```
Switch>enable
Switch#configure terminal
Switch(config)#vlan 10
Switch(config-vlan)#
```

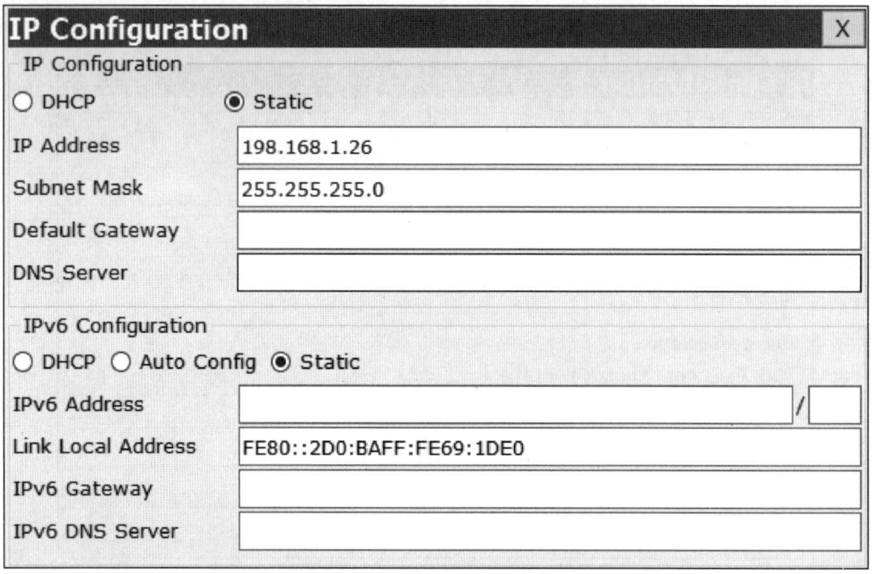

图 3-16 配置 PC4 主机的 IP 地址和子网掩码

（2）命名为 teacher。

```
Switch(config-vlan)#name teacher
Switch(config-vlan)#exit
Switch(config)#
```

（3）创建 vlan 20 并命名。

```
Switch(config)#vlan 20
Switch(config-vlan)#name student
Switch(config-vlan)#exit
Switch(config)#
```

（4）分配端口到 vlan 10。

```
Switch(config)#interface range f0/1 - 10
Switch(config-if-range)# switchport mode access
Switch(config-if-range)# switchport access vlan 10
Switch(config-if-range)#exit
Switch(config)#
```

（5）分配端口到 vlan 20。

```
Switch(config)#interface range f0/11 - 20
Switch(config-if-range)# switchport mode access
Switch(config-if-range)# switchport access  vlan 20
Switch(config-if-range)#exit
Switch(config)#
```

（6）查看 VLAN 配置信息，如图 3-17 所示。

```
Switch#show vlan
VLAN Name                             Status    Ports
---- -------------------------------- --------- -------------------------------
1    default                          active    Fa0/21, Fa0/22, Fa0/23, Fa0/24
                                                Gig0/1, Gig0/2
10   teacher                          active    Fa0/1, Fa0/2, Fa0/3, Fa0/4
                                                Fa0/5, Fa0/6, Fa0/7, Fa0/8
                                                Fa0/9, Fa0/10
20   student                          active    Fa0/11, Fa0/12, Fa0/13, Fa0/14
                                                Fa0/15, Fa0/16, Fa0/17, Fa0/18
                                                Fa0/19, Fa0/20
1002 fddi-default                     act/unsup
1003 token-ring-default               act/unsup
1004 fddinet-default                  act/unsup
1005 trnet-default                    act/unsup

VLAN Type  SAID       MTU   Parent RingNo BridgeNo Stp  BrdgMode Trans1 Trans2
---- ----- ---------- ----- ------ ------ -------- ---- -------- ------ ------
1    enet  100001     1500  -      -      -        -    -        0      0
10   enet  100010     1500  -      -      -        -    -        0      0
20   enet  100020     1500  -      -      -        -    -        0      0
1002 fddi  101002     1500  -      -      -        -    -        0      0
1003 tr    101003     1500  -      -      -        -    -        0      0
1004 fdnet 101004     1500  -      -      -        ieee -        0      0
1005 trnet 101005     1500  -      -      -        ibm  -        0      0
```

图 3-17 VLAN 配置信息

3）测试

在 Packet Tracer 中单击 PC1 按钮，在弹出的窗口中选择"桌面"选项卡下的"命令提示符"选项，输入 ping 198.168.1.16 和 ping 198.168.1.25，测试结果如图 3-18 所示，其中 PC1 和 PC2 在同一个 VLAN 内，能 ping 通；PC1 和 PC3 不在同一个 VLAN 内，不能 ping 通。

```
命令提示符

Packet Tracer PC Command Line 1.0
PC>ping 198.168.1.16

Pinging 198.168.1.16 with 32 bytes of data:

Reply from 198.168.1.16: bytes=32 time=25ms TTL=128
Reply from 198.168.1.16: bytes=32 time=0ms TTL=128
Reply from 198.168.1.16: bytes=32 time=0ms TTL=128
Reply from 198.168.1.16: bytes=32 time=0ms TTL=128

Ping statistics for 198.168.1.16:
    Packets: Sent = 4, Received = 4, Lost = 0 (0% loss),
Approximate round trip times in milli-seconds:
    Minimum = 0ms, Maximum = 25ms, Average = 6ms

PC>ping 198.168.1.25

Pinging 198.168.1.25 with 32 bytes of data:

Request timed out.
Request timed out.
Request timed out.
Request timed out.

Ping statistics for 198.168.1.25:
    Packets: Sent = 4, Received = 0, Lost = 4 (100% loss),
```

图 3-18 VLAN 的测试结果

3.4.2 跨交换机相同 VLAN 的通信实训

视频
跨交换机相同VLAN的通信实训

1. 实训目标

（1）理解交换机 Tag VLAN 工作原理。
（2）掌握 Tag VLAN 配置方法。
（3）理解 Native VLAN 概念并掌握其特点。

2. 实训任务

你是某公司网络管理员，公司有技术部、业务部等部门，其中业务部门的计算机分布在几座楼内，为了安全、便捷地实行管理，公司领导要求你组建公司局域网，使相同部门内部主机的业务可以相互访问，但为了安全，部门之间禁止互访。

3. 任务分析

为了完成公司交给的任务，实现各部门安全有效访问，将业务部的部分计算机分配到不同交换机的相同 VLAN 内，即将 VLAN 10 分配到业务部，VLAN 20 分配到技术部门使用。VLAN 10 包含 f0/1～f0/10 端口，VLAN 20 包含 f0/11～f0/20 端口，级联口为 f0/24 端口。使两交换机相连接口设置为 Trunk 类型，所有 VLAN 数据都通过 Trunk 端口从一台交换机某一 VLAN 到达另一台交换机同一 VLAN 中，网络拓扑结构如图 3-19 所示。

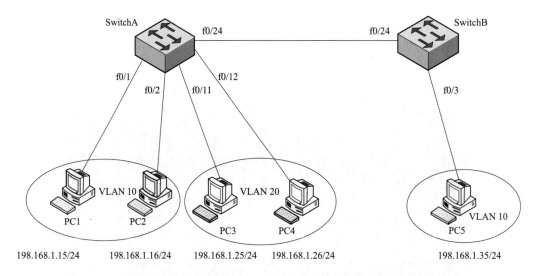

图 3-19 两台交换机 VLAN 间通信网络拓扑结构

4. 任务实施

1）配置各 PC 的 IP 地址

在 Packet Tracer 中单击 PC1 按钮，在弹出的窗口中选择"桌面"选项卡下的"IP 地址配置"选项，出现如图 3-20 所示的对话框，然后设置 PC1 的 IP 地址和子网掩码，按照同样方法设置其他 PC 的 IP 地址和子网掩码。由于所有计算机在同一网段，因此不需要配置网关。

2）创建 VLAN 和分配端口

（1）在第一台交换机 SwitchA 上做如下配置：

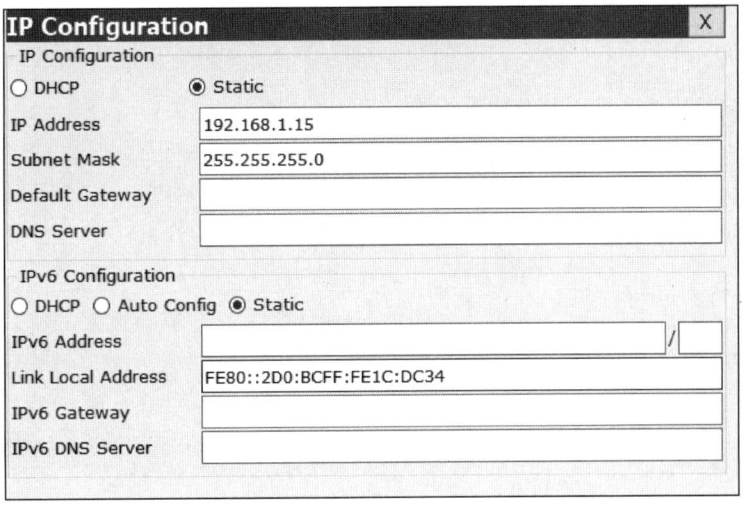

图 3-20　配置 PC1 主机的 IP 地址和子网掩码

①创建 vlan 10。

```
SwitchA>enable
SwitchA#configure terminal
SwitchA(config)#vlan 10
SwitchA(config-vlan)#
```

②命名为 test10。

```
SwitchA(config-vlan)#name test10
SwitchA(config-vlan)#exit
SwitchA(config)#
```

③创建 vlan 20 并命名。

```
SwitchA(config)#vlan 20
SwitchA(config-vlan)#name test20
SwitchA(config-vlan)#exit
SwitchA(config)#
```

④分配端口到 vlan 10。

```
SwitchA(config)#interface range f0/1 - 10
SwitchA(config-if-range)# switchport mode access
SwitchA(config-if-range)# switchport access vlan 10
SwitchA(config-if-range)#end
SwitchA#
```

⑤分配端口到 vlan 20。

```
SwitchA(config)#interface range f0/11 - 20
SwitchA(config-if-range)# switchport mode access
SwitchA(config-if-range)# switchport access vlan 20
```

```
SwitchA(config-if-range)#end
SwitchA#
```

（2）在第二台交换机 SwitchB 上做如下配置：

```
SwitchB>enable
SwitchB#configure terminal
SwitchB(config)#vlan 10
SwitchB(config-vlan)#name test10
SwitchB(config-vlan)#exit
SwitchB(config)#interface range f0/1 - 10
SwitchB(config-if-range)# switchport mode access
SwitchB(config-if-range)# switchport access vlan 10
SwitchB(config-if-range)#end
SwitchB#
```

（3）查看 VLAN 配置情况。
（4）配置级联端口为 Trunk 模式。

```
SwitchA(config)#interface f0/24
SwitchA(config-if)#switchport mode trunk
SwitchA(config-if)#end
SwitchB(config)#interface f0/24
SwitchB(config-if)#switchport mode trunk
SwitchB(config-if)#end
```

3）测试

在 Packet Tracer 中单击 PC1 按钮，在弹出的窗口中选择"桌面"选项卡下的"命令提示符"选项，输入 ping 192.168.1.35，测试结果如图 3-21 所示，其中 PC1 和 PC5 在同一个 VLAN 内，能够 ping 通。

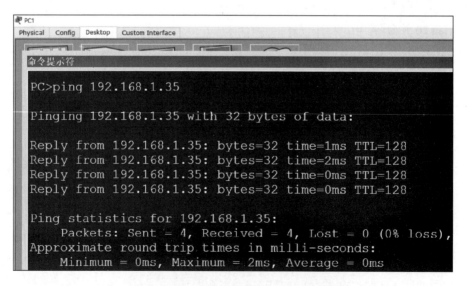

图 3-21　主机 PC1 能够 ping 通主机 PC5

PC1 和 PC3 不在同一 VLAN 内，无法 ping 通，测试结果如图 3-22 所示。

第 3 章　虚拟局域网

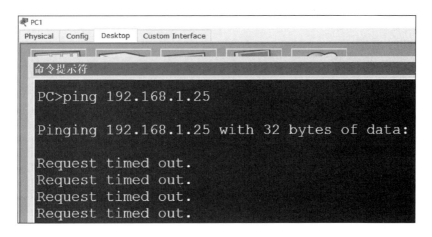

图 3-22　主机 PC1 无法 ping 通主机 PC3

3.4.3　交换机 VTP 的配置实训

视　频

交换机VTP的
配置实训

1. 实训目标

（1）掌握 VTP 协议的配置方法和 VTP 的三种模式之间的区别。

（2）掌握 Trunk 端口的配置方法。

（3）掌握 VTP 参数的查看方法。

2. 实训任务

企业网络中交换机的数量很多，而交换机中的 VLAN 设置却差不多，如果给每台交换机配置 VLAN，不仅工作量大，而且都是一些重复的工作。利用 VTP 协议，可以只在一台交换机上配置，然后通告给其他交换机，这样可以减少网络管理员的工作量。

3. 任务分析

本任务需要两台 Catalyst 2960 交换机，六根直通线，一根交叉线，按如图 3-23 所示的方式连接好线路。

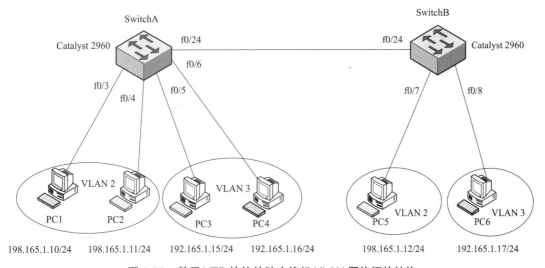

图 3-23　基于 VTP 协议的跨交换机 VLAN 网络拓扑结构

83

4. 任务实施

1）配置各 PC 的 IP 地址

在 Packet Tracer 中单击 PC1 按钮，在弹出的窗口中选择"桌面"选项卡下的"IP 地址配置"选项，出现如图 3-24 所示的对话框，然后设置 PC1 的 IP 地址和子网掩码，按照同样方法设置其他 PC 的 IP 地址和子网掩码。

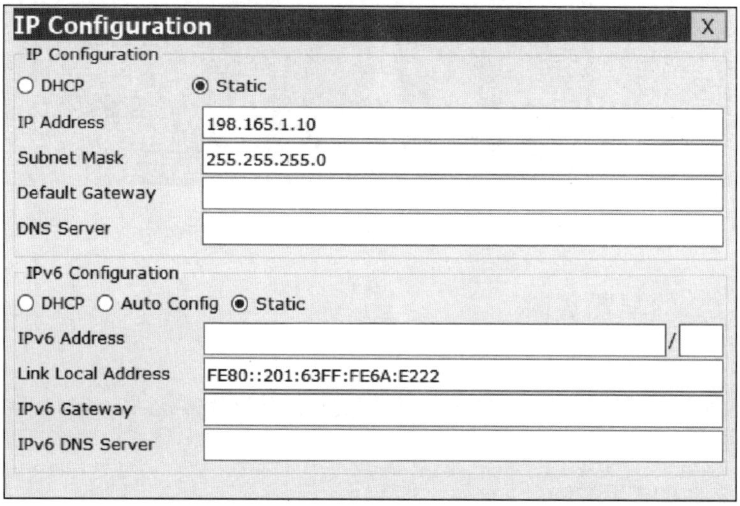

图 3-24　配置 PC1 主机的 IP 地址和子网掩码

2）在左边的交换机 Catalyst 2960 上做如下配置

```
Switch>enable
Switch#configure terminal
Switch(config)#hostname SwithchA
SwithchA(config)#vtp domain college
SwithchA(config)#vtp mode server
SwithchA(config)#vlan 2
SwithchA(config-vlan)#name sun
SwithchA(config-vlan)#exit
SwithchA(config)#vlan 3
SwithchA(config-vlan)#name moon
SwithchA(config-vlan)#exit
SwithchA(config)#interface range f0/3 - 4
SwithchA(config-if-range)#switchport mode access
SwithchA(config-if-range)#switchport access vlan 2
SwithchA(config-if-range)#exit
SwithchA(config)#interface range f0/5 - 6
SwithchA(config-if-range)#switchport mode access
SwithchA(config-if-range)#switchport access vlan 3
SwithchA(config-if-range)#exit
SwithchA(config)#interface f0/24
SwithchA(config-if)#switchport mode trunk
SwithchA(config-if)#
```

3）在右边的交换机 Catalyst 2960 上做如下配置

```
Switch>enable
Switch#configure terminal
Switch(config)#hostname SwitchB
SwitchB(config)#vtp domain college
SwitchB(config)#vtp mode client
SwitchB(config)#interface f0/7
SwitchB(config-if)#switchport mode access
SwitchB(config-if)#switchport access vlan 2
SwitchB(config-if)#exit
SwitchB(config)#interface f0/8
SwitchB(config-if)#switchport mode access
SwitchB(config-if)#switchport access vlan 3
SwitchB(config-if)#exit
SwitchB(config)#interface f0/24
SwitchB(config-if)#switchport mode trunk
SwitchB(config-if)#
```

4）验证在 SwitchB 上所获得的 VLAN 信息

如图 3-25 所示，可以看出在 SwitchA 上创建的 VLAN 在 SwitchB 上全部学习到了。

```
SwitchB#show vlan

VLAN Name                             Status    Ports
---- -------------------------------- --------- -------------------------------
1    default                          active    Fa0/1, Fa0/2, Fa0/3, Fa0/4
                                                Fa0/5, Fa0/6, Fa0/9, Fa0/10
                                                Fa0/11, Fa0/12, Fa0/13, Fa0/14
                                                Fa0/15, Fa0/16, Fa0/17, Fa0/18
                                                Fa0/19, Fa0/20, Fa0/21, Fa0/22
                                                Fa0/23, Gig0/1, Gig0/2
2    sun                              active    Fa0/7
3    moon                             active    Fa0/8
1002 fddi-default                     act/unsup
1003 token-ring-default               act/unsup
1004 fddinet-default                  act/unsup
1005 trnet-default                    act/unsup

VLAN Type  SAID       MTU   Parent RingNo BridgeNo Stp  BrdgMode Trans1 Trans2
---- ----- ---------- ----- ------ ------ -------- ---- -------- ------ ------
1    enet  100001     1500  -      -      -        -    -        0      0
2    enet  100002     1500  -      -      -        -    -        0      0
3    enet  100003     1500  -      -      -        -    -        0      0
1002 fddi  101002     1500  -      -      -        -    -        0      0
1003 tr    101003     1500  -      -      -        -    -        0      0
1004 fdnet 101004     1500  -      -      -        ieee -        0      0
1005 trnet 101005     1500  -      -      -        ibm  -        0      0

Remote SPAN VLANs
```

图 3-25　SwitchB 上所获得的 VLAN 信息

5）用"show vtp status"命令查看 VTP 的版本、工作模式、域和修剪等相关信息

具体如图 3-26 所示。

6）用"show vtp counters"命令查看交换机收发 VTP 通告的统计信息

具体如图 3-27 所示。

7）验证在同一 VLAN 计算机上的连通性

同一 VLAN 中的计算机彼此可以相互通信。图 3-28 所示为主机 PC1 和主机 PC5 连通情况，图 3-29 所示为主机 PC3 和主机 PC6 连通情况。

```
SwithchA#show vtp status
VTP Version                          : 2
Configuration Revision               : 4
Maximum VLANs supported locally      : 255
Number of existing VLANs             : 7
VTP Operating Mode                   : Server
VTP Domain Name                      : college
VTP Pruning Mode                     : Disabled
VTP V2 Mode                          : Disabled
VTP Traps Generation                 : Disabled
MD5 digest                           : 0xEF 0x54 0xD3 0x80 0xBE 0xCA 0x73 0x0A
Configuration last modified by 0.0.0.0 at 3-1-93 00:09:57
Local updater ID is 0.0.0.0 (no valid interface found)
```

图 3-26 VTP 状态信息

```
SwithchA#show vtp counters
VTP statistics:
Summary advertisements received      : 12
Subset advertisements received       : 1
Request advertisements received      : 4
Summary advertisements transmitted   : 16
Subset advertisements transmitted    : 4
Request advertisements transmitted   : 0
Number of config revision errors     : 0
Number of config digest errors       : 0
Number of V1 summary errors          : 0


VTP pruning statistics:
```

图 3-27 VTP 通告的统计信息

```
命令提示符

PC>ping 198.165.1.12

Pinging 198.165.1.12 with 32 bytes of data:

Reply from 198.165.1.12: bytes=32 time=0ms TTL=128
Reply from 198.165.1.12: bytes=32 time=0ms TTL=128
Reply from 198.165.1.12: bytes=32 time=0ms TTL=128
Reply from 198.165.1.12: bytes=32 time=0ms TTL=128

Ping statistics for 198.165.1.12:
    Packets: Sent = 4, Received = 4, Lost = 0 (0% loss),
Approximate round trip times in milli-seconds:
    Minimum = 0ms, Maximum = 0ms, Average = 0ms
```

图 3-28 主机 PC1 和主机 PC5 连通情况

第 3 章 虚拟局域网

```
命令提示符
Packet Tracer PC Command Line 1.0
PC>ping 192.165.1.17

Pinging 192.165.1.17 with 32 bytes of data:

Reply from 192.165.1.17: bytes=32 time=0ms TTL=128
Reply from 192.165.1.17: bytes=32 time=0ms TTL=128
Reply from 192.165.1.17: bytes=32 time=0ms TTL=128
Reply from 192.165.1.17: bytes=32 time=0ms TTL=128

Ping statistics for 192.165.1.17:
    Packets: Sent = 4, Received = 4, Lost = 0 (0% loss),
Approximate round trip times in milli-seconds:
    Minimum = 0ms, Maximum = 0ms, Average = 0ms

PC>
```

图 3-29　主机 PC3 和主机 PC6 连通情况

如果此时将交换机 SwitchB 的 VTP 模式改为 transparent，在 SwitchB 的 f0/1 端口上再连接另一台 2960 交换机（SwitchC）的 f0/1 端口，并将 SwitchC 的 f0/1 端口设置为 Trunk，并将 SwitchC 的 VTP 设置为 Client。此时，无论在 SwitchA 上添加 VLAN 还是删除 VLAN，SwitchB 上的 VLAN 数量都不会改变，而 SwitchC 上的 VLAN 数量会跟着 SwitchA 而改变，此时 SwitchB 只是起到了透明传输 VLAN 信息的作用。

3.4.4　交换机不同 VLAN 间的通信实训

视　频

交换机不同
VLAN间的
通信实训

1. 实训目标

（1）理解三层交换机的工作原理。

（2）掌握三层交换机 VLAN 间的路由建立方法。

2. 实训任务

某公司有两个主要部门——技术部和业务部，分别处于不同的办公室，为了安全和便于管理，对两个部门的主机进行了 VLAN 划分，技术部和业务部分别处于不同 VLAN。现由于业务要求，需要技术部和业务部的主机能够相互访问，获得相应资源，将两个部门的交换机通过一台三层交换机进行连接。

3. 任务分析

在交换机上建立两个 VLAN：VLAN 10 分配给技术部，VLAN 20 分配给业务部。为了实现两部门的主机能够相互访问，在三层交换机上开启路由功能，并在 VLAN 10 中设置 IP 地址为 198.168.10.1，在 VLAN 20 中设置 IP 地址为 198.168.20.1。查看三层交换机路由表，会发现在三层交换机路由表内有两条直连路由信息，可以实现在不同网络之间路由数据包，从而实现两个部门的主机可以相互访问，网络拓扑结构如图 3-30 所示。

4. 任务实施

1）配置各 PC 的 IP 地址

配置主机 PC1 的 IP 地址、子网掩码和默认网关如图 3-31 所示。

交换机与路由器的配置管理

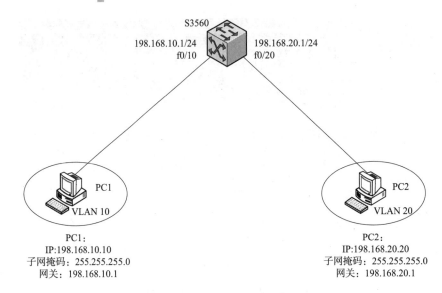

图 3-30　三层交换机 VLAN 间路由建立网络拓扑结构

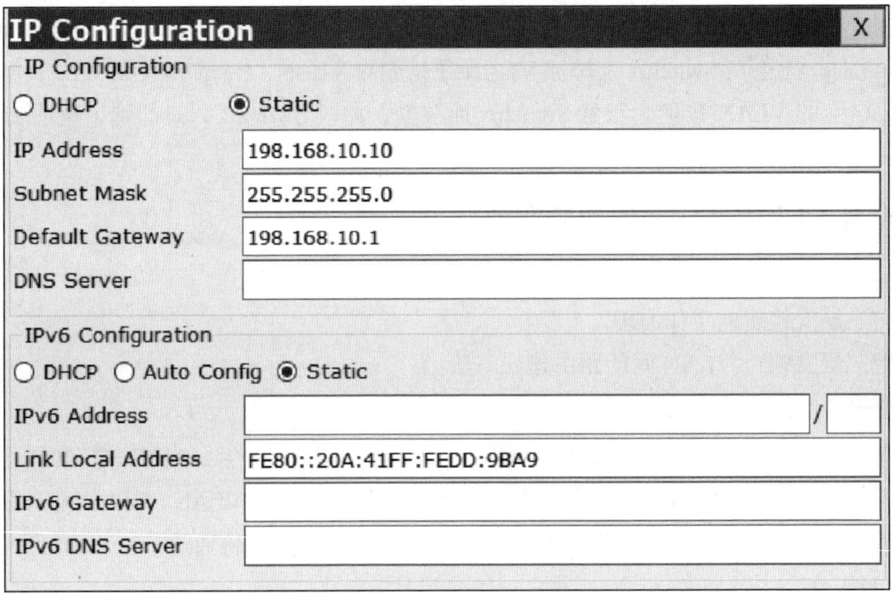

图 3-31　配置主机 PC1 的 IP 地址、子网掩码和默认网关

配置主机 PC2 的 IP 地址、子网掩码和默认网关如图 3-32 所示。

2）开启三层交换机路由功能

```
Switch>enable
Switch#configure terminal
Switch(config)#hostname S3560
S3560(config)#ip routing
```

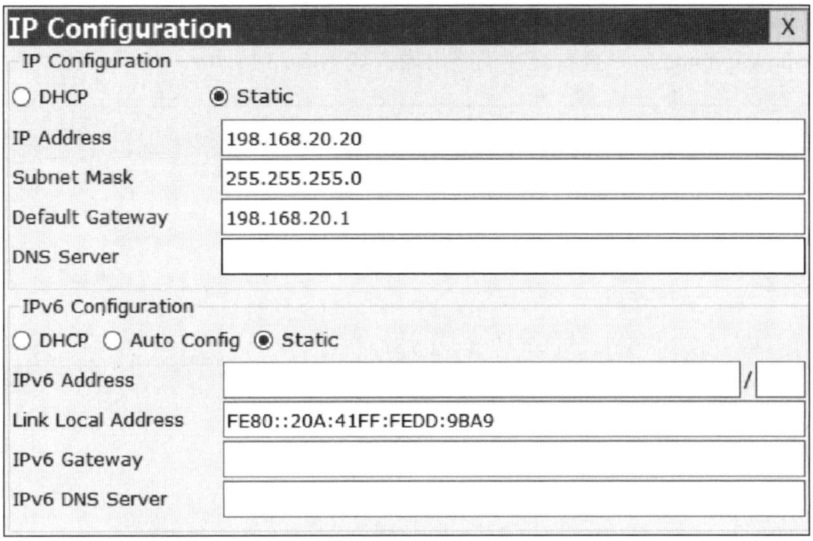

图 3-32 配置主机 PC2 的 IP 地址、子网掩码和默认网关

3）建立 VLAN，并分配端口

```
S3560(config)#vlan 10
S3560(config-vlan)#name tech
S3560(config-vlan)#exit
S3560(config)#vlan 20
S3560(config-vlan)#name sale
S3560(config-vlan)#exit
S3560(config)#interface f0/10
S3560(config-if)#switchport mode access
S3560(config-if)#switchport access vlan 10
S3560(config-if)#exit
S3560(config)#interface f0/20
S3560(config-if)#switchport mode access
S3560(config-if)#switchport access vlan 20
S3560(config-if)#exit
S3560(config)#
```

4）配置三层交换机端口的路由功能

```
S3560(config)#interface vlan 10
S3560(config-if)#ip address 198.168.10.1 255.255.255.0
S3560(config-if)#no shutdown
S3560(config-if)#exit
S3560(config)#interface vlan 20
S3560(config-if)#ip address 198.168.20.1 255.255.255.0
S3560(config-if)#no shutdown
S3560(config-if)#end
S3560#
```

5）查看交换机路由表

使用 S3560#show ip route 命令查看交换机路由表，如图 3-33 所示。

```
S3560#show ip route
Codes: C - connected, S - static, I - IGRP, R - RIP, M - mobile, B - BGP
       D - EIGRP, EX - EIGRP external, O - OSPF, IA - OSPF inter area
       N1 - OSPF NSSA external type 1, N2 - OSPF NSSA external type 2
       E1 - OSPF external type 1, E2 - OSPF external type 2, E - EGP
       i - IS-IS, L1 - IS-IS level-1, L2 - IS-IS level-2, ia - IS-IS inter area
       * - candidate default, U - per-user static route, o - ODR
       P - periodic downloaded static route

Gateway of last resort is not set

C    198.168.10.0/24 is directly connected, Vlan10
C    198.168.20.0/24 is directly connected, Vlan20
```

图 3-33　交换机路由表

6）测试三层交换机 VLAN 间的路由功能

主机 PC1 能够 ping 通主机 PC2，如图 3-34 所示。

```
命令提示符
PC>ping 198.168.20.20

Pinging 198.168.20.20 with 32 bytes of data:

Reply from 198.168.20.20: bytes=32 time=0ms TTL=127
Reply from 198.168.20.20: bytes=32 time=0ms TTL=127
Reply from 198.168.20.20: bytes=32 time=0ms TTL=127
Reply from 198.168.20.20: bytes=32 time=0ms TTL=127

Ping statistics for 198.168.20.20:
    Packets: Sent = 4, Received = 4, Lost = 0 (0% loss),
Approximate round trip times in milli-seconds:
    Minimum = 0ms, Maximum = 0ms, Average = 0ms
```

图 3-34　主机 PC1 能够 ping 通主机 PC2

3.4.5　路由器多端口实现 VLAN 间通信实训

1. 实训目标

通过路由器多端口实现 VLAN 间通信。

2. 实训任务

实现 VLAN 之间通信，最简单的方法就是有几个 VLAN 就采用几个局域网口，每个局域网口分别连接一个 VLAN，采用路由器的直连路由来解决 VLAN 之间的访问问题。如图 3-35 所示的网络连接，要求实现 VLAN 30 和 VLAN 40 之间的通信。

3. 任务分析

先在交换机上划分两个 VLAN，分别给两个 VLAN 分配一些端口成员，主机 A 接入 VLAN 30，主机 B 接入 VLAN 40。路由器的快速以太网端口 f0/0 用直通线接入 VLAN 30，快速以太网端口 f0/1 用直通线接入 VLAN 40。通过交换机、路由器的配置和主机 IP 地址的设置就可以实现两个不同 VLAN 间主机 A 和主机 B 的通信。

第 3 章 虚拟局域网

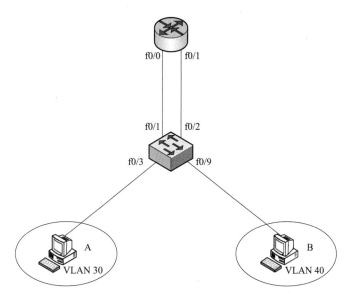

图 3-35 使用路由器的两个局域网口实现两个 VLAN 之间的通信网络拓扑结构

4. 任务实施

1) 交换机配置

```
Switch>enable
Switch#configure terminal
Switch(config)#vlan 30
Switch(config-vlan)#exit
Switch(config)#vlan 40
Switch(config-vlan)#exit
Switch(config)#interface f0/1
Switch(config-if)#switchport access vlan 30
Switch(config-if)#exit
Switch(config)#interface f0/2
Switch(config-if)#switchport access vlan 40
Switch(config-if)#exit
Switch(config)#interface range f0/3 - 8
Switch(config-if-range)#switchport access vlan 30
Switch(config-if-range)#exit
Switch(config)#interface range f0/9 - 15
Switch(config-if-range)#switchport access vlan 40
Switch(config-if-range)#end
Switch#
```

2) 路由器配置

```
Router>enable
Router#configure terminal
Router(config)#interface f0/0
Router(config-if)#ip address 198.168.0.1  255.255.255.0
Router(config-if)#no shutdown
```

交换机与路由器的配置管理

```
Router(config-if)#exit
Router(config)#interface f0/1
Router(config-if)#ip address 198.168.1.1  255.255.255.0
Router(config-if)#no shutdown
Router(config-if)#exit
Router(config)#
```

由于路由器的局域网端口默认为以太网协议，所以局域网端口不需要另外配置数据链路层协议，只要配置网络层的 IP 地址就可以了。

3）主机配置

VLAN 10 里的所有主机都需要配置和 f0/0 端口地址同一网段的 IP 地址，主机 A 的 IP 地址配置如图 3-36 所示。同样，VLAN 20 里的所有主机都需要配置和 f0/1 端口地址同一网段的 IP 地址，也要配置子网掩码、默认网关，如图 3-37 所示。

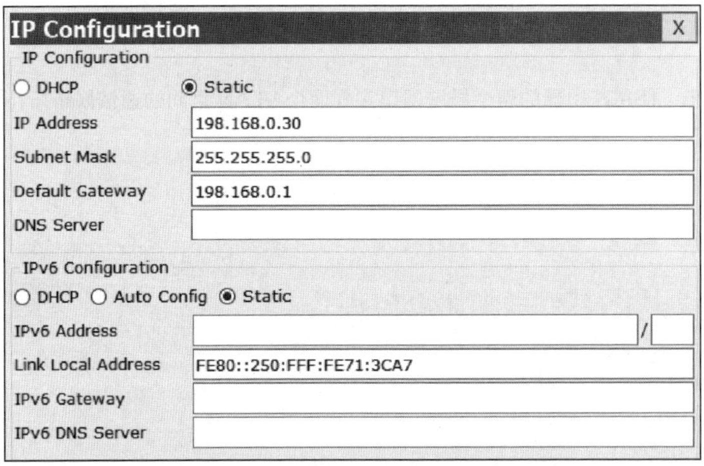

图 3-36　主机 A 的 IP 地址配置

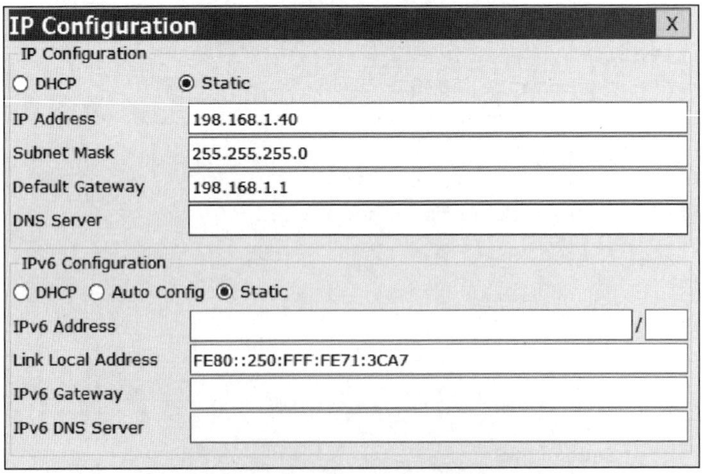

图 3-37　主机 B 的 IP 地址配置

在完成以上的配置后，不同 VLAN 里的主机 A 和主机 B 就可以相互访问了。主机 A 和主机 B 的连通性测试如图 3-38 所示。

```
命令提示符
PC>ping 198.168.1.40

Pinging 198.168.1.40 with 32 bytes of data:

Reply from 198.168.1.40: bytes=32 time=0ms TTL=127
Reply from 198.168.1.40: bytes=32 time=1ms TTL=127
Reply from 198.168.1.40: bytes=32 time=0ms TTL=127
Reply from 198.168.1.40: bytes=32 time=0ms TTL=127

Ping statistics for 198.168.1.40:
    Packets: Sent = 4, Received = 4, Lost = 0 (0% loss),
Approximate round trip times in milli-seconds:
    Minimum = 0ms, Maximum = 1ms, Average = 0ms
```

图 3-38　主机 A 和主机 B 的连通性测试

这种方式虽然解决了 VLAN 之间的通信问题，但每个 VALN 需要占用一个路由器端口和一个交换机端口，很不经济。

3.4.6　单臂路由实现 VLAN 间通信实训

1. 实训目的

（1）了解路由器子接口。

（2）掌握单臂路由配置方法。

2. 实训任务

在交换机上创建两个 VLAN，通过单臂路由，实现两个 VLAN 之间的主机通信。

3. 任务分析

交换机上创建了两个 VLAN（VLAN 10 和 VLAN 20），两台主机分别接入 VLAN 10 和 VLAN 20，交换机通过直通线连接路由器的局域网口，网络拓扑结构如图 3-39 所示。

默认情况下，交换机所有端口属于 VLAN 1，所以清除所有配置重启交换机后，连接在交换机上的主机之间可以互相通信。如果把这些主机按其所在的端口分成不同的 VLAN，则不同的 VLAN 之间就不能通信了。要进行 VLAN 之间的通信，就必须借助于路由器的路由功能。

对于单臂路由来说，路由器局域网口需要创建子接口，有几个 VLAN 就需要几个子接口，每个子接口连接一个 VLAN。

交换机上连接路由器的接口必须是 Trunk 口，而且要指定 VLAN 封装协议。这个封装协议要和路由器端一致。

完成这个任务，需要一台二层交换机（如 Catalyst 2960）、一台路由器（如 Cisco 2811）、两台主机、三根直通线和至少一根 Console 线。

视频

单臂路由实现VLAN间通信实训

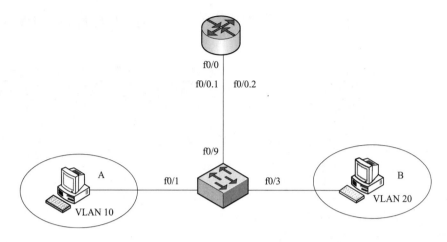

图 3-39 单臂路由实现两个 VLAN 之间的通信网络拓扑结构

4. 任务实施

（1）按网络拓扑结构连接线路。

（2）查看交换机内的 VLAN 配置情况，删除默认 VLAN 以外的其他 VLAN。

（3）配置各 PC 的 IP 地址。

主机 A 的 IP 地址设置如图 3-40 所示。

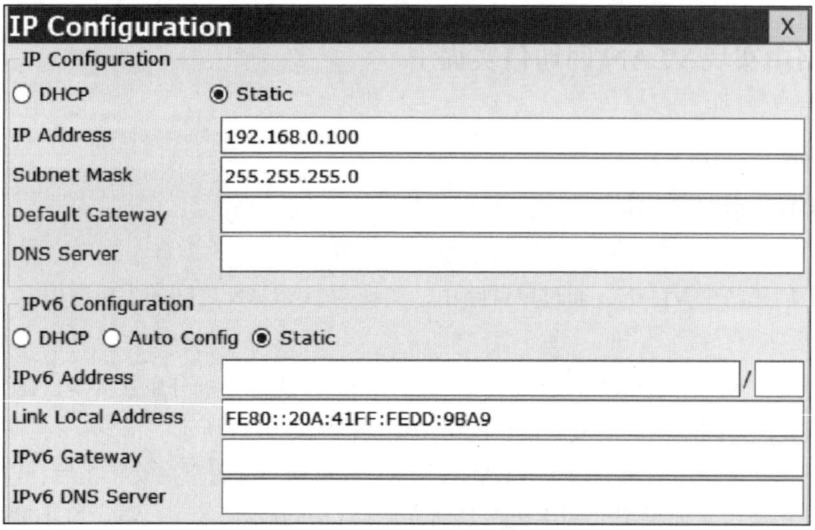

图 3-40 主机 A 的 IP 地址设置

主机 B 的 IP 地址设置如图 3-41 所示。

测试主机 A 和主机 B 之间的通信情况，如图 3-42 所示。

（4）创建 VLAN。

```
Switch>enable
Switch#configure terminal
```

```
Switch(config)#vlan 10
Switch(config-vlan)#exit
Switch(config)#vlan 20
Switch(config-vlan)#exit
Switch(config)#
```

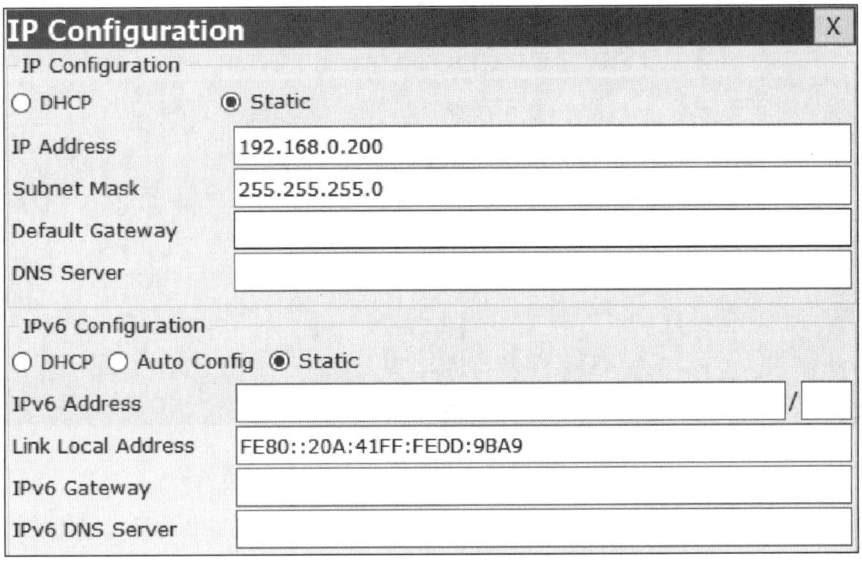

图 3-41　主机 B 的 IP 地址设置

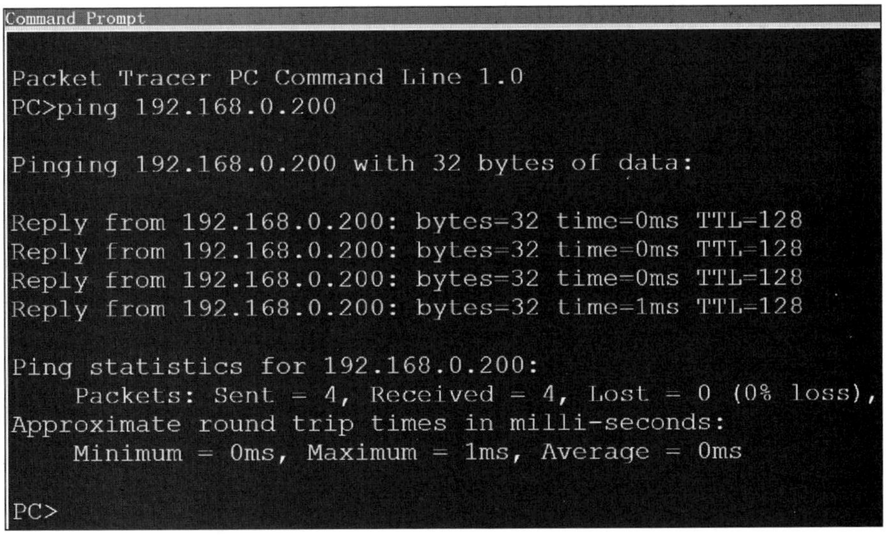

图 3-42　测试主机 A 和主机 B 之间的通信情况 1

（5）将主机 A、B 所连接的端口分别加入建立好的 VLAN10 和 VLAN20 中。

```
Switch(config)#interface f0/1
Switch(config-if)#switchport access vlan 10
```

交换机与路由器的配置管理

```
Switch(config-if)#exit
Switch(config)#interface f0/3
Switch(config-if)#switchport access vlan 20
Switch(config-if)#exit
Switch(config)#
```

（6）再测试主机 A 和主机 B 之间的通信情况，如图 3-43 所示，可以看出主机 A 和主机 B 无法通信。

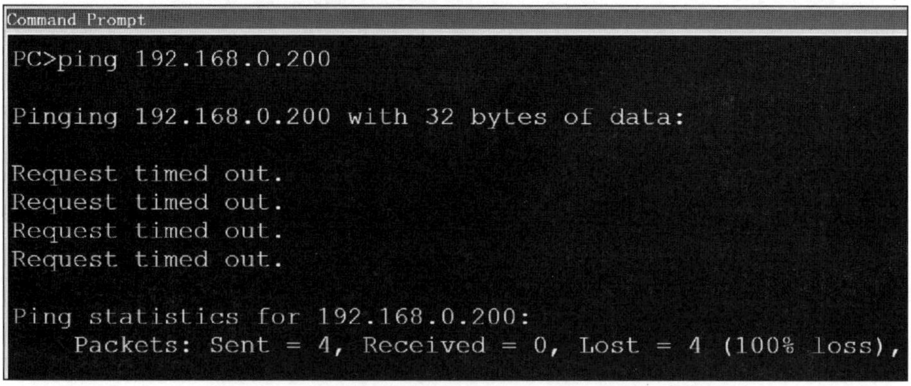

图 3-43　测试主机 A 和主机 B 之间的通信情况 2

（7）重新设置 IP 地址，为 VLAN 10 和 VLAN 20 分配不同网段的 IP 地址，以便使用路由器根据不同网段地址查找路由表，实现不同网段之间的通信。

主机 A 的 IP 地址设置如图 3-44 所示。

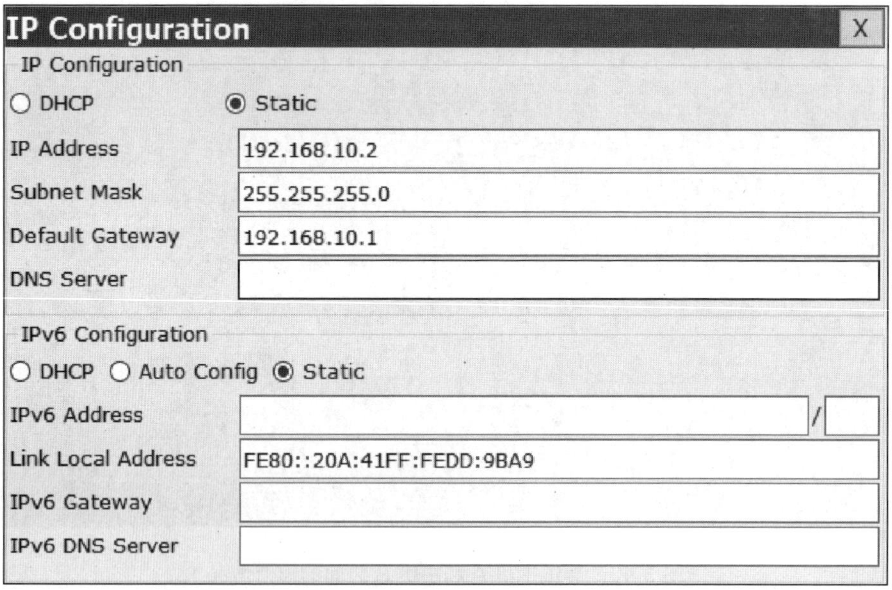

图 3-44　主机 A 的 IP 地址设置

主机 B 的 IP 地址设置如图 3-45 所示。

第 3 章 虚拟局域网

```
IP Configuration                           X
  IP Configuration
  ○ DHCP        ● Static
  IP Address         192.168.20.2
  Subnet Mask        255.255.255.0
  Default Gateway    192.168.20.1
  DNS Server

  IPv6 Configuration
  ○ DHCP  ○ Auto Config  ● Static
  IPv6 Address                                            /
  Link Local Address  FE80::20A:41FF:FEDD:9BA9
  IPv6 Gateway
  IPv6 DNS Server
```

图 3-45　主机 B 的 IP 地址设置

（8）配置交换机的 Trunk 口。

```
Switch(config)#interface f0/9
Switch(config-if)#duplex full
Switch(config-if)#speed 100
Switch(config-if)#switchport mode trunk
Switch(config-if)#
```

（9）配置路由器的 f0/0 端口以及子接口。

```
Router>enable
Router#configure terminal
Router(config)#interface f0/0
Router(config-if)#duplex full
Router(config-if)#speed 100
Router(config-if)#no shutdown
Router(config-if)#interface f0/0.1
Router(config-subif)#encapsulation dot1Q 10
Router(config-subif)#ip address 192.168.10.1 255.255.255.0
Router(config-subif)#exit
Router(config)#interface f0/0.2
Router(config-subif)#encapsulation dot1Q 20
Router(config-subif)#ip address 192.168.20.1 255.255.255.0
Router(config-subif)#exit
Router(config)#ip routing
Router(config)#
```

注意：子接口在成为 802.10、802.1Q、ISL 三种 VLAN 的一部分时才能配置 IP 地址，所以子接口的配置顺序不能颠倒，必须先封装某种协议，再配置 IP 地址。

激活 f0/0 端口，f0/0 的子接口就会自动激活。

（10）验证主机 A 和主机 B 的通信情况，如图 3-46 所示，可以看出主机 A 和主机 B 可以进行通信。

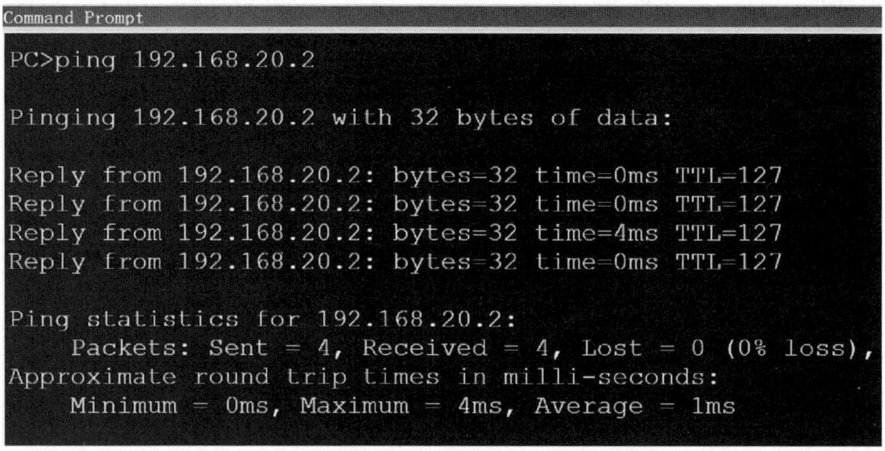

```
Command Prompt
PC>ping 192.168.20.2

Pinging 192.168.20.2 with 32 bytes of data:

Reply from 192.168.20.2: bytes=32 time=0ms TTL=127
Reply from 192.168.20.2: bytes=32 time=0ms TTL=127
Reply from 192.168.20.2: bytes=32 time=4ms TTL=127
Reply from 192.168.20.2: bytes=32 time=0ms TTL=127

Ping statistics for 192.168.20.2:
    Packets: Sent = 4, Received = 4, Lost = 0 (0% loss),
Approximate round trip times in milli-seconds:
    Minimum = 0ms, Maximum = 4ms, Average = 1ms
```

图 3-46　测试主机 A 和主机 B 之间的通信情况 3

习　题

一、选择题

1. 一个 Access 端口（　　）。

   A. 仅支持 1 个 VLAN

   B. 最多支持 64 个 VLAN

   C. 最多支持 4096 个 VLAN

   D. 依据管理设置的结果而定支持多分 VLAN

2. 管理员设置交换机 VLAN 时，VLAN 范围是（　　）。

   A. 0 ~ 4096　　B. 1 ~ 4096　　C. 1 ~ 4095　　D. 1 ~ 4094

3. 下面创建 VLAN 10 并命名为 test 的命令，（　　）是正确的。

   A. Switch（config-vlan）#vlan 10 name test

   B. Switch（vlan）#vlan 10 name test

   C. Switch#vlan 10 name test

   D. Switch（config）#vlan 10 name test

4. 一个 VLAN 可以看作一个（　　）域。

   A. 广播　　B. 冲突域　　C. 管理　　D. 广播和冲突

5. 对端口进行操作，应该在（　　）模式下进行。

   A. 特权　　B. 全局配置　　C. 接口　　D. VLAN 配置

6. 给 Catalyst 2960 交换机配置管理地址，下面（　　）是正确的。

    A. Switch（config）#interface f0/1

       Switch（config-if）#ip address 192.168.0.1

       Switch（config-if）#no shutdown

    B. Switch（config）#interface f0/1

       Switch（config-if）#ip address 192.168.0.1 255.255.255.0

       Switch（config-if）#no shutdown

    C. Switch（config）#interface vlan 1

       Switch（config-if）#ip address 192.168.0.1

       Switch（config-if）#no shutdown

    D. Switch（config）#interface vlan 1

       Switch（config-if）#ip address 192.168.0.1　255.255.255.0

       Switch（config-if）#no shutdown

二、简答题

1. 什么是虚拟局域网？

2. 为什么要划分 VALN？

3. 简述在交换机上配置 VLAN 的命令和步骤。

4. 简述配置单臂路由的配置命令和步骤。

5. 简述 Switch 端口模式的配置命令和步骤。

第 4 章

生成树技术与链路聚合

网络设备之间的多点连接，能够形成冗余路径，以保障正常通信，但是这种冗余路径会在网络中形成环路，造成严重的广播风暴，可以通过生成树协议来避免网络中环路的产生。

本章介绍生成树协议与链路聚合配置方法，通过生成树协议解决网络环路问题，重点介绍了支持多生成树实例的 PVST 协议在解决环路和负载均衡方面的应用，以及加速生成树收敛的方法。

4.1 生成树技术

4.1.1 网络中的冗余链路

主机 A 和主机 B 之间进行通信，如图 4-1 所示。如果两台交换机由单链路连接，那么传输介质出现故障导致 A、B 通信的中断。为了解决单链路故障，采取了双链路连接的方案。如果两条链路同时连到交换机的两个端口而不采取其他措施，两台交换机的四个端口会形成环路，产生广播风暴，影响网络通信。

环路产生过程如下：

（1）主机 A 向主机 B 发送信息。
（2）交换机 1 从端口 1 收到数据帧。
（3）如果是广播或组播地址，则向除接收端口 1 之外的所有其他端口转发该数据帧。如果是单播地址，但是这个地址并不在交换机的 MAC 地址表中，那么也向除接收端口 1 之外的所有其他端口转发（泛洪）。
（4）数据帧将同时从交换机 1 的 23、24 端口被转发到交换机 2 的 23、24 端口。
（5）交换机 2 接收到数据帧。

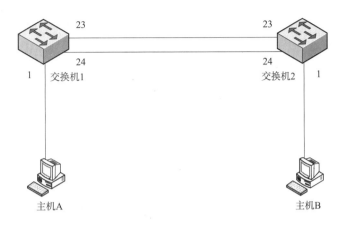

图 4-1 冗余链路

（6）从端口 23 接收到的数据帧，如果是广播或组播地址，则向除接收端口 23 之外的所有其他端口转发该数据帧，该数据帧将被从端口 24 转发回交换机 1。如果是单播地址，但是这个地址并不在交换机的 MAC 地址表中，那么也向除接收端口 23 之外的所有其他端口转发（泛洪），该数据帧同样将被从端口 24 转发回交换机 1。

（7）从端口 24 接收到的数据帧，如果是广播或组播地址，则向除接收端口 24 之外的所有其他端口转发该数据帧，该数据帧将被从端口 23 转发回交换机 1，如果是单播地址，但是这个地址并不在交换机的 MAC 地址表中，那么也向除接收端口 24 之外的所有其他端口转发（泛洪），该数据帧同样将被从端口 23 转发回交换机 1。

（8）交换机 1 从端口 23、24 接收到同样数据帧，继续转发处理。

（9）循环转发该数据帧，形成环路。

4.1.2 生成树协议

生成树协议（spanning-tree protocol, STP）通过生成树算法在一个具有冗余链路的网络中构建一个没有环路的树状逻辑拓扑结构，既提供了链路的冗余连接，增强了网络的可靠性，又避免了数据在环路上的连续转发，消除了广播风暴。

STP 是用来避免链路环路产生广播风暴并提供链路冗余备份的协议。对二层以太网来说，两个设备间只能有一条激活的通道，否则就会产生广播风暴。但是为了增强网络的可靠性，建立冗余链路又是必要的，冗余链路中的一些链路处于激活状态，另一些链路处于备份状态，如果链路发生故障，激活的链路失效时，备份状态的链路必须变为激活状态。

STP 能够自动地完成主、备链路的切换并做到：选举并生成局域网的一个最佳树状拓扑结构、发现故障并恢复、自动更新拓扑结构、保证任何时候都选择可能的最佳树状拓扑结构。

局域网中参与 STP 的所有交换机之间，通过交换桥协议数据单元（bridge protocol data unit, BPDU）了解网络的连接情况，然后根据一定的算法创建一个只有单个根和多个分支的无环路的树状拓扑，称为生成树。这个算法又称生成树算法。

1. 生成树算法工作步骤

（1）选举一个网桥作为根网桥。

（2）在根网桥以外的每个网桥上选举到根网桥最少开销的一个端口作为根端口。

（3）在每个局域网网段上，选举一个离根网桥最近的网桥来转发数据，这个网桥成为该网段的指定网桥，指定网桥上连接这个网段的端口，称为指定端口。

（4）用局域网上被选举出来的根网桥、所有根端口、指定网桥和指定端口产生一个生成树。

图 4-2 所示为根据生成树算法产生的根网桥、根端口、指定网桥、指定端口和阻塞端口，从而产生的一棵生成树。

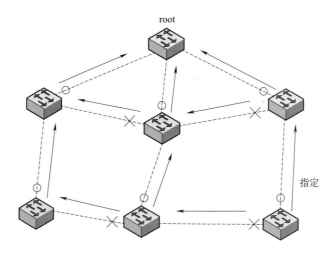

图 4-2　生成树选举结果

最上面的网桥被选为了根网桥，其他网桥为非根网桥，非根网桥上带圈的端口为它的根端口。箭头所指的网桥为箭头所在网段的指定网桥，所指的端口为箭头所在网段的指定端口。根网桥一定会成为根网桥所连接网段的指定网桥，根网桥所连接的网段也一定会将根网桥的连接端口指定为指定端口。

带叉的网桥端口为堵塞端口。这种端口不转发数据帧，用来防止循环的产生，但它可以监听。

IEEE 802.1d 是最早关于 STP 的标准，它提供了网络的动态冗余切换机制。STP 能够在网络设计中部署备份线路，并且保证在主线路正常工作时备份线路是关闭的。当主线路出现故障时自动使用备份线路，切换数据流。整个局域网是一个 STP 域，形成一棵生成树。一棵生成树带来的问题是每个 VLAN 流量流经的路径未必最优，称为次优化问题。

扩展 802.1d 是多域生成树协议，是对 802.1d 的扩展，它允许在同一台交换设备上同时存在多个 STP 域，各个 STP 域都按照 802.1d 运行，各域之间互不影响。交换机中默认存在一个 STP 域，为 VLAN 1 的域，默认 STP 域不能被删除。PVST（per-vlan spanning tree）是 Cisco 私有的每一个 VLAN 的生成树协议，在 Cisco 交换机上被支持。

快速生成树协议（rapid spanning tree protocol, RSTP）是 STP 的扩展，其主要特点是增加了端口状态快速切换的机制，能够实现网络拓扑的快速转换。Rapid-PVST 在 Cisco 交换机上被支持。

2. 生成树的工作原理

生成树的工作原理可以归纳为三步：选择根网桥、选择根端口、选择指定端口。然后把根端口、指定端口设为转发状态，其他端口设为阻塞状态，形成一个逻辑上无环路的网络拓扑。对于多 VLAN 的生成树协议，每个 VLAN 可以单独选举，形成多棵生成树。

1）选择根网桥

参与生成树运算的网桥会有一个网桥标识（Bridge ID）编号，这个编号由两部分组成：网桥优先级和网桥 MAC 地址。网络中网桥标识编号最小的将被选举为生成树的树根，称为根网桥（root）。

网桥优先级默认值为 32 768，这个值可以通过设置来改变。如果两台没有改变默认优先级设置的交换机连接，哪台的 MAC 地址小，哪台将成为根网桥。

由于交换机的 MAC 地址是改变不了的，所以网络管理员可以通过改变交换机 VLAN 的网桥优先级来使交换机成为某个 VLAN 的根网桥，把要成为根的交换机的 VLAN 优先级设置得比其他交换机小。这样，一方面加快生成树收敛速度，另一方面可以人为控制根网桥的选择。

改变 Catalyst 2960 交换机的 VLAN 1 的优先级为 8192，如图 4-3 所示。

```
Switch(config)#spanning-tree vlan 1 priority ?
  <0-61440>  bridge priority in increments of 4096
Switch(config)#spanning-tree vlan 1 priority 8192
```

图 4-3　改变交换机 VLAN 的优先级

改变 VLAN 1 的生成树优先级时，提示要以 4096 的数量级递增，允许值是 0、4096、8192、12 288、…、61 440。

观察 Catalyst 2960 交换机的 VLAN 1 生成树协议相关信息，如图 4-4 所示。

```
Switch#show spanning-tree
VLAN0001
  Spanning tree enabled protocol ieee
  Root ID    Priority    8193
             Address     00D0.9764.1A2E
             This bridge is the root
             Hello Time  2 sec  Max Age 20 sec  Forward Delay 15 sec

  Bridge ID  Priority    8193  (priority 8192 sys-id-ext 1)
             Address     00D0.9764.1A2E
             Hello Time  2 sec  Max Age 20 sec  Forward Delay 15 sec
             Aging Time  20

Interface        Role Sts Cost      Prio.Nbr Type
---------------- ---- --- --------- -------- --------------------
Fa0/2            Desg LSN 19        128.2    P2p
Fa0/8            Desg LRN 19        128.8    P2p
```

图 4-4　Catalyst 2960 交换机的 VLAN 1 生成树协议相关信息

可以看到这台交换机 VLAN 1 的 Bridge ID 被修改为 8193+00D0.9764.1A2E，这台交换机为根网桥，也可以使用命令将某台交换机直接指定为根网桥。例如，指定 Catalyst 2960 交换机为主根网桥。

```
Switch(config)#spanning-tree vlan 1 root primary
```

这样设置后，这台交换机就成为主根网桥。

2）选择根端口

选出根网桥后，其他没有被选为根网桥的都被称为非根网桥。每个非根网桥要选举出自己的根端口，根端口的选择根据端口到根网桥的开销来决定，端口到根网桥的开销最小的被选为根端口。开销是基于每条线路的带宽计算的，不同链路带宽的开销见表4-1。

表 4-1 不同链路带宽的开销

链路带宽	IEEE 旧标准链路开销（cost）	IEEE 新标准链路开销（cost）
10 Mbit/s	100	100
100 Mbit/s	10	19
1 Gbit/s	1	4
100 Gbit/s	1	2

累计开销一样时，Bridge ID 值最小的成为根端口，若 Bridge ID 还一样，端口 ID 最小的成为根端口。

端口 ID 由端口优先级+端口号组成。端口优先级默认为128，这个值可以修改。从图4-4中可以看到这台交换机有两条链路连接根网桥，开销都为19，Fa0/2 端口和 Fa0/8 端口都是 100 Mbit/s 的带宽，都是直接连接到根网桥的。两个端口处于转发数据状态，而 Fa0/2 端口处于监听状态，Fa0/2 的端口 ID 为 128.2，比 Fa0/8 的小。

3）选择指定端口

当一个网段中有多个网桥时，这些网桥会将这些根网桥的开销都通告出去，其中具有最小开销的网桥将作为指定网桥。指定网桥中发送最小开销的 BPDU 的端口是该网段中的指定端口。每个网段选择指定端口的依据是：选择发送最小根路径开销的 BPDU 的端口；如果开销相同，选择 Bridge ID 最小的端口；如果还相同，则选择端口 ID 最小的端口。

根据根网桥、根端口和指定端口形成的生成树是无环路的，这样就解决了网络的环路问题。自环只是网络环路的一个特例，当然可以通过生成树协议来解决。

3. 端口状态转换

通过 STP 协议，阻塞了冗余端口。当指定的转发端口出现故障或者其他原因而导致阻塞端口在 20 s 内没有从指定端口接收到 BPDU 时，阻塞端口开始监听，接收和发送 BPDU，但不转发数据，这个过程持续 15 s。确认自己成为指定端口后，继续接收和发送 BPDU，开始学习 MAC 地址，准备转发数据，这个过程需要 15 s，之后这个端口进入转发状态开始转发数据。端口从阻塞到转发大约需要 50 s。新启动的交换机为了防止环路，刚开始每个端口都处于阻塞状态，需要在 50 s 后才能进入转发状态。

当指定端口故障排除后，刚开始处于阻塞状态，而后开始接收 BPDU。当判断自己是一个根端口或者是一个指定端口后则进入监听状态，15 s 后进入学习状态，再过 15 s 后进入转发状态。

运行生成树协议的交换机上的端口总是处于下面四个状态中的一个。在正常操作期间，端口处于转发或阻塞状态。当设备识别网络拓扑结构变化时，交换机端口自动进行状态转换，在这期间，端口暂时处于监听和学习状态。交换机端口状态转换如图4-5所示。

（1）阻塞（Blocking）：所有端口以阻塞状态启动以防止回路。由生成树确定哪个端口转换到转发状态，处于阻塞状态的端口不转发数据，但可接收 BPDU。

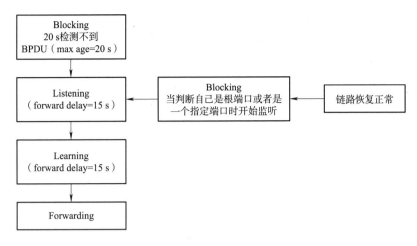

图 4-5 交换机端口状态转换

（2）监听（Listening）：如果一个端口可以成为一个根端口或者指定端口，就会转入监听状态。不发送或接收数据，接收并发送 BPDU，不进行地址学习（临时状态）。

（3）学习（Learning）：不接收或转发数据，接收并发送 BPDU，开始地址学习形成 MAC 地址表（临时状态）。

（4）转发（Forwarding）：端口能接收和转发数据。

生成树拓扑稳定后，根网桥通过每 2 s 的 Hello 时间间隔创建和发送 Hello BPDU。非根网桥通过根端口接收 BPDU，加上接收端口的成本，从指定端口转发改变后的 BPDU。各交换机通过接收到 BPDU 消息来保持各端口状态有效，直到拓扑发生变化。

BPDU 分为两种：一种是通知 BPDU，主要用于当拓扑发生改变时子网桥通知父网桥；另一种是配置 BPDU，主要包含 BPDU 类型、根网桥 ID、到根网桥的路径开销、发送网桥 ID、端口 ID 等，用于生成树的产生和维持过程。

4.1.3 生成树协议配置

1. 配置 spanning-tree 协议类型

在全局配置模式下，命令格式为

```
spanning-tree mode  pvst|rapid-pvst
```

例如：启动交换机的 pvst 功能。

```
Switch#configure terminal
Switch(config)#spanning-tree mode pvst
```

2. 通过改变交换机的 VLAN 优先级，合理选择和维护一个根网桥

在生成树网络中，最重要的事情就是决定根网桥的位置。选举和维护一个根网桥，涉及可修改的参数为网桥优先级。目前，Cisco 交换机的默认优先级为 32 768，一些以前的交换机设备优先级要低于这个值。

可以让交换机根据生成树算法来选择根网桥，也可使用命令人为指定根网桥或从根网桥。

交换机与路由器的配置管理

1）修改网桥优先级

STP 域内采用默认网桥优先级选择根网桥可能会导致一些问题，因为有些旧设备拥有较低的网桥优先级，所以容易被选为根网桥，这显然不是想要的结果。可以通过改变网桥优先级来控制根网桥的选择结果。

在全局配置模式下，修改网桥优先级的命令格式为

```
spanning-tree vlan vlan-list priority bridge-priority
```

其中，"vlan-list"可以是一个 VLAN，也可以是一组 VLAN，还可以是多组 VLAN。例如：

```
Switch(config)#spanning-tree vlan 1,5-8 priority 8192
```

连字符"-"前后没有空格，各组 VLAN 号之间用英文逗号分隔。

bridge-priority 为网桥优先级，增量设置为 4 096 的整数倍。允许值范围是 0～61 440，可以是 0、4096、8192、12 288、…、61 440。

2）人为建立根网桥

直接指定网络上的某个网桥为根网桥或从根网桥。需要注意的是，不要将接入层的交换机配置为根网桥，根网桥通常是汇聚层或者核心层的交换机。

在全局配置模式下，直接指定根网桥的命令格式为

```
spanning-tree vlan vlan-list root primary|secondary
```

其中，primary 为主根网桥，主根网桥的网桥优先级被设置为 24 576；secondary 为从根网桥，是主根网桥的备份，从根网桥的网桥优先级被设置为 28 672。两个优先级均低于交换机的默认优先级 32 768。

例如，指定交换机为 VLAN 20 的主根网桥。

```
Switch(config)#spanning-tree vlan 20 root primary
```

这样设置后，如果其他交换机使用默认优先级，这台交换机就成了主根网桥。

可以想象，即使某网桥设置了 primary 参数，如果有其他的网桥优先级比 24 576 还要低，还是不能成为根网桥。

让交换机返回默认的配置，可以在全局配置模式下使用如下命令：

```
no spanning-tree vlan vlan-list root
```

可以在特权模式下通过如下命令具体查看某个 VLAN 的生成树信息：

```
show spanning-tree vlan vlan-id
```

3. 修改端口优先级

在根路径成本和发送网桥 ID 都相同的情况下，有最低优先级的端口将为 VLAN 转发数据帧。基于 IOS 的交换机端口的优先级范围是 0～255，默认值为 128。

在接口配置模式下，可以通过以下的命令修改端口优先级：

```
spanning-tree vlan vlan-id port-priority value
```

其中，value 是一个增量值，必须是 16 的整数倍，最小为 0，最大为 240。

要恢复默认值，可在接口配置模式下使用下面的命令：

```
no spanning-tree vlan vlan-id port-priority
```

例如，修改接口 f0/6 的端口优先级为 48，然后查看修改结果。命令如下：

```
Switch(config)#interface f0/6
Switch(config-if)#spanning-tree vlan 1 port-priority 48
Switch(config-if)#end
Switch#show spanning-tree interface f0/6
```

4. 配置速端口（Portfast）

通过速端口，可以大大缩短处于监听和学习状态的时间。速端口几乎立刻进入转发状态，速端口将工作站或者服务器连接到网络的时间减至最短。

注意：确定一个端口下面接的是计算机或终端的时候，方可启用速端口设置。

在全局配置模式下，可以使用如下命令来默认所有的访问端口为速端口：

```
spanning-tree portfast default
```

也可以针对每个接口来配置，在接口配置模式下启用速端口的命令格式为

```
spanning-tree portfast
```

在接口配置模式下关闭速端口的命令格式为

```
no spanning-tree portfast
```

例如，配置连接计算机的 f0/8 端口为速端口的命令为

```
Switch(config)#interface f0/8
Switch(config-if)#spanning-tree portfast
```

4.2 链路聚合

4.2.1 链路聚合概述

为了增加交换机或路由器之间设备的链路带宽，通常把两台设备之间的多条物理链路捆绑在一起形成一个高带宽的逻辑链路，如图 4-6 所示。这种方式称为链路聚合，又称端口聚集、端口捆绑技术。

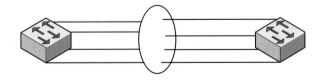

图 4-6 交换机间链路聚合

链路聚合是把网络设备的多个物理端口带宽叠加，使多个低带宽物理端口捆绑成一条高带宽逻辑链路，同时通过几个端口共同传输数据形成链路的负载均衡，聚合而成的逻辑端口称为聚合端口（aggregate port，AP）。

当逻辑链路中的部分物理链路断开时，系统会自动将断开链路的流量分配到逻辑链路的其他有效物理链路上，但是一条成员链路收到的广播或组播报文，将不会被转发到其他成员链路上。这种链路聚合的方式既可以通过流量均衡避免链路出现拥塞现象，也可以防止由于单条链路速率过低而出现延时现象。在不增加更多成本的前提下，既实现了网络的高速性，又能保证链路的负载分担和冗余性，提供更高的连接可靠性。

在图 4-6 中，将四条 1000 Mbit/s 的千兆以太网链路用链路聚合技术组成一个逻辑高速链路，这条逻辑链路在全双工状态下能够达到 8000 Mbit/s 的带宽，聚合内部的四条物理链路共同完成数据的收发，逻辑链路中只要还存在能正常工作的物理链路，整个传输链路就不会失效。

IEEE 802.3ad 标准定义了如何将两个以上的物理端口组合为高带宽的逻辑链路，以实现负载共享、负载平衡以及提供更好的弹性。

链路聚合具有如下一些优点：

1）提高链路可用性

链路聚合中，链路成员之间互相动态备份，当某一成员链路中断时，其他链路能够分担该成员的流量，切换过程在链路聚合内部快速实现，与其他链路无关。

2）增加链路带宽

通过多个物理端口的捆绑，增加了链路的带宽，提高了链路的传输速率，并通过流量负载平衡，实现流量分担。

3）易于实现、高性价比

只要支持 IEEE 802.3ad 标准的设备，都可以实现链路聚合，用比较经济的手段，实现高速带宽。

配置链路聚合功能时，成为聚合端口的成员必须具备以下相同的属性。

（1）端口均为全双工模式。

（2）端口类型必须相同，比如同为以太网口或同为光纤口。

（3）端口同为 Access 端口并且属于同一个 VLAN，或者同为 Trunk 端口，属于不同 Native VLAN 的端口不能构成 AP。

4.2.2 流量平衡

聚合端口可以根据数据帧的源 MAC 地址、目的 MAC 地址、源 MAC 地址 + 目的 MAC 地址、源 IP 地址、目的 IP 地址以及源 IP 地址 + 目的 IP 地址等方式把流量平均地分配到各成员链路中。

源 MAC 地址流量平衡是根据数据帧的源 MAC 地址把流量分配到聚合端口的各成员链路中。不同源 MAC 地址的流量，转发的成员链路不同；相同源 MAC 地址的流量，将从同一个成员链路中转发。

目的 MAC 地址流量平衡是根据数据帧的目的 MAC 地址把流量分配到聚合端口的各成员链路中。相同目的 MAC 地址的流量，从同一个成员链路转发；不同目的 MAC 地址的流量，将从不同的成员链路中转发。

源 MAC 地址 + 目的 MAC 地址流量平衡是根据数据帧的源 MAC 地址和目的 MAC 地址把流量分

配到聚合端口的各成员链路中。具有不同的源 MAC 地址 + 目的 MAC 地址的数据帧可能被分配到同一个聚合端口的成员链路中。

源 IP 地址或目的 IP 地址流量平衡是根据数据报的源 IP 地址或目的 IP 地址进行流量分配。不同源 IP 地址或目的 IP 地址的流量通过不同的成员链路转发；相同源 IP 地址或目的 IP 地址的流量则通过相同的成员链路转发。这种流量平衡方式用于三层报文的转发，如果在此流量平衡模式下收到了二层数据帧，则自动根据二层数据帧的源 MAC 地址或目的 MAC 地址进行流量平衡。

源 IP 地址 + 目的 IP 地址流量平衡是根据数据报的源 IP 地址和目的 IP 地址进行流量分配。该流量平衡方式用于三层报文的转发。如果在此流量平衡模式下收到了二层数据帧，则自动根据二层数据帧的源 MAC 地址或目的 MAC 地址进行流量平衡。具有不同的源 IP 地址 + 目的 IP 地址的报文可能被分配到同一个聚合端口的成员链路中。

4.2.3 链路聚合配置

1. 配置 AP 注意事项

（1）物理端口默认情况下不属于任何 AP。
（2）AP 成员端口的端口速率必须一致。
（3）二层端口只能加入二层 AP，三层端口只能加入三层 AP，即端口与 AP 属于同一层次。
（4）AP 不能设置端口安全功能。
（5）当把端口加入一个不存在的 AP 时，该 AP 将被自动创建。
（6）一个端口加入 AP，端口的属性将被 AP 的属性取代。
（7）一个端口从 AP 中删除，端口的属性将恢复为其加入 AP 前的属性。
（8）一个端口加入 AP 后，不能在该端口上进行任何配置，直到该端口退出 AP。

端口聚合所使用的协议有 Cisco 专有协议和国际标准协议两种，端口聚合协议（port aggregation protocol, PAgP）是 Cisco 专有协议，只适用于 Cisco 交换机。链路聚合控制协议（link aggregate control protocol, LACP）是国际标准协议，协议编号为 IEEE 802.3ad，适用于各个厂商生产的网络设备。

根据链路的工作模式，端口聚合的具体应用形式分为二层端口聚合和三层端口聚合两种。对于二层端口的聚合又可划分为访问端口聚合和中继端口聚合两种应用形式。不管是哪种应用形式，在端口聚合之前，应将端口配置为最终的工作模式，然后配置端口聚合。

对于中继端口聚合配置，首先要对参与聚合的端口配置中继封装协议，配置端口工作模式为中继模式。然后配置端口聚合，端口聚合后会自动生成一个逻辑端口，称为 port-channel。最后在 port-channel 接口下配置中继封装协议和中继工作模式。

对于交换机三层端口的聚合配置，首先将端口配置为三层工作模式，然后配置端口聚合，最后在生成的 port-channel 下配置 IP 地址。也可以先手工创建端口聚合组，创建后会生成对应的 port-channel 接口，将该接口设置为三层工作模式，并配置 IP 地址。接下来在配置要聚合的端口时，一定要先执行 no switchport 命令，将端口设置为三层工作模式，再配置聚合协议和将端口加入该聚合组，否则将因 port-channel 接口工作在三层，而聚合端口工作在二层，工作模式不同而报错，无法配置。

2. 创建端口聚合组

配置命令为

```
interface port-channel    聚合组编号
```

该命令在全局配置模式下执行，创建指定编号的端口聚合组，并生成对应编号的 port-channel 接口。例如，如果要创建编号为 2 的端口聚合组，工作模式为三层，port-channel 2 的接口的 IP 地址为 192.168.0.1/32，则配置命令为

```
Switch#configure terminal
Switch(config)#interface port-channel 2
Switch(config-if)#no switchport
Switch(config-if)#ip address 192.168.0.1  255.255.255.0
```

3. 对参与聚合的端口配置指定聚合协议

配置命令为

```
channel-protocol lacp|pagp
```

该命令在接口配置模式下执行，为可选配置。不同的聚合协议，聚合端口所使用的端口协商参数不相同，在配置聚合端口的协商模式时，也就明确了所使用的聚合协议，因此该项可以不用配置指定。

例如，假设要聚合的端口是 Cisco 3560 交换机的 f0/5 和 f0/6 端口，聚合协议采用 PAgP，则配置命令为

```
Switch(config)#interface range f0/5 - 6
Switch(config-if-range)#channel-protocol pagp
Switch(config-if-range)#end
Switch#
```

4. 将参与聚合的端口加入聚合组，并配置指定协商模式

配置命令为

```
channel-group    聚合组编号    mode    协商模式
```

该命令在接口配置模式下执行，将当前端口加入指定的聚合组，并指定端口的协商模式是主动还是被动。

对于 PAgP，协商模式有 Auto 和 Desirable 两种；对于 LACP，协商模式有 Active 和 Passive 两种。除此之外，还有手工激活模式 On。

（1）Auto：通过 PAgP 协商激活端口，被动协商，不主动发送协商消息，只接收协商消息。物理链路对端必须配置为 Desirable 模式。

（2）Desirable：通过 PAgP 协商激活端口，主动协商，既主动发送协商消息，也会接收协商消息。物理链路对端可以是 Desirable 模式或 Auto 模式。

（3）Active：通过 LACP 协商激活端口，主动协商，既主动发送协商消息，也会接收协商消息。物理链路对端可以是 Active 或 Passive 模式。

（4）Passive：通过 LACP 协商激活端口，被动协商，不主动发送协商消息，只接收协商消息。物理链路对端必须配置为 Active 模式。

（5）On：手工激活模式，不使用端口聚合协议，两端都必须是 On 模式。Cisco 路由器配置端口聚合时要采用手工激活模式。

例如，如果要将 Cisco 3560 交换机的 f0/9 和 f0/10 加入聚合组 1，协商模式采用 Active，则配置命令如下：

```
Switch(config)#interface range f0/9 -10
Switch(config-if-range)#channel-group 1 mode active
```

5. 配置聚合链路的负载均衡

配置命令如下：

```
port-channel load-balance method
```

该命令在全局配置模式下执行，其中 method 代表负载均衡的策略，可选参数及含义如下：

src-ip：源 IP 地址，即对源 IP 地址相同的数据包进行负载均衡。

dst-ip：目的 IP 地址，即对目的 IP 地址相同的数据包进行负载均衡。

src-dst-ip：对源和目的 IP 地址均相同的数据包进行负载均衡。

src-mac：源 MAC 地址，即对源 MAC 地址相同的数据包进行负载均衡。

dst-mac：目的 MAC 地址，即对目的 MAC 地址相同的数据包进行负载均衡。

src-dst-mac：对源和目的 MAC 地址均相同的数据包进行负载均衡。

src-port：源端口号，即对源端口相同的数据包进行负载均衡。

dst-port：目的端口号，即对目的端口相同的数据包进行负载均衡。

src-dst-port：对源和目的端口号均相同的数据包进行负载均衡。

例如，如果要采用基于目的 IP 地址的负载均衡策略，则配置命令如下：

```
Switch#configure terminal
Switch(config)#port-channel load-balance dst-ip
```

6. 查看以太通道配置信息

show etherchannel port-channel：查看以太通道配置信息。

show etherchannel load-balance：查看负载均衡配置信息。

show etherchannel summary：查看以太通道的汇总信息。

4.3 生成树技术与链路聚合实训

4.3.1 生成树协议配置实训

1. 实训目标

（1）熟悉生成树协议基本原理。

（2）掌握生成树协议配置方法。

2. 实训任务

你是某公司网络管理员，公司有技术部、业务部计算机分别通过两台交换机接入公司局域网，并且

视 频

生成树协议
配置实训

交换机与路由器的配置管理

这两部门平时经常有业务往来，要求保持两部门的网络畅通。为了提高网络的可靠性，你作为网络管理员用两条链路将交换机互联，其中一条（f0/3）为双绞线，另一条（f0/4）为光纤，交换机 SwitchA 为根交换机，要求在交换机上做适当配置，使网络既有冗余又避免环路。

3. 任务分析

在两台交换机上分别启动生成树协议，使两条链路中的一条处于工作状态，另一条处于备份状态。当工作链路出现问题时，备份链路可以在最短时间内投入使用，保证网络畅通。为了保证光纤链路优先于双绞线工作，需设置光纤口优先级高于双绞线端口，保证正常情况下，优先使用光纤链路，如图 4-7 所示。

```
           f0/3                f0/3
SwitchA ━━━━━━━━━━━━━━━━━━━━━ SwitchB
     f0/1   f0/4        f0/4   f0/1
       │                         │
       │                         │
      PC1 198.168.1.5/24    PC2 198.168.1.6/24
```

图 4-7 生成树协议网络拓扑结构

4. 任务实施

1）配置各 PC 的 IP 地址

在 Packet Tracer 中单击 PC1 按钮，在弹出的窗口中选择"桌面"选项卡下的"IP 地址配置"选项，出现如图 4-8 所示的对话框，然后设置 PC1 的 IP 地址与子网掩码，按照同样方法设置其他 PC 的 IP 地址与子网掩码。由于所有计算机在同一网段，因此不需要配置网关。

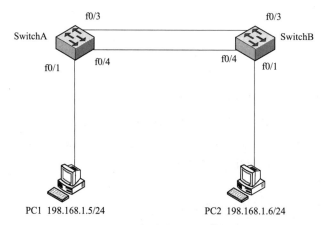

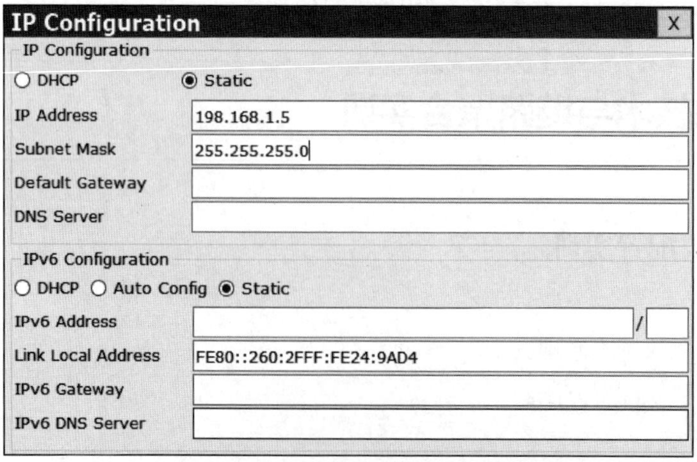

图 4-8 配置 PC1 主机的 IP 地址与子网掩码

配置 PC2 主机的 IP 地址与子网掩码如图 4-9 所示。

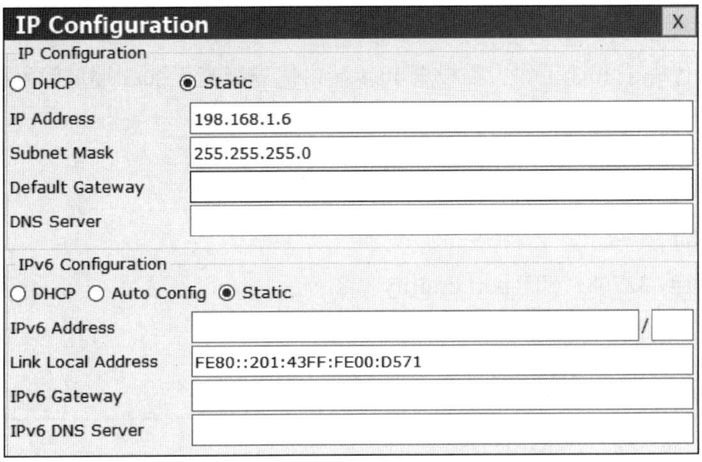

图 4-9　配置 PC2 主机的 IP 地址与子网掩码

2）配置交换机生成树

（1）交换机 SwitchA：

①配置主机名。

```
Switch(config)#hostname SwitchA
```

②启用交换机生成树协议（交换机默认为启动状态）。

```
SwitchA(config)#spanning-tree vlan 1
```

③生成树模式设置为 802.1d。

```
SwitchA(config)#spanning-tree mode pvst
```

④ SwitchA 为根交换机，设置 SwitchA 优先级高于 SwitchB。

```
SwitchA(config)#spanning-tree vlan 1 priority 4096
```

⑤为使端口 f0/4 优先于 f0/1 工作，设置 f0/4 端口优先级高于 f0/1 端口优先级。

```
SwitchA(config)#interface f0/4
SwitchA(config-if)#spanning-tree vlan 1 port-priority 32
SwitchA(config-if)#exit
SwitchA(config)#
```

默认值：STP Priority 32768，STP port Priority 128。

（2）交换机 SwitchB：

①配置主机名。

```
Switch(config)#hostname SwitchB
```

②启用交换机生成树协议。

```
SwitchB(config)#spanning-tree vlan 1
```

③生成树模式设置为802.1d。

```
SwitchB(config)#spanning-tree mode pvst
```

④为使端口f0/4优先于f0/3工作，需设置f0/4端口优先级高于f0/3端口优先级。

```
SwitchB(config)#interface f0/4
SwitchB(config-if)#spanning-tree vlan 1 port-priority 32
SwitchB(config-if)#exit
SwitchB(config)#
```

默认值：STP Priority 32768，STP port Priority 128

3）查看交换机生成树配置情况

交换机生成树配置情况如图4-10所示。

```
SwitchA#show spanning-tree
VLAN0001
  Spanning tree enabled protocol ieee
  Root ID    Priority    4097
             Address     0001.4387.12A2
             This bridge is the root
             Hello Time  2 sec  Max Age 20 sec  Forward Delay 15 sec

  Bridge ID  Priority    4097  (priority 4096 sys-id-ext 1)
             Address     0001.4387.12A2
             Hello Time  2 sec  Max Age 20 sec  Forward Delay 15 sec
             Aging Time  20

Interface        Role Sts Cost      Prio.Nbr Type
---------------- ---- --- --------- -------- --------------------------------
Fa0/4            Desg FWD 19        32.4     P2p
Fa0/1            Desg FWD 19        128.1    P2p
Fa0/3            Desg FWD 19        128.3    P2p
```

图4-10 交换机生成树配置情况

4.3.2 快速生成树协议配置实训

快速生成树协议配置实训

1. 实训目标

（1）熟悉快速生成树协议基本原理。

（2）掌握快速生成树协议配置方法。

2. 实训任务

你是某公司网络管理员，公司有技术部、业务部计算机分别通过两台交换机接入公司局域网，并且这两部门平时经常有业务往来，要求保持两部门的网络畅通。为了提高网络的可靠性，你作为网络管理员用两条链路将交换机互联，其中一条（f0/5）为双绞线，另一条（f0/6）为光纤，交换机SwitchA为根交换机，现要求在交换机上做适当配置，使网络既有冗余又避免环路，并且要求生成树收敛时间控制在10 s以内。

3. 任务分析

在两台交换机上分别启动快速生成树协议，使两条链路中的一条处于工作状态，另一条处于备份状态。当工作链路出现问题时,备份链路在最短时间内投入使用,保证网络畅通。为了保证光纤链路优先于双绞线工作,需设置光纤口优先级高于双绞线端口,保证正常情况下,优先使用光纤链路,如图 4-11 所示。

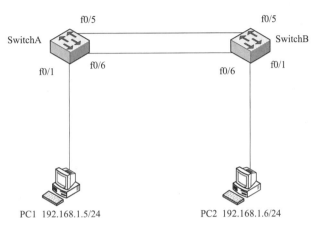

图 4-11 快速生成树协议网络拓扑结构

4. 任务实施

1)配置各 PC 的 IP 地址

在 Packet Tracer 中单击 PC1 按钮,在弹出的窗口中选择"桌面"选项卡下的"IP 地址配置"选项,出现如图 4-12 所示的对话框,然后设置 PC1 的 IP 地址与子网掩码,按照同样方法设置其他 PC 的 IP 地址与子网掩码。由于所有计算机在同一网段,因此不需要配置网关。

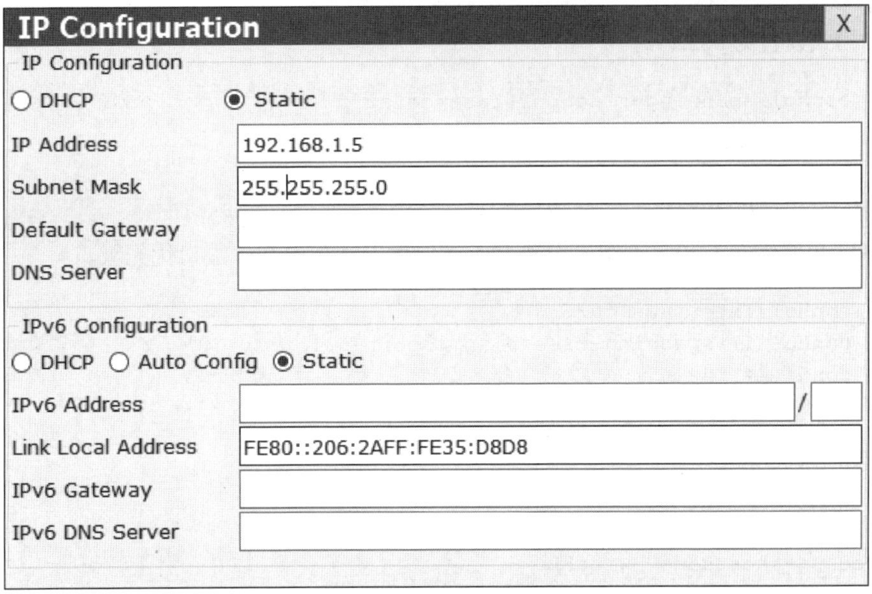

图 4-12 配置 PC1 主机的 IP 地址与子网掩码

配置 PC2 主机的 IP 地址与子网掩码如图 4-13 所示。

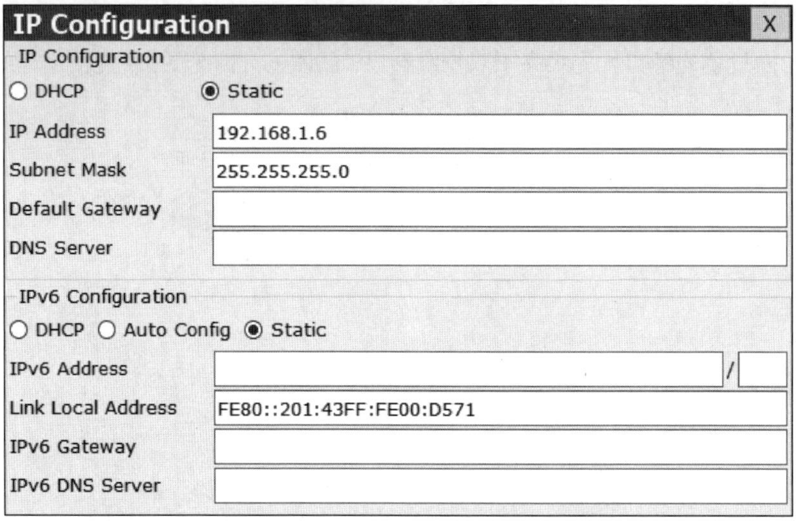

```
IP Configuration                                    X
 IP Configuration
  ○ DHCP            ● Static
  IP Address        192.168.1.6
  Subnet Mask       255.255.255.0
  Default Gateway
  DNS Server
 IPv6 Configuration
  ○ DHCP  ○ Auto Config  ● Static
  IPv6 Address                                    /
  Link Local Address  FE80::201:43FF:FE00:D571
  IPv6 Gateway
  IPv6 DNS Server
```

图 4-13　配置 PC2 主机的 IP 地址与子网掩码

2）配置交换机快速生成树

（1）交换机 SwitchA：

①配置主机名。

```
Switch(config)#hostname SwitchA
```

②启用交换机快速生成树协议。

```
SwitchA(config)#spanning-tree mode rapid-pvst
```

③生成树模式设置为 802.1W。

```
SwitchA(config)#spanning-tree portfast default
```

④ SwitchA 为根交换机，设置 SwitchA 优先级高于 SwitchB。

```
SwitchA(config)#spanning-tree vlan 1 priority 4096
```

⑤为使端口 f0/6 优先于 f0/5 工作，设置 f0/6 端口优先级高于 f0/5 端口优先级。

```
SwitchA(config)#interface f0/6
SwitchA(config-if)#spanning-tree vlan 1 port-priority 32
SwitchA(config-if)#exit
SwitchA(config)#
```

（2）交换机 SwitchB：

①配置主机名。

```
Switch(config)#hostname SwitchB
```

②启用交换机快速生成树协议。

```
SwitchB(config)#spanning-tree mode rapid-pvst
```

③生成树模式设置为 802.1d。

SwitchB（config）#spanning-tree mode pvst

④为使端口 f0/6 优先于 f0/5 工作，需设置 f0/6 端口优先级高于 f0/5 端口优先级。

SwitchB（config）#interface f0/6

SwitchB（config-if）#spanning-tree vlan 1 port-priority 32

SwitchB（config-if）#exit

SwitchB（config）#

默认值：STP Priority 32768，STP port Priority 128。

3）查看交换机快速生成树配置情况

交换机快速生成树配置情况如图 4-14 所示。

```
SwitchA#show spanning-tree
VLAN0001
  Spanning tree enabled protocol rstp
  Root ID    Priority    4097
             Address     000A.41A5.A5C3
             This bridge is the root
             Hello Time  2 sec  Max Age 20 sec  Forward Delay 15 sec

  Bridge ID  Priority    4097   (priority 4096 sys-id-ext 1)
             Address     000A.41A5.A5C3
             Hello Time  2 sec  Max Age 20 sec  Forward Delay 15 sec
             Aging Time  20

Interface        Role Sts Cost      Prio.Nbr Type
---------------- ---- --- --------- -------- --------------------------------
Fa0/6            Desg FWD 19        32.6     P2p
Fa0/1            Desg FWD 19        128.1    P2p
Fa0/5            Desg FWD 19        128.5    P2p
```

```
SwitchB#show spanning-tree
VLAN0001
  Spanning tree enabled protocol rstp
  Root ID    Priority    32769
             Address     0007.ECBA.9A93
             This bridge is the root
             Hello Time  2 sec  Max Age 20 sec  Forward Delay 15 sec

  Bridge ID  Priority    32769   (priority 32768 sys-id-ext 1)
             Address     0007.ECBA.9A93
             Hello Time  2 sec  Max Age 20 sec  Forward Delay 15 sec
             Aging Time  20

Interface        Role Sts Cost      Prio.Nbr Type
---------------- ---- --- --------- -------- --------------------------------
Fa0/6            Desg FWD 19        32.6     P2p
Fa0/5            Desg FWD 19        128.5    P2p
Fa0/1            Desg FWD 19        128.1    P2p
```

图 4-14　交换机快速生成树配置情况

4.3.3 交换机聚合端口的建立实训

视频

交换机聚合端口的建立实训

1. 实训目标

（1）理解交换机链路聚合功能。

（2）掌握查看链路聚合命令。

2. 实训任务

学校校区分为南北两校区，南北两校区之间通过两台交换机组成一个局域网，由于很多数据流量是跨过这两台交换机进行转发的，为了提高带宽，要求在两台交换机之间连接两条网线，希望既能够提高链路带宽，又能提供冗余链路。

3. 任务分析

在交换机上创建一个 port-channel 1，然后将相应端口分配到 port-channel 1 中，并将 port-channel 1 设置为 Trunk 模式，以便级联端口能够通过多个 VLAN，如图 4-15 所示。

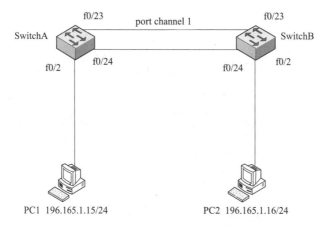

图 4-15 交换机链路聚合网络拓扑结构

4. 任务实施

1）配置各 PC 的 IP 地址

在 Packet Tracer 中单击 PC1 按钮，在弹出的窗口中选择"桌面"选项卡下的"IP 地址配置"选项，出现如图 4-16 所示的对话框，然后设置 PC1 的 IP 地址与子网掩码，按照同样方法设置其他 PC 的 IP 地址与子网掩码。由于所有计算机在同一网段，因此不需要配置网关。

配置 PC2 主机的 IP 地址与子网掩码如图 4-17 所示。

2）配置交换机端口聚合

（1）交换机 SwitchA：

①创建一个 port-channel 1，并设置逻辑端口 port-channel 1 为 Trunk。

```
Switch(config)#interface port-channel 1
Switch(config-if)#switchport mode trunk
```

②将物理端口分配到 port-channel 1。

```
Switch(config)#interface range f0/23 - 24
```

第 4 章 生成树技术与链路聚合

```
Switch(config-if-range)#channel-group 1 mode on
```

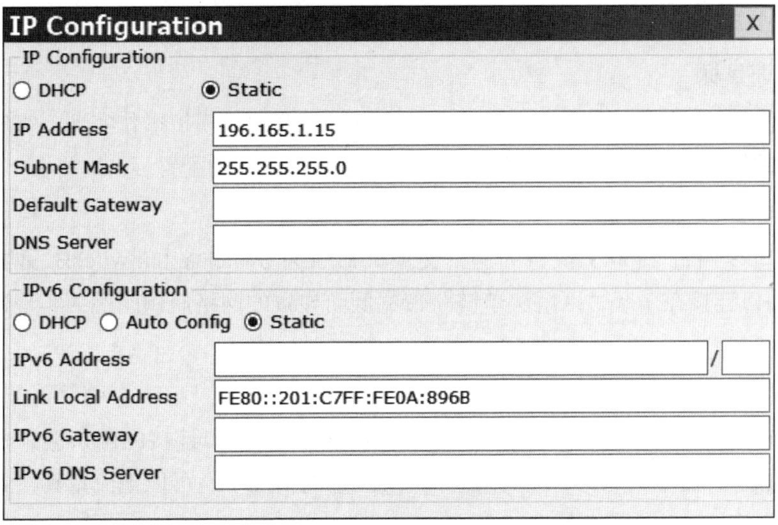

图 4-16 配置 PC1 主机的 IP 地址与子网掩码

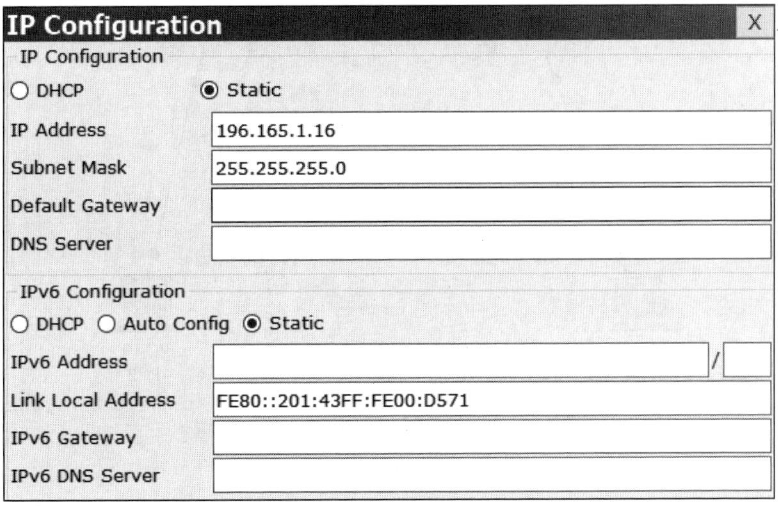

图 4-17 配置 PC2 主机的 IP 地址与子网掩码

③返回到全局配置模式。

```
Switch(config-if-range)#exit
Switch(config)#
```

④将级联端口模式改为 trunk。

```
Switch(config)#interface port-channel 1
Switch(config-if)#switchport mode trunk
```

（2）交换机 SwitchB 同样配置。

4.3.4 端口聚合 EtherChannel 配置实训

端口聚合 EtherChannel 配置实训

1. 实训目标

（1）使用 Cisco Packet Tracer 模拟软件，打开配套项目模拟操作实训，完成实训内容要求。

（2）掌握 EtherChannel 的工作原理以及 EtherChannel 的配置。

2. 实训任务

本项目以两台 2960 交换机为例，交换机命名为 SwitchA 和 SwitchB，两台交换机的 f0/23 和 f0/24 端口连接在一起，以解决单链路带宽低而导致的网络瓶颈问题，实现带宽增加和冗余链路的作用。

3. 任务分析

通过 EtherChannel（以太通道），两台交换机 f0/23 和 f0/24 端口连接的两条链路在正常情况下可以起到负载均衡分配流量的作用，在其中一条链路出现故障的情况下，可以把流量转移到其他链路上。

端口聚合 EtherChannel 配置如图 4-18 所示。

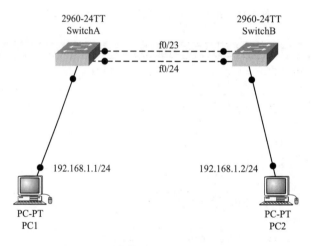

图 4-18　端口聚合 EtherChannel 配置

4. 任务实施

构成 EtherChannel 的端口必须具有相同的特性，如相同的双工模式、速度和 Trunk 的状态等。

配置 EtherChannel 有手动配置和自动配置（PAgP 和 LAcP）两种方法，自动配置就是让 EtherChannel 协商协议自动协商 EtherChannel 的建立。

（1）交换机 SwitchA 和 SwitchB 的配置：

交换机 SwitchA 的配置如下：

```
Switch#configure terminal
Switch(config)#hostname SwitchA
SwitchA(config)#interface port-channel 1
```

以上是创建以太通道，要指定一个唯一的通道组号，组号范围是 1～6 的正整数。要取消 Ether

Channel 时用 "no interface port-channel 1"

```
SwitchA(config)#interface f0/23
SwitchA(config-if)#channel-group 1 mode on
SwitchA(config-if)#exit
SwitchA(config)#interface f0/24
SwitchA(config-if)#channel-group 1 mode on
SwitchA(config-if)#exit
SwitchA(config)#interface port-channel 1
SwitchA(config-if)#switchport mode trunk
```

交换机 SwitchB 的配置如下:

```
Switch#configure terminal
Switch(config)#hostname SwitchB
SwitchB(config)#interface port-channel 1
SwitchB(config-if)#exit
SwitchB(config)#interface f0/23
SwitchB(config-if)#channel-group 1 mode on
SwitchB(config-if)#exit
SwitchB(config)#interface f0/24
SwitchB(config-if)#channel-group 1 mode on
SwitchB(config-if)#exit
SwitchB(config)#interface port-channel 1
SwitchB(config-if)#switchport mode trunk
SwitchB(config-if)#exit
SwitchB(config)#port-channel load-balance dst-mac
SwitchB(config)#
```

(2) 查看 etherchannel 信息。在特权模式下输入 show etherchannel summary 查看 etherchannel 信息, 如图 4-19 所示。

```
SwitchA#show etherchannel summary
Flags:  D - down         P - in port-channel
        I - stand-alone  s - suspended
        H - Hot-standby (LACP only)
        R - Layer3       S - Layer2
        U - in use       f - failed to allocate aggregator
        u - unsuitable for bundling
        w - waiting to be aggregated
        d - default port


Number of channel-groups in use: 1
Number of aggregators:           1

Group  Port-channel  Protocol    Ports
------+-------------+-----------+-----------------------

1      Po1(SU)          -        Fa0/23(P) Fa0/24(P)
```

图 4-19 etherchannel 配置信息

经验提示：
（1）配置 EtherChannel 协议时，先连接一条电缆，配置完成后再接另一条电缆，不然双链路会不通。
（2）EtherChannel 协议可以实现 100 Mbit/s 最多支持 8 条汇聚链路，1 000 Mbit/s 最多支持 2 条汇聚链路。
注：两台 PC 的地址和掩码分别为 192.168.1.1，255.255.255.0 和 192.168.1.2，255.255.255.0。

习 题

一、选择题

1. 关于根网桥的选举，下面描述（　　）是正确的。
   A. 网桥 ID 值最大的成为根网桥　　　　　　B. 网桥 ID 值最小的成为根网桥
   C. 网桥优先级值最大的成为根网桥　　　　D. 网桥 MAC 地址值最小的成为根网桥
2. 某网段指定网桥的选举，下面描述（　　）是正确的。
   A. 到根网桥开销最大的网桥，最可能成为指定网桥
   B. 到根网桥开销一样的两个网桥中，网桥 ID 值小的更可能成为指定网桥
   C. 到根网桥开销一样、网桥 ID 也一样的两个网桥中，网桥端口号大的更可能成为指定网桥
   D. 网桥 ID 值最小的就是指定网桥
3. 下列描述中正确的是（　　）。
   A. VTP 协议可以解决网络中的环路问题　　B. STP 协议可以解决网络中的环路问题
   C. HDLC 协议可以解决网络中的环路问题　D. 802.1q 协议可以解决网络中的环路问题
4. 下面的命令中，（　　）是正确的。
   A. Switch#spanning-tree enable
   B. Switch（config）#spanning-tree vlan 10 root primary
   C. Switch（config-if）#spanning-tree vlan 10 priority 4098
   D. Switch（config-if）#spanning-tree backbonefast
5. 下面的命令中，（　　）是正确的。
   A. Switch#spanning-tree vlan 1 port-priority 16
   B. Switch（config）#spanning-tree vlan 1 port-priority 256
   C. Switch（config-if）#spanning-tree vlan 1 port-priority 16
   D. Switch（config-if）#spanning-tree vlan 1 port-priority 256

二、简答题

1. 什么是生成树协议？
2. 简述生成树的工作原理。
3. 简述链路聚合的优点。
4. 新交换机 Catalyst 3560 和 Catalyst 2960 通过各自的 f0/24 进行 Trunk 连接，将 Catalyst 3560 指定为根网桥，将 Catalyst 2960 的所有连接计算机的端口指定为 portfast 端口，请给出相关配置。

第 5 章

交换机 DHCP 技术

DHCP 使服务器能够动态地为网络中的其他服务器提供 IP 地址，通过使用 DHCP，就可以不给 Intranet 网中除服务器外的任何客户机设置和维护静态 IP 地址。使用 DHCP 可以大大简化配置客户机的 TCP/IP 的工作，尤其是当某些 TCP/IP 参数改变时，如网络的大规模重建而引起的 IP 地址和子网掩码的更改。

5.1 DHCP 概述

1. DHCP 简介

DHCP 是 dynamic host configuration protocol 的缩写，称为动态主机配置协议，是一种简化主机 IP 地址配置和管理的协议。利用该协议，允许 DHCP 服务器向客户机提供 IP 地址和其他相关配置信息（子网掩码、默认网关、DNS 服务器地址、IP 地址租用期等）。

DHCP 属于应用层协议，在传输层使用 UDP 工作。DHCP 服务器使用 UDP 67 号端口提供相应的服务，DHCP 客户机使用 UDP 68 号端口与服务器通信。DHCP 采用客户端/服务器（C/S）模型，DHCP 服务器属于服务端，客户机属于客户端。

在网络管理中，通过配置使用 DHCP 服务，可以让 DHCP 客户机在每次启动后自动获取 IP 地址和相关网络配置参数，减少手工静态配置 IP 地址的工作量。

2. DHCP 服务实现的几种途径

DHCP 服务可以利用三层交换机或路由器来配置实现，即 IOS DHCP 实现方式，也可采用 Windows Server 或 Linux Server 操作系统，通过安装配置 DHCP 服务器来实现。

3. DHCP 工作原理

当客户机的 IP 地址获取方式设置为"自动获得 IP 地址"时，才会向 DHCP 服务器申请分配 IP 地址。申请获得的 IP 地址有一个租用期，在租用期内，都会固定获得该 IP 地址。

当客户机设置为自动获得 IP 地址时，并在租用期内首次接入网络时，客户机就会向网络以广播方式发出一个发现报文（DISCOVER），请求租用 IP 地址，然后处于选择状态。报文中源 IP 地址为 0.0.0.0，目的地址为 255.255.255.255，即以广播方式发送报文。网络中的每台客户机都会收到该报文，但只有 DHCP 服务器才会响应该报文。发现报文中包含源主机的 MAC 地址和计算机名，DHCP 报文解码中的 CLIENT HARDWARE ADDRESS 就是客户机的 MAC 地址。

第 1 个发现报文的等待时间预设为 1 s，发出该报文后 1 s 之内，如果没有收到响应报文，则会发出第 2 个发现报文，第 2 个报文的等待时间为 9 s。第 3 个报文和第 4 个报文的等待时间分别为 13 s 和 16 s。如果 4 次发送都没有收到响应报文，则宣告发送失败，5 min 之后将再次重试。

DHCP 服务器收到发现报文之后，将从 IP 地址池中为其分配一个未使用的 IP 地址，以广播形式响应 DHCP 客户机一个提供报文（OFFER），提供报文中包含了 DHCP 服务器分配给客户机的 IP 地址信息。如果网络中有多台 DHCP 服务器，则这些 DHCP 服务器都会给客户机回复提供报文。

如果客户机收到多个 DHCP 提供报文，则会选择最先抵达的提供报文，然后以广播形式发出 DHCP 请求报文（REQUEST），表明自己已接收了一个 DHCP 服务器提供的 IP 地址，并向 DHCP 服务器请求获取参数配置信息（子网掩码、默认网关、DNS 服务器地址、租用时间等）。广播报文中包含了所接收的 IP 地址和服务器的 IP 地址，然后进入请求状态。

DHCP 服务器收到请求报文后，会将网络参数配置信息放入确认报文（ACK）中，并以广播方式回复给 DHCP 客户机，以确认 IP 租约正式生效，这样客户机就可使用 DHCP 服务器为其分配的 IP 地址了，客户机进入稳定的绑定状态。其他的 DHCP 服务器收到请求广播报文之后，如果发现客户机没有选择使用自己所提供的 IP 地址，则收回为其分配的 IP 地址。

在租用期内，DHCP 客户机下次接入网络时，就不用再发送发现报文了，而是直接发送包含前一次所分配得到的 IP 地址的请求报文。当 DHCP 服务器收到该报文后，它将尝试让 DHCP 客户机继续使用原来的 IP 地址，并响应一个确认报文。如果该 IP 地址已被其他客户机占用无法再分配，则响应一个否定报文（NAK）。客户机收到否定报文后，将重新发起发现报文，重新申请分配新的 IP 地址。

DHCP 报文的交互过程如图 5-1 所示。在 DHCP 客户机和 DHCP 服务器之间交互的报文，除了以上基本交互过程的报文之外，还存在以下类型。

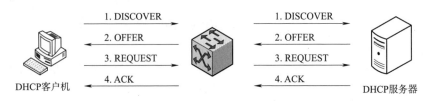

图 5-1 DHCP 报文的交互过程

（1）DHCP 客户机发出释放报文（RELEASE），告知 DHCP 服务器终止 IP 地址租用，回收 IP 地址。

（2）DHCP 服务器发出否定报文（NAK），回复 DHCP 客户机地址申请失败。请求的 IP 地址有误，或者租用期已过期。

（3）DHCP 客户机发出谢绝报文（DECLINE），告知 DHCP 服务器该地址存在冲突，不可使用。

另外，如果 DHCP 客户机和 DHCP 服务器不在同一个子网内，则申请地址需要 DHCP 中继的支持。利用 DHCP 中继代理的跨广播域转发 DHCP 报文，就能实现在 DHCP 客户机和 DHCP 服务器之间收发 DHCP 报文。VLAN 接口通过配置指定 DHCP 服务器地址，可起到 DHCP 中继的作用。

因为 DHCP 是广播数据包，所以它不能跨过三层设备。当 DHCP 服务器和要自动获取 IP 地址的设备中间隔了层设备时就必须通过 DHCP 中继帮助把 DHCP 广播数据包转换成单播数据包发送到三层设备下，并联到要自动获取 IP 地址 PC 的上联口。

5.2 DHCP 配置命令

1. 启用 DHCP 服务与中继代理

配置命令如下：

```
service dhcp
```

该命令在全局配置模式下执行，如果要关闭 DHCP 服务与中继代理，执行 no service dhcp 命令。

2. 配置地址池

DHCP 的地址分配和给客户机传送的网络配置参数，都需要在 DHCP 地址池中进行定义。如果没有配置 DHCP 地址池，即使启用了 DHCP 服务，也不能对客户机进行地址分配，不过 DHCP 中继代理可以生效。

配置 DHCP 地址池由多条相关命令共同完成。首先定义地址池的名称并进入地址池配置模式。在该子模式下，再用相关命令配置地址池的 IP 地址、默认网关、DNS 服务器地址和地址租用期等相关配置信息。

1）定义地址池名称

配置命令如下：

```
ip dhcp pool pool_name
```

该命令在全局配置模式下执行，执行后将进入地址池配置模式。pool_name 代表要创建定义的地址池的名称，可自定义。由于每个网段都要定义对应的地址池，因此命名时可添加 VLAN 号信息，以便知道是哪个 VLAN 对应的地址池。

例如，如果要为 VLAN 10 定义名为 teacher_vlan10 的地址池，则配置命令如下：

```
Switch#config terminal
Switch(config)#ip dhcp pool teacher_vlan10
Switch(dhcp-config)#
```

2）定义地址池网段

配置命令如下：

```
network subnet mask
```

该命令在地址池配置模式下执行,用于配置动态分配的地址段,subnet 代表网段地址,mask 为对应的子网掩码。

例如,假设 VLAN 10 的网段地址为 192.168.1.0/24,则配置命令如下:

```
Switch(dhcp-config)#network 192.168.1.0 255.255.255.0
```

3)配置指定默认网关地址

配置命令如下:

```
default-router gateway
```

该命令在地址池配置模式下执行,用于配置指定该网段的默认网关地址。例如,如果 VLAN 10 的网关地址为 198.168.1.1/24,则配置命令如下:

```
Switch(dhcp-config)#default-router 198.168.1.1
```

4)配置指定 DNS 服务器地址

配置命令如下:

```
dns-server dns-address
```

该命令在地址池配置模式下执行,用于配置指定客户机进行域名解析所使用的 DNS 服务器的 IP 地址。通常使用互联网服务商提供的 DNS 服务器地址,以加快域名解析的速度。

例如,如果 VLAN 10 要指定的 DNS 服务器地址为 68.128.198.100,则配置命令如下:

```
Switch(dhcp-config)#dns-server 68.128.198.100
```

5)配置地址租用期

配置命令如下:

```
lease days hours minutes|infinite
```

该命令在地址池配置模式下执行,用于配置地址租用期,允许以日、时、分为单位进行配置,默认地址租用期为 1 天。如果设置为 infinite,则表示不限时间,可长期使用。

如果要设置地址租用期为 2 天,则配置命令如下:lease 2。

如果要设置地址租用期为 9 小时 30 分,则配置命令如下:lease 0 9 30。

3. 定义从地址池要排除的地址

地址池定义的是一个地址段,通常这个地址段中会有一些 IP 地址有其他用途,不能分配给网段内的用户主机使用,比如网关地址、交换机使用的管理地址等,这些地址需要从地址池中排除,其配置命令如下:

```
ip dhcp excluded-address low-ip-address high-id-address
```

该命令在全局配置模式下执行,一条命令配置指定一个连续的地址范围。如果有多个连续的地址范围需要排除,则重复使用该条配置命令依次配置指定即可。

例如,如果要排除 teacher_vlan 地址池中 198.168.1.0~198.168.1.19 和 198.168.1.240~198.168.1.255

的地址，则配置命令如下：

```
Switch(config)#ip dhcp excluded-address 198.168.1.0 198.168.1.19
Switch(config)#ip dhcp excluded-address 198.168.1.240 198.168.1.255
```

4. 配置 DHCP 中继

在网络中，可能会存在多个子网。DHCP 客户机通过网络广播消息获得 DHCP 服务器的响应后得到 IP 地址，但广播消息是不能跨越子网的。因此，如果 DHCP 客户机和服务器在不同的子网内，客户机还能不能向服务器申请 IP 地址呢？这就要用到 DHCP 中继代理。DHCP 中继代理实际上是一种软件技术，启用 DHCP 中继代理的设备称为 DHCP 中继代理服务器，它承担不同子网间的 DHCP 客户机和服务器的通信任务。

例如，交换机划分两个 VLAN，分别为 VLAN 10 和 VLAN 20。配置 DHCH 中继命令如下：

```
Switch(config)#interface vlan 10
Switch(config-if)#ip helper-address 20.18.1.8
Switch(config-if)#exit
Switch(config)#interface vlan 20
Switch(config-if)#ip helper-address 20.18.1.8
Switch(config-if)#end
Switch#
```

5.3 交换机 DHCP 技术实训

5.3.1 交换机 DHCP 服务实训

1. 实训目标

（1）熟悉交换机 DHCP 服务设置的基本原理及用途。

（2）掌握交换机 DHCP 的配置方法。

2. 实训任务

交换机DHCP服务实训

你是某公司的网络管理员，为了减少网络编址的复杂性和手工配置 IP 地址的工作量，决定内部配置一台 DHCP 服务器为局域网客户端自动分配 IP 地址，以避免出现 IP 地址冲突的情况。公司有两个部门，分别是技术部和业务部，分别处于 VLAN 10 和 VLAN 20 中，通过三层交换机，可以从 DHCP 服务器中自动分配到 IP 地址、网关和 DNS（DHCP 服务器的 IP 地址为 202.103.224.65），可以相互访问并且可以访问互联网。

3. 任务分析

利用三层交换机的 DHCP 服务功能并作为 DHCP 服务器，为客户端分配 IP 地址以节省资源，使各计算机在子网间移动时也不用频繁地设置 IP 信息，从而避免 IP 地址冲突等情况。需要配置三层交换机 DHCP 服务，给客户分配 IP 地址、网关和 DNS 等参数。三层交换机 DHCP 服务如图 5-2 所示。

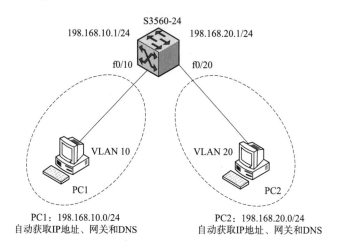

图 5-2 三层交换机 DHCP 服务

4. 任务实施

1）配置各 PC 的 IP 地址

在 Packet Tracer 中单击 PC1 按钮，在弹出的窗口中选择"桌面"选项卡下的"IP 地址配置"选项，出现如图 5-3 所示的对话框，然后选择 DHCP，设置 PC1 为"自动获取"，按照同样方法完成其他 PC 的 IP 设置。

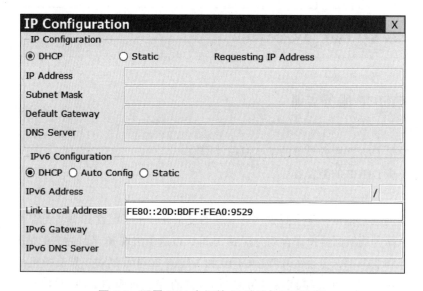

图 5-3 配置 PC1 主机的 IP 地址与子网掩码

PC2 主机的 IP 设置如图 5-4 所示。

2）配置交换机 VLAN 参数

（1）开启三层交换机路由功能。

```
Switch#configure terminal
Switch(config)#ip routing
```

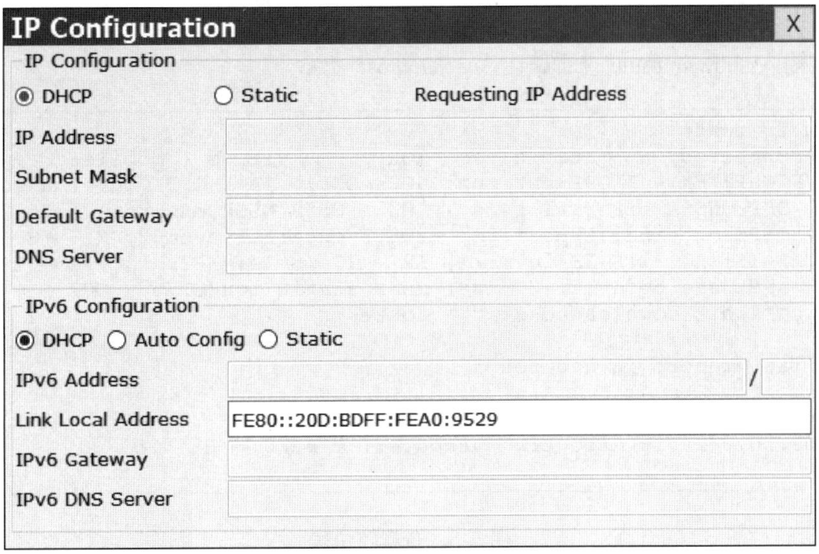

图 5-4 PC2 主机的 IP 设置

（2）建立 VLAN，并分配端口。

```
Switch(config)#vlan 10
Switch(config-vlan)#name teacher
Switch(config-vlan)#exit
Switch(config)#vlan 20
Switch(config-vlan)#name student
Switch(config-vlan)#exit
Switch(config)#interface f0/10
Switch(config-if)#switchport mode access
Switch(config-if)#switchport access vlan 10
Switch(config-if)#exit
Switch(config)#interface f0/20
Switch(config-if)#switchport mode access
Switch(config-if)#switchport access vlan 20
Switch(config-if)#exit
Switch(config)#
```

（3）配置三层交换机端口的路由功能。

```
Switch(config)#interface vlan 10
Switch(config-if)#ip address 198.168.10.1 255.255.255.0
Switch(config-if)#no shutdown
Switch(config-if)#exit
Switch(config)#interface vlan 20
Switch(config-if)#ip address 198.168.20.1 255.255.255.0
Switch(config-if)#no shutdown
Switch(config-if)#end
Switch#
```

(4)查看路由表。

在特权模式输入 show ip route 查看路由表,如图 5-5 所示。

```
Switch#show ip route
Codes: C - connected, S - static, I - IGRP, R - RIP, M - mobile, B - BGP
       D - EIGRP, EX - EIGRP external, O - OSPF, IA - OSPF inter area
       N1 - OSPF NSSA external type 1, N2 - OSPF NSSA external type 2
       E1 - OSPF external type 1, E2 - OSPF external type 2, E - EGP
       i - IS-IS, L1 - IS-IS level-1, L2 - IS-IS level-2, ia - IS-IS inter area
       * - candidate default, U - per-user static route, o - ODR
       P - periodic downloaded static route

Gateway of last resort is not set

C    198.168.10.0/24 is directly connected, Vlan10
C    198.168.20.0/24 is directly connected, Vlan20
Switch#
```

图 5-5 查看路由表

(5)测试三层交换机 VLAN 间路由功能。

3)配置交换机 DHCP 服务

(1)配置三层交换机端口的路由功能。

```
Switch#configure terminal
Switch(config)#ip dhcp pool teacher
Switch(dhcp-config)#network 198.168.10.0 255.255.255.0
Switch(dhcp-config)#default-router 198.168.10.1
Switch(dhcp-config)#dns-server 202.103.224.65
Switch(dhcp-config)#exit
Switch(config)#ip dhcp pool student
Switch(dhcp-config)#network 198.168.20.0 255.255.255.0
Switch(dhcp-config)#default-router 198.168.20.1
Switch(dhcp-config)#dns-server 202.103.224.65
Switch(dhcp-config)#end
Switch#
```

(2)查看 DHCP 信息,如图 5-6 所示。

```
Switch#show ip dhcp  binding
IP address      Client-ID/              Lease expiration        Type
                Hardware address
198.168.10.2    000D.BDA0.9529          --                      Automatic
198.168.20.2    0001.64C6.1769          --                      Automatic
Switch#
```

图 5-6 查看 DHCP 信息

(3)测试三层交换机 DHCP 功能,PC1 主机自动获取 IP 地址等参数信息如图 5-7 所示,PC2 主机自动获取 IP 地址等参数信息如图 5-8 所示。

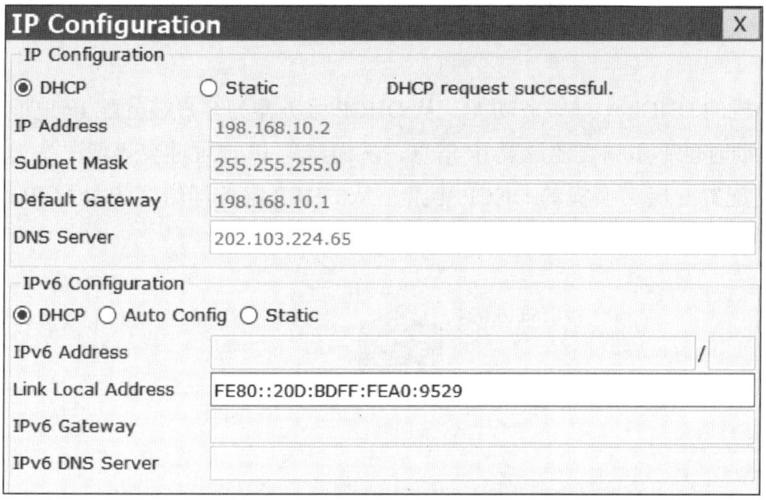

图 5-7　PC1 主机自动获取 IP 地址等参数信息

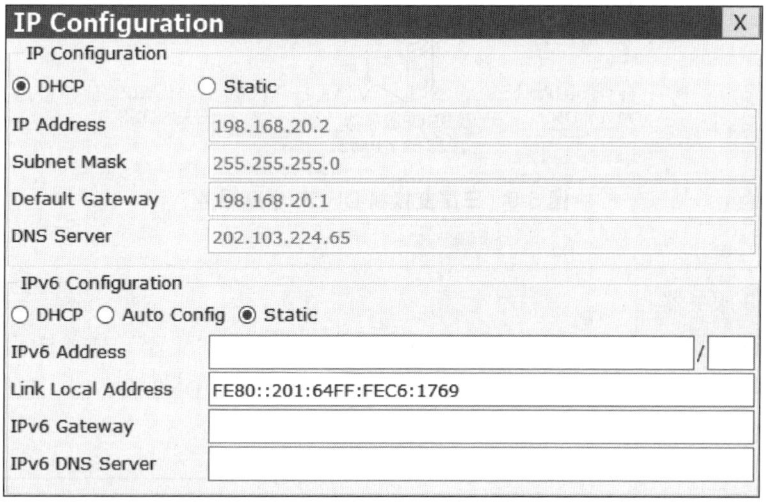

图 5-8　PC2 主机自动获取 IP 地址等参数信息

5.3.2　交换机 DHCP 中继服务实训

1. 实训目标

（1）熟悉交换机 DHCP 中继服务的用途。

（2）掌握交换机 DHCP 中继的配置方法。

交换机DHCP
中继服务实训

2. 实训任务

你是某公司的网络管理员，为了减少网络编址的复杂性和手工配置 IP 地址的工作量，决定内部配置一台 DHCP 服务器为局域网客户端自动分配 IP 地址，以避免出现 IP 地址冲突的情况。公司有两个部门，分别是技术部和业务部，分别处于 VLAN 10 和 VLAN 20 中，通过三层交换机，可以从 DHCP 服务器中自动分配到 IP 地址、网关和 DNS（DHCP 服务器的 IP 地址为 202.103.224.65），可以相互访问并且可以访问互联网。

3. 任务分析

利用三层交换机的 DHCP 中继服务功能，从 DHCP 服务器为客户端分配 IP 地址以节省资源，使各计算机在子网间移动时也不用频繁地设置 IP 信息，从而避免 IP 地址冲突等情况。为了使用户能够相互访问和上网，需要配置三层交换机的 DHCP 中继，从 DHCP 服务器给客户分配 IP 地址、网关和 DNS 等参数。三层交换机 DHCP 中继服务如图 5-9 所示。

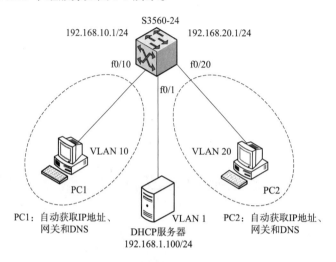

图 5-9　三层交换机 DHCP 中继服务

4. 任务实施

1）配置 DHCP 服务器

在 Packet Tracer 中单击 DHCP 服务器，在弹出的窗口中选择"配置"选项卡下的 DHCP 选项，出现如图 5-10 所示的对话框，然后新建两个地址池，设置默认网关、DNS 服务器、起始 IP 地址、子网掩码等，并开启 DHCP 服务器。

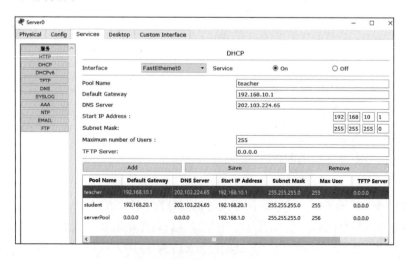

图 5-10　配置 DHCP 服务器

设置 DHCP 服务器的 IP 地址、子网掩码、网关如图 5-11 所示。

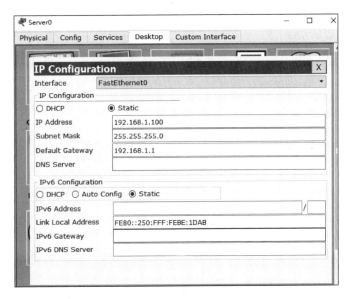

图 5-11 设置 DHCP 服务器的 IP 地址、子网掩码、网关

2）配置交换机 VLAN 参数

（1）开启三层交换机路由功能。

```
Switch#configure terminal
Switch(config)#hostname s3560
s3560(config)#ip routing
s3560(config)#
```

（2）建立 VLAN，并分配端口。

```
s3560(config)#vlan 10
s3560(config-vlan)#name teacher
s3560(config-vlan)#exit
s3560(config)#vlan 20
s3560(config-vlan)#name student
s3560(config-vlan)#exit
s3560(config)#vlan 1
s3560(config-vlan)#name Server
s3560(config-vlan)#exit
s3560(config)#interface f0/10
s3560(config-if)#switchport mode access
s3560(config-if)#switchport access vlan 10
s3560(config-if)#exit
s3560(config)#interface f0/20
s3560(config-if)#switchport mode access
s3560(config-if)#switchport access vlan 20
s3560(config-if)#exit
s3560(config)#
```

（3）配置三层交换机端口的路由功能。

```
s3560(config)#interface vlan 10
s3560(config-if)#ip address 192.168.10.1 255.255.255.0
s3560(config-if)#no shutdown
s3560(config-if)#exit
s3560(config)#interface vlan 20
s3560(config-if)#ip address 192.168.20.1 255.255.255.0
s3560(config-if)#no shutdown
s3560(config-if)#exit
s3560(config)#interface vlan 1
s3560(config-if)#ip address 192.168.1.1 255.255.255.0
s3560(config-if)#no shutdown
s3560(config-if)#end
s3560#
```

3）配置交换机 DHCP 中继服务

（1）配置三层交换机端口的路由功能。

```
s3560(config)#interface vlan 10
s3560(config-if)#ip helper-address 192.168.1.100
s3560(config-if)#exit
s3560(config)#interface vlan 20
s3560(config-if)#ip helper-address 192.168.1.100
s3560(config-if)#end
s3560#
```

（2）测试 PC 自动获取地址功能，如图 5-12 所示。

```
IP Configuration                                    X
 IP Configuration
 ● DHCP         ○ Static         DHCP请求成功.
 IP Address        192.168.10.2
 Subnet Mask       255.255.255.0
 Default Gateway   192.168.10.1
 DNS Server        202.103.224.65
 IPv6 Configuration
 ○ DHCP  ○ Auto Config  ● Static
 IPv6 Address                                    /
 Link Local Address  FE80::2D0:BCFF:FE48:65EE
 IPv6 Gateway
 IPv6 DNS Server
```

图 5-12　三层交换机 DHCP 中继服务 PC 自动获取地址信息

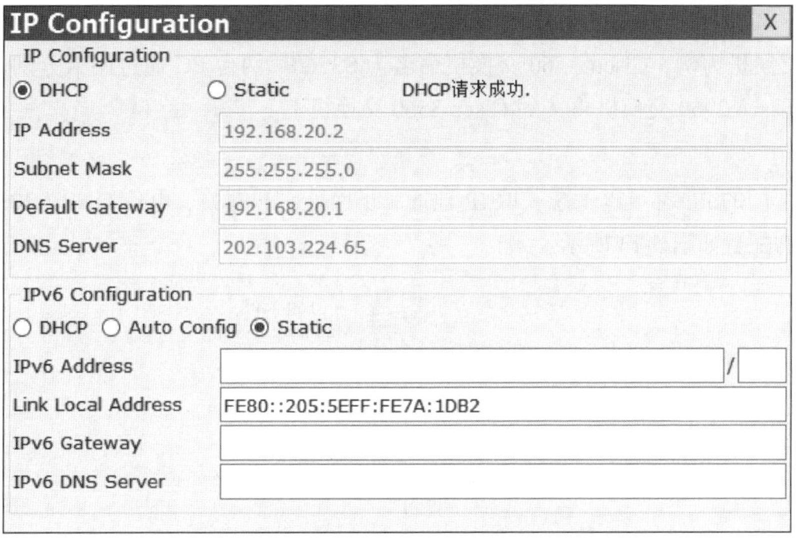

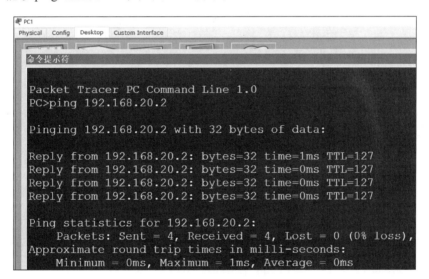

图 5-12　三层交换机 DHCP 中继服务 PC 自动获取地址信息（续）

主机 PC1 能够 ping 通主机 PC2，如图 5-13 所示。

图 5-13　主机 PC1 能够 ping 通主机 PC2

5.3.3　DHCP 协议的配置实训

1. 实训目标

（1）掌握 DHCP 协议的工作原理和工作过程。

（2）学会在三层交换机上配置 DHCP 服务和客户端配置。

2. 实训任务

某公司有两个部门，分别是采购部和财务部，两个部门分别属于不同子网（192.168.10.0/24 和

DHCP 协议的
配置实训

192.168.20.0/24）。要求网络管理员将他们的网络连接在一起，通过 DHCP 协议动态分配 IP 地址。以 Cisco 3560 三层交换机为例，Cisco 3560 交换机命名为 S3560。两台 PC 通过网卡分别连接到一台 Cisco 2960 交换机上，Cisco 2960 交换机再接到 Cisco 3560 交换机上。

3. 任务分析

该公司两个部门的 PC 都可以动态获取 IP 地址、子网掩码和网关、电信 DNS（200.108.168.65）。DHCP 协议的配置如图 5-14 所示。

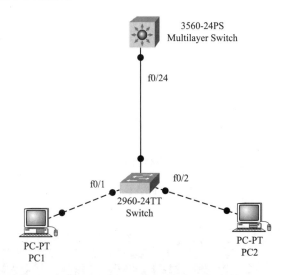

图 5-14　DHCP 协议的配置

本实训需要 Cisco 3560 三层交换机一台、Cisco 2960 二层交换机一台、PC 两台。

4. 任务实施

（1）配置三层交换机 Cisco 3560 提供 DHCP 服务。

```
Switch#configure terminal
Switch(config)#hostname S3560
S3560(config)#ip dhcp pool sale
S3560(dhcp-config)#network 192.168.10.0 255.255.255.0
S3560(dhcp-config)#default-router 192.168.10.1
S3560(dhcp-config)#dns-server 200.108.168.65
S3560(dhcp-config)#
```

（2）配置财务部（Finance）的 DHCP 服务。

```
S3560(config)#ip dhcp pool finance
S3560(dhcp-config)#network 192.168.20.0 255.255.255.0
S3560(dhcp-config)#default-router 192.168.20.1
S3560(dhcp-config)#dns-server 200.108.168.65
S3560(dhcp-config)#
```

（3）在三层交换机上配置两个虚拟网（vlan 10 和 vlan 20）。

```
S3560(config)#vlan 10
```

```
S3560(config-vlan)#exit
S3560(config)#vlan 20
S3560(config-vlan)#exit
S3560(config)#
```

（4）为两个虚拟 VLAN 接口配置 IP 地址。

```
S3560(config)#interface vlan 10
S3560(config-if)#ip address 192.168.10.1 255.255.255.0
S3560(config-if)#no shutdown
S3560(config-if)#exit
S3560(config)#interface vlan 20
S3560(config-if)#ip address 192.168.20.1 255.255.255.0
S3560(config-if)#no shutdown
S3560(config-if)#end
S3560#
```

（5）在 Cisco 2960 交换机上创建两个 VLAN，并将两个部门的 PC 划分到相应的 VLAN 端口中。

```
Switch(config)#vlan 10
Switch(config-vlan)#exit
Switch(config)#vlan 20
Switch(config-vlan)#exit
Switch(config)#interface f0/1
Switch(config-if)#switchport mode access
Switch(config-if)#switchport access vlan 10
Switch(config-if)#exit
Switch(config)#interface f0/2
Switch(config-if)#switchport mode access
Switch(config-if)#switchport access vlan 20
Switch(config-if)#end
Switch#
```

（6）开启三层交换机路由功能。

```
S3560(config)#ip routing
S3560(config)#end
S3560#
```

（7）配置 Cisco 3560 交换机和 Cisco 2960 交换机的级联端口 Trunk 模式。

```
S3560(config)#interface f0/24
S3560(config-if)#switchport trunk encapsulation dot1q
S3560(config-if)#switchport mode trunk
S3560(config-if)#end
S3560#
Switch(config)#interface f0/24
Switch(config-if)#switchport mode trunk
Switch(config-if)#end
Switch#
```

（8）设置客户端自动获取地址。PC1 主机自动获取 IP 地址等参数信息如图 5-15 所示，PC2 主机自动获取 IP 地址等参数信息如图 5-16 所示。

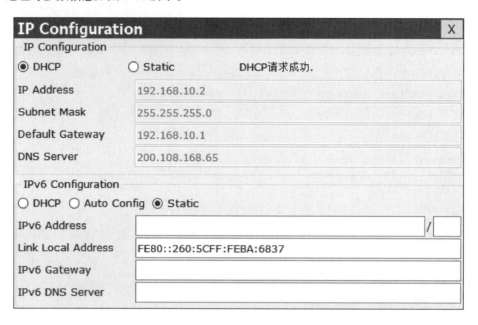

图 5-15　PC1 主机自动获取 IP 地址等参数信息

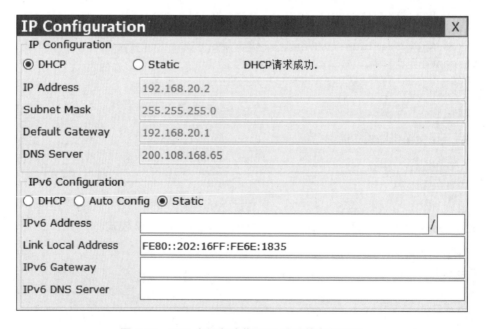

图 5-16　PC2 主机自动获取 IP 地址等参数信息

（9）实验测试：在客户端测试，在"命令提示符下"，执行 ipconfig 命令查看 IP 地址属性。使用 ping 命令测试两台 PC 主机的连通性，如图 5-17 所示。

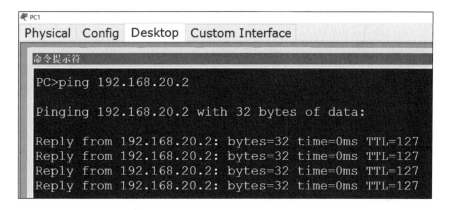

图 5-17　测试两台 PC 主机的连通性

（10）使用 show ip dhcp binding 命令查看 DHCP 的地址绑定情况，如图 5-18 所示。

```
S3560#show ip dhcp binding
IP address       Client-ID/              Lease expiration        Type
                 Hardware address
192.168.10.2     0060.5CBA.6837          --                      Automatic
192.168.20.2     0002.166E.1835          --                      Automatic
```

图 5-18　查看 DHCP 的地址绑定情况

经验提示：
（1）无论是三层交换机还是二层交换机上都应该创建相关 VLAN。
（2）在三层交换机上应启用路由功能：ip routing。
（3）在三层交换机上设置 Trunk 前需要封装 802.1q 协议。

5.3.4　DHCP 中继的配置实训

视　频
DHCP中继的
配置实训

1. 实训目标

学会使用三层交换机和 DHCP 中继代理技术解决多个 VLAN 共享同一 DHCP 服务器问题。

2. 实训任务

使用一台 DHCP 服务器（IP 地址为 192.168.0.100）、一台 Cisco 3560 三层交换机和一台二层交换机，有两台 PC 连接三层交换机，有两台 PC 连接 Cisco 2960 接入层交换机，在 Cisco 3560 和 Cisco 2960 上划分 VLAN，将接入层交换机端口分别加入 VLAN，各主机均使用 DHCP 自动获取 IP 地址。

3. 任务分析

服务器担任 DHCP 服务的角色，负责向所有 PC 主机动态分配 IP 地址、掩码、网关和 DNS 等参数，所以服务器需要定义四个地址池。四台 PC 主机分别获取各自 VLAN 的 IP 地址。

DHCP 中继的配置如图 5-19 所示。

本实训需要 Cisco 3560 一台、Cisco 2960 一台、服务器一台、PC 四台。

4. 任务实施

（1）配置三层交换机 Cisco 3560 的 VLAN、Trunk 等。

交换机与路由器的配置管理

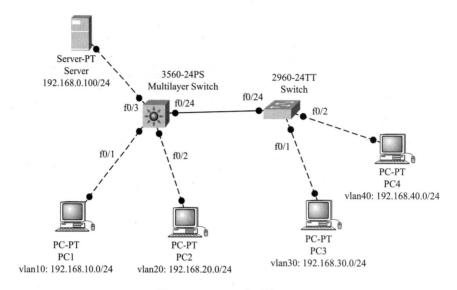

图 5-19　DHCP 中继的配置

```
Switch#configure terminal
Switch(config)#vlan 10
Switch(config-vlan)#name pool_vlan10
Switch(config-vlan)#exit
Switch(config)#vlan 20
Switch(config-vlan)#name pool_vlan20
Switch(config-vlan)#exit
Switch(config)#vlan 30
Switch(config-vlan)#name pool_vlan30
Switch(config-vlan)#exit
Switch(config)#vlan 40
Switch(config-vlan)#name pool_vlan40
Switch(config-vlan)#exit
Switch(config)#interface f0/1
Switch(config-if)#switchport mode access
Switch(config-if)#switchport access vlan 10
Switch(config-if)#exit
Switch(config)#interface f0/2
Switch(config-if)#switchport mode access
Switch(config-if)#switchport access vlan 20
Switch(config-if)#exit
Switch(config)#interface f0/24
Switch(config-if)#switchport trunk encapsulation dot1q
Switch(config-if)#switchport mode trunk
Switch(config-if)#
```

（2）配置三层交换机 Cisco 3560 的交换虚拟接口 IP 地址。

```
Switch(config)#interface vlan 10
Switch(config-if)#ip address 192.168.10.1 255.255.255.0
Switch(config-if)#no shutdown
```

```
Switch(config-if)#exit
Switch(config)#interface vlan 20
Switch(config-if)#ip address 192.168.20.1 255.255.255.0
Switch(config-if)#no shutdown
Switch(config-if)#exit
Switch(config)#interface vlan 30
Switch(config-if)#ip address 192.168.30.1 255.255.255.0
Switch(config-if)#no shutdown
Switch(config-if)#exit
Switch(config)#interface vlan 40
Switch(config-if)#ip address 192.168.40.1 255.255.255.0
Switch(config-if)#no shutdown
Switch(config-if)#end
Switch#
```

（3）配置三层交换机 Cisco 3560 的 VLAN 中继服务。

```
Switch(config)#interface vlan 10
Switch(config-if)#ip helper-address 192.168.0.100
Switch(config-if)#exit
Switch(config)#interface vlan 20
Switch(config-if)#ip helper-address 192.168.0.100
Switch(config-if)#exit
Switch(config)#interface vlan 30
Switch(config-if)#ip helper-address 192.168.0.100
Switch(config-if)#exit
Switch(config)#interface vlan 40
Switch(config-if)#ip helper-address 192.168.0.100
Switch(config-if)#exit
Switch(config)#interface vlan 1
Switch(config-if)#ip address 192.168.0.1 255.255.255.0
Switch(config-if)#no shutdown
Switch(config-if)#exit
Switch(config)#
```

（4）启用三层交换机 Cisco 3560 路由功能。

```
Switch(config)#ip routing
Switch(config)#
```

（5）配置二层交换机 Cisco 2960 的 VLAN、Trunk 等。

```
Switch#configure terminal
Switch(config)#vlan 30
Switch(config-vlan)#exit
Switch(config)# vlan 40
Switch(config-vlan)#exit
Switch(config)#interface f0/1
Switch(config-if)#switchport mode access
Switch(config-if)#switchport access vlan 30
Switch(config-if)#exit
```

```
Switch(config)#interface f0/2
Switch(config-if)#switchport mode access
Switch(config-if)#switchport access vlan 40
Switch(config-if)#exit
Switch(config)#interface f0/24
Switch(config-if)#switchport mode trunk
Switch(config-if)#end
Switch#
```

（6）配置 DHCP 服务器。设置 DHCP 服务器的 IP 地址，如图 5-20 所示。

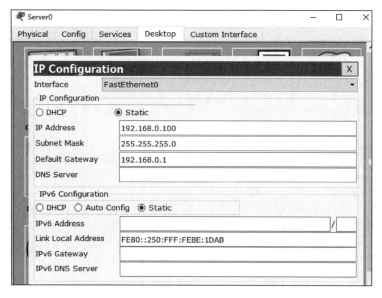

图 5-20　设置 DHCP 服务器的 IP 地址

在服务器上创建 DHCP 地址池，包括：IP 地址、掩码、网关（为该网段第一个 IP）、DNS（为电信 DNS：200.198.224.168）。DHCP 服务器设置如图 5-21 所示。

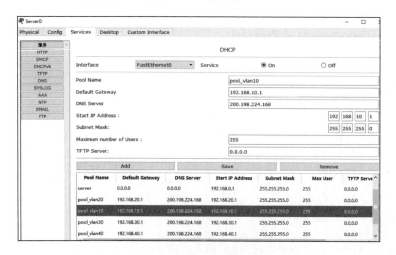

图 5-21　DHCP 服务器设置

（7）验证测试。设置客户端自动获取地址。PC1 主机自动获取 IP 地址等参数信息，如图 5-22 所示。

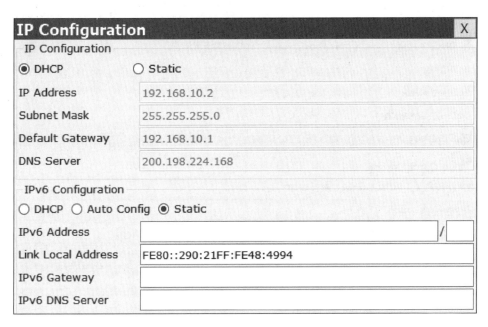

图 5-22　PC1 主机自动获取 IP 地址等参数信息

PC2 主机自动获取 IP 地址等参数信息，如图 5-23 所示。

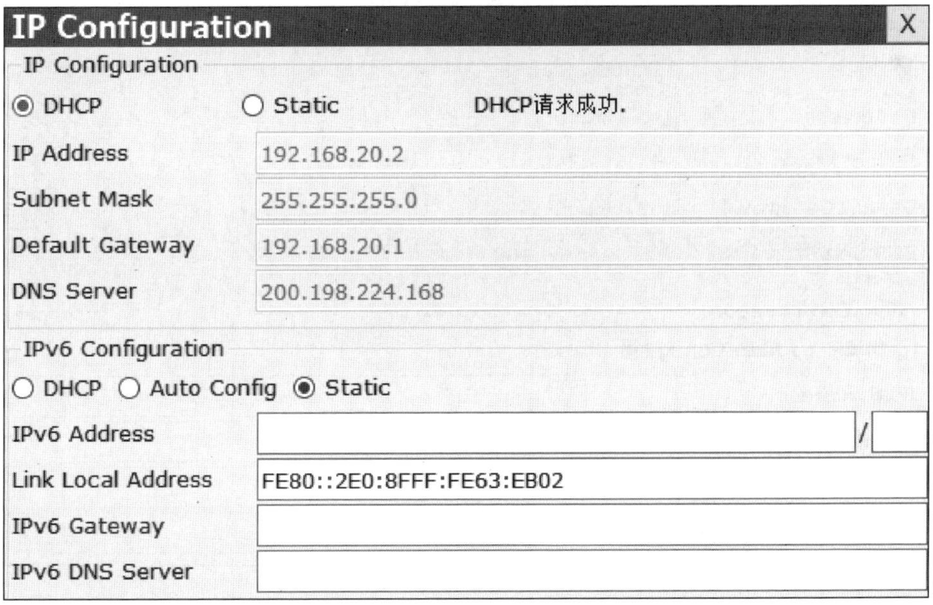

图 5-23　PC2 主机自动获取 IP 地址等参数信息

PC3 主机自动获取 IP 地址等参数信息，如图 5-24 所示。

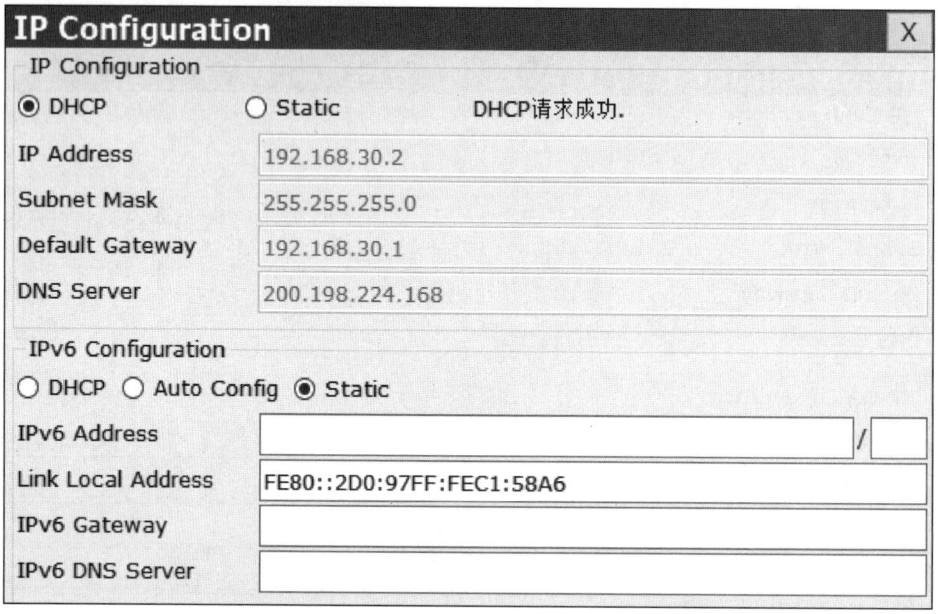

图 5-24　PC3 主机自动获取 IP 地址等参数信息

PC4 主机自动获取 IP 地址等参数信息，如图 5-25 所示。

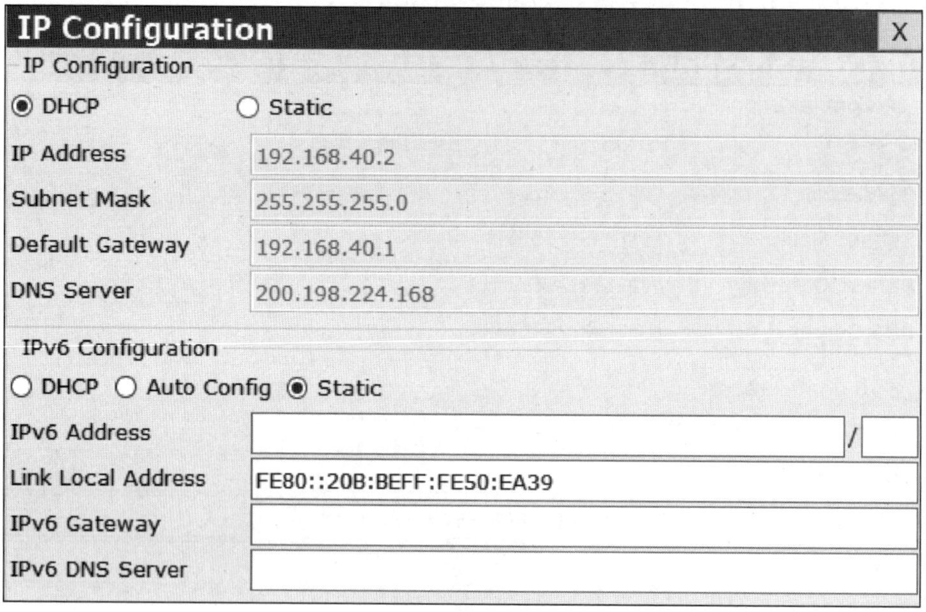

图 5-25　PC4 主机自动获取 IP 地址等参数信息

主机 PC1 能够 ping 通主机 PC2，如图 5-26 所示。

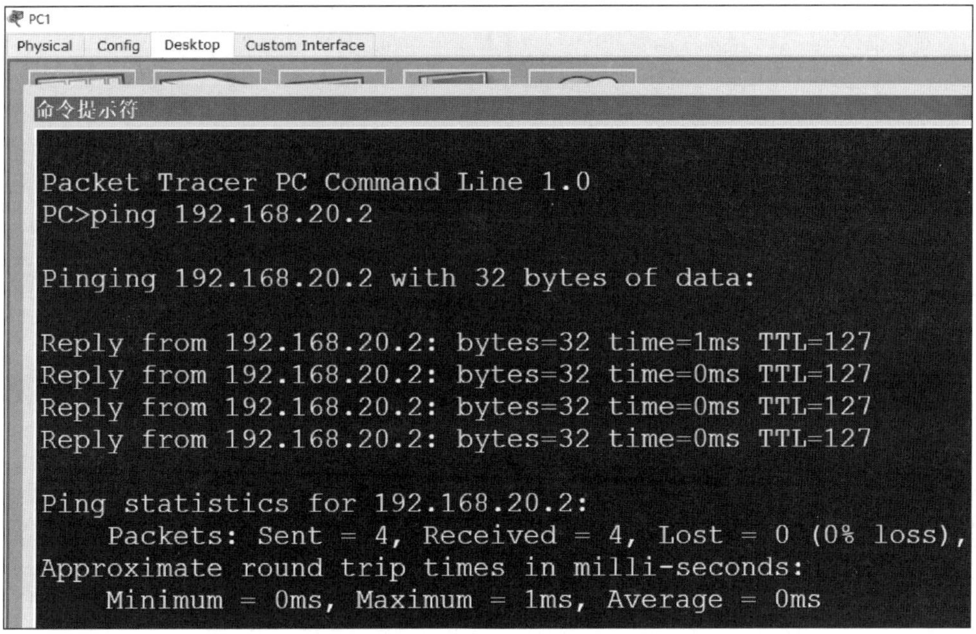

第 5 章 交换机 DHCP 技术

图 5-26 主机 PC1 能够 ping 通主机 PC2

主机 PC1 能够 ping 通主机 PC3，如图 5-27 所示。

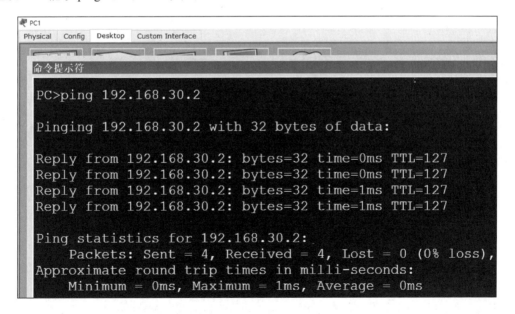

图 5-27 主机 PC1 能够 ping 通主机 PC3

主机 PC1 能够 ping 通主机 PC4，如图 5-28 所示。

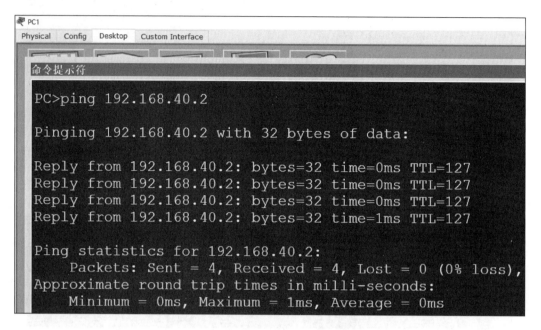

图 5-28 主机 PC1 能够 ping 通主机 PC4

主机 PC2 能够 ping 通主机 PC3，如图 5-29 所示。

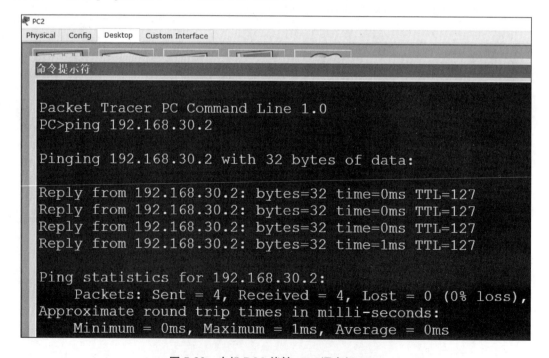

图 5-29 主机 PC2 能够 ping 通主机 PC3

主机 PC2 能够 ping 通主机 PC4，如图 5-30 所示。

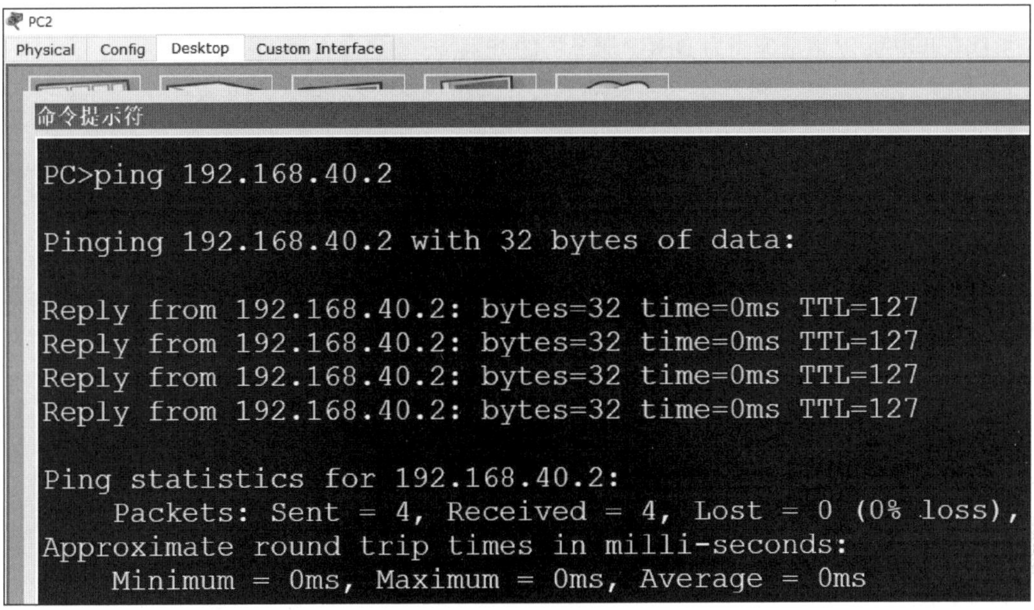

第 5 章 交换机 DHCP 技术

```
PC>ping 192.168.40.2

Pinging 192.168.40.2 with 32 bytes of data:

Reply from 192.168.40.2: bytes=32 time=0ms TTL=127
Reply from 192.168.40.2: bytes=32 time=0ms TTL=127
Reply from 192.168.40.2: bytes=32 time=0ms TTL=127
Reply from 192.168.40.2: bytes=32 time=0ms TTL=127

Ping statistics for 192.168.40.2:
    Packets: Sent = 4, Received = 4, Lost = 0 (0% loss),
Approximate round trip times in milli-seconds:
    Minimum = 0ms, Maximum = 0ms, Average = 0ms
```

图 5-30　主机 PC2 能够 ping 通主机 PC4

主机 PC3 能够 ping 通主机 PC4，如图 5-31 所示。

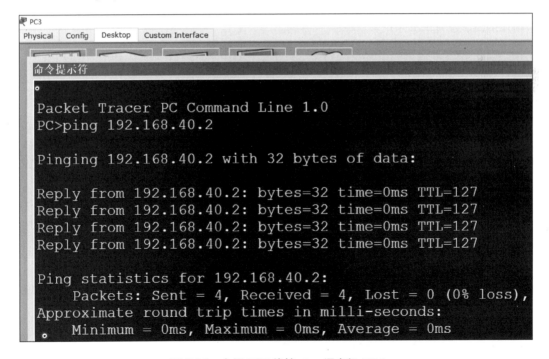

图 5-31　主机 PC3 能够 ping 通主机 PC4

经验提示：

（1）在 VLAN 上启用 DHCP 中继。

（2）DHCP 中断 IP 地址应当为 DHCP 服务器的 IP 地址。

习 题

一、选择题

1. DHCP 协议使用的传输协议、源端口号、目标端口号是（　　）。
   A. TCP 20 21　　　　　　　　　　B. TCP 67 68
   C. UCP 68 67　　　　　　　　　　D. UDP 67 68

2. 定义地址池名称的配置命令是（　　）。
   A. hostname pool_name　　　　　B. service dhcp
   C. ip dhcp pool pool_name　　　D. dns-server dns_address

二、简答题

1. 简述 DHCP 的工作原理及过程。
2. 简述 DHCP 配置命令及步骤。
3. 简述 DHCP 中继的工作原理及过程。
4. 简述 DHCP 中继配置命令及步骤。

第 6 章

路由器基本配置

什么是路由？路由就是指通过相互连接的网络，把信息从源点传输到目的地的活动。因此，路由可以理解为选路，选择一个将信息发往某个目的网段或主机的路径就是路由的过程。具有路由功能的计算机设备就可以称为路由器。本章主要讲解路由器的组成和基本配置命令。

6.1 路由器简介

路由器工作在 OSI 参考模型的网络层，是网络层的典型设备，它的本质是一台特殊的计算机。路由器具备如下作用：

（1）基于 IP 地址的寻径和转发，使得不同 IP 网段之间的主机能够相互访问。
（2）不同通信协议的转换，使得不同通信协议网段主机间能够相互访问。
（3）特定 IP 数据包的分片和重组。
（4）不转发广播数据包，避免广播风暴。

6.1.1 路由器的组成

路由器由硬件和软件两部分组成。

路由器的硬件主要包括：CPU（中央处理器）、内存体系及各种端口，如图 6-1 所示。其中内存体系又分为 ROM（只读存储器）、RAM（随机存储器）、NVRAM（非易失性 RAM）、Flash Memory（闪存）。路由器的软件主要包括：操作系统和配置文件。下面分别介绍路由器的硬件和软件组成部分。

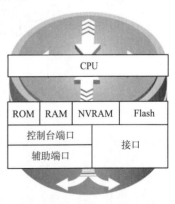

图 6-1　路由器硬件组成

1. 中央处理器

路由器包含了一个中央处理器（CPU），CPU 负责执行处理数据包所需的工作。路由器处理数据包的速度在很大程度上取决于处理器的类型。

2. 内存体系

ROM 是只读存储器，不能修改其中存放的代码。路由器中的 ROM 功能与计算机中的 ROM 相似，主要用于系统初始化等。ROM 内含以下四个部分。

（1）POST（系统加电自检代码）。硬件检测：检测路由器中的硬件完整性。

（2）系统引导区代码。启动路由器、载入 IOS 操作系统及其配置文件。

（3）ROM 监视器。低级测试和故障排除的简化操作系统：启动过程中，按【Crtl+Break】组合键进入 ROMMON 模式。

（4）MINI IOS 操作系统。路由器的 MINI 操作系统。

RAM 是可读可写的存储器，同计算机一样，其存储的内容在系统重启或关机后丢失。RAM 的存取速度较快，优于路由器的其他几种存储器的存取速度。RAM 存储路由器包含由启动配置文件复制而来的运行配置文件 Running-Config、解压后的 IOS、学习到的路由表 Routing-Table 和包队列等内容。

NVRAM 是非易失性随机存储器，断电后仍能保持数据的一种 RAM。它是可读可写的存储器，在系统重新启动或关机之后仍能保存数据。NVRAM 的主要任务是保存路由器的启动配置文件（Startup-Config），路由器启动前最后一次保存的配置文件存储于其上。NVRAM 的容量较小，通常只配置 64～128 KB，速度较快，成本较高。

Flash Memory 是一种特殊的 RAM，是可读可写的存储器，在系统重新启动或关机之后仍能保存数据，用于存储路由器完整的 RGNOS 映像文件，可用于升级操作系统。

3. 端口

路由器具有很强大的网络连接和路由功能，可以和各种不同的网络进行物理连接，因此路由器的端口类型比较多样化，大致可参考图 6-2 所示，主要包括配置端口、局域网端口和广域网端口等。

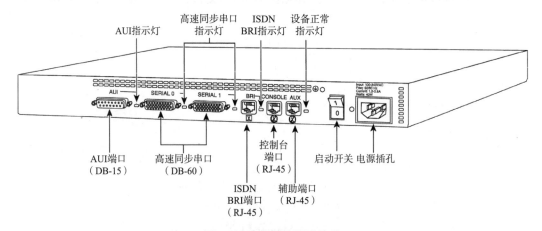

图 6-2　路由器的通用外观

1）配置端口

路由器有两种配置端口：控制台端口（console port）和辅助端口（auxiliary port），如图 6-3 所示。

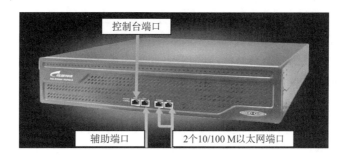

图 6-3　路由器配置及局域网端口

（1）控制台端口。控制台端口又称 Console 端口，是一个 EIA/TIA-232（即 RS-232）异步串行端口，能与路由器进行数据通信，对路由器进行基本配置时，用专用线缆直接连接计算机的串口。通常控制台端口有 RJ-45 连接器、DB9 连接器或 DB25 连接器三种端口类型。

（2）辅助端口。多数路由器都配备辅助端口。辅助端口通常用来连接 Modem，以实现对路由器的远程管理。

2）局域网端口

局域网端口是路由器与局域网的连接端口，包括 AUI 端口、BNC 端口、RJ-45 端口、光纤端口等，图 6-3 中的以太网端口就是 RJ-45 端口。

附加单元端口（attachment unit interface，AUI）是用于连接粗同轴电缆的端口，是一种 D 型 15 针接口，在令牌环网或总线拓扑网络中是一种比较常见的端口。

RJ-45 端口俗称"电口"，是采用双绞线作为传输介质的以太网类型端口。根据端口的通信速率不同，有不同的标识。

光纤端口俗称"光口"，是用于与光纤的连接端口。

3）广域网端口

广域网端口是路由器与广域网的连接端口，包括高速同步串行端口（serial）、异步串行端口、ISDN BRI 端口等，如图 6-4 所示。

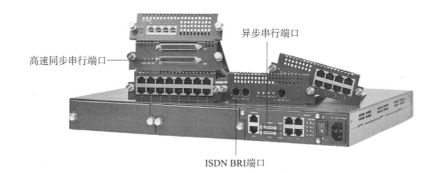

图 6-4　路由器广域网端口

串行端口是最常用的广域网端口，这种类型的端口主要用于连接目前应用非常广泛的数字数据网（digital data network，DDN）、帧中继（frame relay，FR）、X.25、公共交换电话网（public switch telephone network, PSTN)等网络组网模式，企业网之间通过 DDN 或 X.25 等广域网连接技术进行专线连接也使用这种端口。这种端口所连接的网络的两端都要求实时同步。路由器支持的同步串行端口类型较多，如 EIA/TIA-232 端口、EIA/TIA-449 端口、V.35 端口、X.21 串行电缆总成和 EIA-530 端口等，不同的端口类型外观不同，连接线缆两端的外形也不同。

异步串行端口，主要应用于 Modem 或 Modem 池的连接，实现远程计算机通过 PSTN 拨入网络。异步串行端口连接的通信方式速率较低，不要求网络的两端保持实时同步。

ISDN 端口用于路由器通过综合业务数字网（integrated services digital network, ISDN）线路与互联网或其他远程网络的连接。ISDN 有两种速率连接端口：一种是 ISDN 基本速率接口（basic rate interface, BRI）；另一种是 ISDN 主群速率接口（primary rate interface, PRI）。ISDN BRI 采用 RJ-45 标准，与 ISDN NT1 的连接使用 RJ-45-to-RJ-45 直通线。ISDN BRI 包含以下两种类型的端口：

（1）ISDN BRI S/T 端口，外接 NT1 终端设备，再由 NT1 连接直通线。

（2）ISDN BRI U 端口，已包含 NT1 终端设备，直接连接直通线。

4. 配置文件

路由器有两类配置文件：运行配置文件和启动配置文件。

1）运行配置文件

运行配置文件（Running-Config）又称"活动配置"，包含当前在路由器中"运行"的配置命令，驻留于 RAM 中。

2）启动配置文件

启动配置文件（Startup-Config）又称"备份配置"，驻留在 NVRAM 中，包含路由器启动时执行的配置命令，启动完成后，启动配置中的命令就变成了"运行配置"。

6.1.2 路由器的工作原理

当 IP 子网中的一台主机发送 IP 分组给同一 IP 子网的另一台主机时，将直接把 IP 分组送到网络上，对方就能收到。而要送给不同 IP 子网上的主机时，要选择一个能到达目的子网上的路由器，把 IP 分组送给该路由器，由路由器负责把 IP 分组送到目的地。如果没有找到这样的路由器，主机就把 IP 分组发送给一个称为"默认网关（default gateway）"的路由器。路由器被称为网关是有其历史原因的，"默认网关"是每台主机上的一个配置参数，它通常是指接在同一个网络上的某个路由器端口的 IP 地址。假设网络 192.168.103.0 的默认网关是 192.168.103.1，图 6-5 所示的就是这个网络里第 253 号主机上的默认网关配置。

路由器转发 IP 分组时，只根据 IP 分组目的 IP 地址的网络号部分，查找路由表，选择合适的端口，把 IP 分组发送出去。同主机一样，路由器也要判定端口所接的是否是目的子网，如果是，就直接把分组通过端口送到网络上，否则就要选择下一个路由器来传送分组。路由器也有默认网关，用来传送不知道往哪儿送的 IP 分组。这样，通过路由器把已知路径的 IP 分组正确转发出去，把不知道路径的 IP 分组发送给"默认网关"路由器，这样一级级地传送，IP 分组最终被送到目的地，发送不到目的地的 IP 分组则被网络丢弃。

目前 TCP/IP 网络之间，全部是通过路由器互联起来的，Internet 就是成千上万个 IP 子网通过路由器互联起来的国际性网络。这种网络称为以路由器为基础的网络，形成了以路由器为节点的"网间网"。在"网间网"中，路由器不仅负责对 IP 分组的转发，还要负责与其他路由器进行联络，共同确定"网间网"的路由选择和路由表的维护。

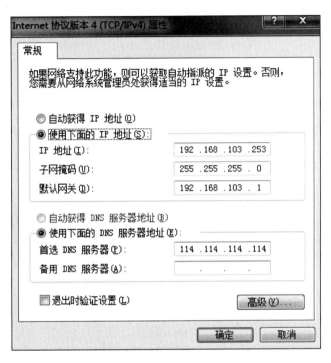

图 6-5 计算机默认网关设置

1. 路由器接口的 IP 地址分配方法

路由器连接几个网络就需要有几个接口，每个接口都需要分配一个该接口所连接网络的 IP 地址。

例如，路由器 R1 连接着三个 C 类网络 198.165.1.0、198.165.2.0 和 198.165.3.0，需要三个接口，路由器 R2 连接着两个 C 类网络 198.165.2.0 和 198.165.3.0，需要两个接口。路由器的每个接口都分配了一个所在网络的 IP 地址。

多个网络通过路由器连接以及路由器各个接口分配不同网络内 IP 地址的情况如图 6-6 所示。

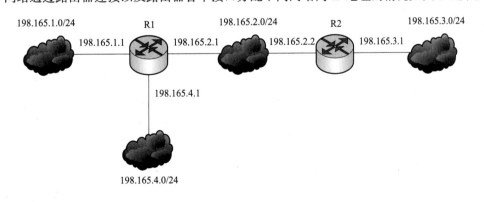

图 6-6 通过两台路由器互联的四个网络

2. 认识路由表

路由表可以表示为一个（M, N, R）三元组，其中 M 表示子网掩码，N 表示目的网络地址，R 表示去往目的网络 N 路径的"下一个"路由器 IP 地址。

还以图 6-6 所示的互联网络拓扑为例来看 R1 和 R2 的路由表。表 6-1 所示为 R1 的路由表，表 6-2 所示为 R2 的路由表。

表 6-1 R1 的路由表

子网掩码	目标网络	下一路由器
255.255.255.0	198.165.1.0	直接交付
255.255.255.0	198.165.2.0	直接交付
255.255.255.0	198.165.3.0	198.165.2.2
255.255.255.0	198.165.4.0	直接交付

表 6-2 R2 的路由表

子网掩码	目标网络	下一路由器
255.255.255.0	198.165.1.0	198.165.2.1
255.255.255.0	198.165.2.0	直接交付
255.255.255.0	198.165.3.0	直接交付
255.255.255.0	198.165.4.0	198.165.2.1

当路由器 R1 收到一个去往目的地址为 198.165.2.3 的数据包时，会根据这个地址的子网掩码 255.255.255.0 判断出这个 IP 地址所在的网络为 198.165.2.0，然后查找路由表，直接交付给该网络。如果 R1 收到的是一个目的地址为 198.165.3.5 的数据包，就会根据子网掩码知道是去往网络 198.165.3.0 的数据包，然后在路由表里查看有没有目的地址为 198.165.3.0 的表项，如果有就转发，如果没有就丢弃。很显然，R1 查到了 198.165.3.0 是通过 R2 到达的，而 R2 的入口地址是 198.165.2.2，所以 R1 会将数据包交给 R2 去处理。

3. 计算机中的路由表

不仅路由器有路由表，如果一个子网内的某台计算机需要和其他子网的计算机通信，这台计算机也需要有路由表。如果只是和自己子网内的计算机通信，可以直接交付，不需要路由表。计算机向其他子网发送数据时，会发往默认网关路由器，所以一定要在计算机上指明默认网关的地址。默认网关地址就是数据发往目标网络的路径上的第一个路由器入口地址。

如图 6-6 所示，如果有 IP 地址为 198.165.1.5 的计算机，那么它的默认网关应该设置为 198.165.1.1。默认网关地址要和主机 IP 地址在同一网段。

6.1.3 路由器的分类及选择原则

路由器的价格从几百元到上百万人民币不等，企业该如何选择路由器呢？这实质是路由器的分类问题。弄清楚路由器的分类是正确选择合适产品的基础。以市场占有率很高的 Cisco 产品为例来说明，因为很多厂家的产品也和 Cisco 的产品有类似的划分方法。

1. 路由器的分类

Cisco 路由器的产品线很长，如图 6-7 所示为 Cisco 全线路由器产品的分类。

```
» 分支路由器                        » 服务提供商边缘路由器
» 云连接器                          » 服务提供者基础设施软件
» 云边缘                            » 小企业路由器
» 数据中心互联平台                   » 虚拟路由器
» 工业路由器和网关                   » 广域网聚合及互联网边缘路由器
» 网络功能虚拟化                     » 无线广域网
» 核心路由器
```

图 6-7 Cisco 全线路由器产品的分类

用户可以根据具体应用从相应的分类产品中进行选择，每个分类中又有很多具体的产品可供选择。

通常根据路由器的性能和所适应的环境，把路由器分为低端、中端和高端，这是一种约定俗成的做法，没有严格定义。

低端路由器：主要适用在分级系统中最低一级的应用，或者中小企业的应用，主要是指相当于 Cisco 的 2800 系列以下的产品。至于具体选用哪个档次的路由器，应该根据自己的需求来决定，其中考虑的主要因素除了包交换能力外，端口数量也非常重要。

中端路由器：中端路由器适用于大中型企业和 Internet 服务供应商，或者行业网络中地市级网点的应用，产品主要是指相当于 Cisco 的模块化 3600 系列。在 Cisco 7200 系列以下的路由器，选用的原则也是考虑端口支持能力和包交换能力。

高端路由器：高端路由器主要是应用在核心和主干网络上的路由器，端口密度要求极高，产品主要指相当于 Cisco 的 6500、7600、8000、9000 系列的产品。选用高端路由器的时候，性能因素显得更加重要。

2. 路由器的选择原则

对于用户来讲，应根据自己的实际使用情况，首先确定是选择接入级、企业级还是主干级路由器，这是用户选择的大方向。然后再根据路由器选择方面的基本原则，确定产品的基本性能要求。具体来讲，应依据以下选型基本原则和可靠性要求进行选择。

可靠性是指故障恢复能力和负载承受能力。路由器的可靠性主要体现在接口故障和网络流量增大时的适应能力上，保证这种适应能力的方式就是备份。

可靠性是选择路由器应该考虑最多的问题，因为路由器的安全可靠在很大程度上影响网络安全可靠。另外，需要考虑的其他问题包括设备是否标准化、可管理能力如何、系统容错冗余怎样及安全性如何。

核心路由器在网络中起核心作用，选择核心路由器时更要注重可靠性，如硬件冗余、模块热插拔等。和可靠性同样重要的是核心路由器的性能。性能方面除了要考察具体指标外，还要考察是否具有真正的线速处理能力，这也在很大程度上影响着网络的性能。有些厂商号称具有线速能力的路由器实际上达不到线速，所以这方面可以看一看第三方的测评报告。另外，还要考虑厂商实力，因为这不仅仅预示着产品自身的可靠，还预示着在服务能力上的可靠。

边缘路由器一般服务于企业的分支机构，对于仅需要简单的信息传输（如主要以邮件为主，不需要传输一些关键业务）的用户而言，一些基本的边缘路由器就能胜任，也就无须花"高价"买"高档品"。但是对于一些分支机构需要实现传输语音及视频等关键业务的用户而言（如跨国机构、行业用户、大型企业等），情况就不那么简单了，这些业务要求网络设备除了具备传统的数据传输、包交换功能之外，还要支持数据分类、优先级控制、用户识别和快速自愈等特性，这就要求边缘路由器要"智能"。具体来讲，QoS 能力、组播技术、安全和管理性都要具备。同时随着语音应用的发展，是否支持语音功能也要视自己的应用情况来决定。

除了考虑路由器本身的性能外，还要考虑路由器的售后服务。好的售后服务也是网络正常运行的重要保证。

6.2 路由器的基本配置方法和配置命令

6.2.1 路由器的基本配置方法

路由器在使用前需要进行配置，各厂商的路由器基本配置方法不完全相同，但大同小异。Cisco 路由器被广泛应用于各行各业，配置方法和交换机基本类似。这里将从基础配置入手，介绍 Cisco 路由器的配置方法。

用路由器厂商提供的 Console 电缆连接路由器的控制口（Console 口）和一台计算机的 COM1 口，如图 6-8 所示。

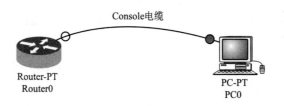

图 6-8　路由器基本配置连接

现在的台式计算机或笔记本计算机已很少配置串口，为了能提供串口，出现了 USB 转 RJ-45 配置线缆。将配置线缆的 USB 接头插入计算机的 USB 接口上，将配置线缆的 RJ-45 头插入路由器的 Console 口。启动 SecureCRT 软件，路由器的本地配置连接和参数设置与配置交换机时一样。

在超级终端窗口中按【Enter】键，路由器启动后超级终端上会出现一串信息，用户可以从中了解操作系统版本、设备名称、内存大小等信息，如图 6-9 所示。

提示用户是采用对话方式配置还是采用命令行方式配置。一般情况下，输入"n"，提示"Press RETURN to get started！"，按【Enter】键，进入命令行方式。

```
Readonly ROMMON initialized

Self decompressing the image :
###########################################################
[OK]

                  Restricted Rights Legend

Use, duplication, or disclosure by the Government is
subject to restrictions as set forth in subparagraph
(c) of the Commercial Computer Software - Restricted
Rights clause at FAR sec. 52.227-19 and subparagraph
(c) (1) (ii) of the Rights in Technical Data and Computer
Software clause at DFARS sec. 252.227-7013.

                   cisco Systems, Inc.
                   170 West Tasman Drive
                   San Jose, California 95134-1706

Cisco Internetwork Operating System Software
IOS (tm) PT1000 Software (PT1000-I-M), Version 12.2(28), RELEASE SOFTWARE
(fc5)
Technical Support: http://www.cisco.com/techsupport
Copyright (c) 1986-2005 by cisco Systems, Inc.
Compiled Wed 27-Apr-04 19:01 by miwang

PT 1001 (PTSC2005) processor (revision 0x200) with 60416K/5120K bytes of
memory
.
Processor board ID PT0123 (0123)
PT2005 processor: part number 0, mask 01
Bridging software.
X.25 software, Version 3.0.0.
4 FastEthernet/IEEE 802.3 interface(s)
2 Low-speed serial(sync/async) network interface(s)
32K bytes of non-volatile configuration memory.
63488K bytes of ATA CompactFlash (Read/Write)

         --- System Configuration Dialog ---
Continue with configuration dialog? [yes/no]:
```

图 6-9　路由器启动信息

6.2.2　配置模式与命令

对路由器的一般配置方法是使用其 IOS 的命令行界面（CLI），通过输入 IOS 命令来进行。路由器有如下几种配置模式。

1. 普通用户模式

普通用户模式用于查看路由器的基本信息，不能对路由器进行配置。在该模式下，只能够运行少数的命令。

该模式默认的提示符：Router>。

进入方法：登录路由器后默认进入该模式。

退出方法：使用命令 logout。

2. 特权模式

特权模式可以使用比普通用户模式下多得多的命令。特权模式用于查看路由器的各种状态，绝大多数命令用于测试网络、检查系统等。保存配置文件，重启路由器也在本模式下进行。

该模式默认的提示符：Router#。

进入方法：在普通用户模式下输入 enable 并按【Enter】键。

退出方法：退到普通用户模式的命令如下：disable，退出特权模式的命令如下：exit。

3. 全局配置模式

全局配置模式用于配置路由器的全局性参数、更改已有配置等。要进入全局配置模式，必须首先进入特权模式。

该模式的默认提示符：Router（config）#。

进入方法：在特权模式下输入命令 configure terminal。

退出方法：可使用命令 exit、end 或按【Ctrl+C】组合键退到特权模式。

4. 接口配置模式

接口配置模式用于对指定端口进行相关的配置。该模式及后面的数种模式均要在全局配置模式下才能进入。为便于分类记忆，都可把它们看成全局配置模式下的子模式。

该模式的默认提示符：Router（config-if）#。

进入方法：在全局配置模式下使用 interface 命令进入具体的接口。

```
Router(config)#interface  interface-id
```

退出方法：退到上一级模式，使用命令 exit；直接退到特权模式，使用 end 命令或按【Ctrl+C】组合键。

例如，进入以太网 f0/0 接口配置模式的命令如下：

```
Router(config)#interface f0/0
```

5. 子接口配置模式

该模式的默认提示符：Router（config-subif）#。

进入方法：在全局配置模式下使用 interface 命令定义和进入。

```
Router(config)#interface  interface-id.subinterface-number
```

退出方法：同接口配置模式。

例如，给 f0/0 配置子接口 0.1 的命令如下：

```
Router(config)#interface f0/0.1
Router(config-subif)
```

6. 终端线路配置模式

终端线路配置模式用于配置终端线路的登录权限。

该模式的默认提示符：Router（config-subif）#。

进入方法：在全局配置模式下使用 line 命令指定具体的 line 端口。

```
Router(config)#line {vty|console} number
```

退出方法：同接口配置模式。

例如，配置从 Console 口登录的命令如下：

```
Router(config)#line console 0
Router(config-line)#password sun
Router(config-line)#login
```

又如，配置 Telnet 登录的命令如下：

```
Router(config)#line vty 0 4
Router(config-line)#password moon
Router(config-line)#login
```

Cisco 路由器允许 0~4 共五个虚拟终端用户同时登录。

7．路由协议配置模式

路由协议配置模式用于对路由器进行动态路由配置。

该模式的默认提示符：Router（config-subif）#。

进入方法：在全局配置模式下使用 router protocol-name 命令指定具体的路由协议，有的路由协议后面还必须带参数。

```
Router(config)#router protocol-name [option]
```

退出方法：同接口配置模式。

例如，进入 RIP 路由协议配置的命令如下：

```
Router(config)#router rip
Router(config-router)#
```

又如，进入 OSPF 路由协议配置的命令如下：

```
Router(config)#router ospf 10
Router(config-router)#
```

其中，10 是 OSPF 的进程号。

6.2.3 路由器名称和系统时间设置

1．路由器名称

在全局配置模式下，命令格式为

```
hostname name
```

其中，name 为要设置的系统名称，名称可以由字符组成。

no hostname 命令可以将路由器名称恢复为默认值。

配置举例：将路由器的名称改成 student。命令如下：

```
Router#configure terminal
Router(config)#hostname student
student(config)#
```

2. 设置系统时间

可以手工设置路由器的时间,但是对于没有提供硬件时钟的路由器,手工设置时间实际上只是设置软件时钟,仅对本次运行有效。当设备关机后,手工设置的时间将失效。

在特权模式下,命令格式为

```
clock set hh:mm:ss month day year
```

其中,hh:mm:ss month day year 为要设置的时、分、秒、月、日、年,月份要英文单词或者英文单词缩写。

配置举例:把路由器时间改成 2023-5-13 21∶18∶25。命令如下:

```
Router#clock set 21:18:25 may 13 2023
```

6.2.4 路由器标题配置

可以通过设置标题创建两种类型的标题:每日通知和登录标题。每日通知针对所有连接到路由器的用户,当用户登录设备时,通知消息将显示在终端上。登录标题显示在每日通知之后,主要作用是提供登录提示信息。默认情况下,每日通知和登录标题均未设置。

1. 配置每日通知

在全局配置模式下,命令格式为

```
banner motd c message c
```

其中,message 为要设置的每日通知的文本。c 为分界符,可以是任何字符(如"&"等字符)。输入格式是:先输入分界符,按【Enter】键,开始输入文本,然后再输入分界符并按【Enter】键结束文本的输入。需要注意的是,每日通知的文本中不能出现作为分界符的字母,文本的长度不能超过 255 B。

用 no banner motd 命令可以删除已配置的每日通知。

配置举例:配置一个每日通知,使用"&"作为分界符,每日通知的文本为"Welcome to jzxy!"

```
Router(config)#banner motd &
Enter TEXT message.End with the character '&'.
Welcome to jzxy&
Router(config)#
```

2. 配置登录标题

在全局配置模式下,命令格式为

```
Banner login c message c
```

其中,message 为要设置的每日通知的文本。c 为分界符,可以是任何字符(如"&"等字符)。输入格式是:先输入分界符,按【Enter】键,开始输入文本,然后再输入分界符并按【Enter】键结束文本的输入。需要注意的是,每日通知的文本中不能出现作为分界符的字母,文本的长度不能超过 255 B。

用 no banner login 命令可以删除已配置的登录标题。

配置举例:配置一个登录标题,用"&"作分界符,登录标题的文本为"Enter your password!"

```
Router(config)#banner login &
Enter TEXT message.End with the character '&'.
```

```
Enter your password&
Router(config)#
```

3. 显示标题

在登录时显示配置的标题信息。

```
PC>telnet 192.168.1.1
Trying 192.168.1.1 ...Open
Enter your password
User Access Verification
Password:
```

6.2.5 控制台配置

通过 Console 端口可以对设备进行配置和管理。第一次对网络设备配置的时候，必须通过 Console 端口进行。

1. 配置 Console 端口口令

在控制台线路配置模式下，命令格式为

> password **password**

其中，**password** 为要配置的口令。如果没有配置登录认证功能，即使配置了 Console 端口口令，登录时，也不会提示用户输入口令进行认证。

配置举例：为路由器配置 Console 端口访问口令"moon"。命令如下：

```
Router#configure terminal
Router(config)#line console 0
Router(config-line)#login
Router(config-line)#password moon
Router(config-line)#end
```

2. 配置 Console 端口速率

在控制台线路配置模式下，命令格式为

> speed **speed**

其中，**speed** 为要设置的控制台的速率，单位是 bit/s，默认值是 9600，速率只能是 9 600、19 200、38 400、57 600、115 200 中的一个。

配置举例：将路由器 Console 端口速率设置为 38 400 bit/s。命令如下：

```
Router#configure terminal
Router(config)#line console 0
Router(config-line)#speed 38400
Router(config-line)#end
```

6.2.6 配置 Telnet 功能

Telnet 属于应用层协议，提供通过网络远程登录和虚拟终端通信功能的服务。通过网络设备上的

Telnet 命令登录到远程设备上。在特权模式下，命令格式为

```
telnet host [po rt][/source {ip A.B.C.D}]
```

其中，host 是远程设备主机名；A.B.C.D 是远程设备 IP 地址。

配置举例：在本地设备上建立与远程设备的 Telnet 会话，远程设备的 IP 地址是 198.168.0.1。

第一步：配置远程设备端口地址。

```
Router#configure terminal
Router(config)#interface f0/0
Router(config-if)#ip address 198.168.0.1 255.255.255.0
Router(config-if)#no shutdown
```

第二步：配置远程设备的远程登录密码。

```
Router(config)#line vty 0 4
Router(config-line)#login
Router(config-line)#password sun
Router(config-line)#end
```

第三步：配置路由器特权模式密码。

```
Router(config)#enable secret jzxy
Router(config)#enable password jz
```

第四步：从本地连接到远程设备。

```
RouterA#telnet 198.162.0.1
Trying 198.162.0.1 ...Open
User Access Verification
Password:
```

6.2.7 配置连接超时

可以通过配置设备的连接超时时间，控制该设备已经建立的连接（包括已连接，以及该设备到远程终端的会话）。当空闲时间超过设置值，没有任何输入输出信息时，中断此连接。

连接超时指已连接的会话在指定时间内没有任何输入，被连接端将中断此连接。在 Line 配置模式下，命令格式为

```
exec-timeout minutes[seconds]
```

其中，minutes 为超时分钟数；seconds 为超时的秒数。

用 no exec-timeout 命令可以取消 Line 下连接的超时设置。

配置举例：设置超时时间为 10 min。命令如下：

```
Router#configure terminal
Router(config)#line vty 0
Router(config-line)#exec-timeout 10
```

6.3 路由器的端口配置

6.3.1 端口基本配置

路由器有两种端口类型：物理端口和逻辑端口。物理端口就是在路由器上实际存在的硬件端口，如以太网端口、同步串行端口、异步串行端口、E1 端口、ISDN 端口等。逻辑端口就是虚拟的、在路由器上没有实际存在的硬件端口，逻辑端口可以与物理端口关联，也可以独立存在，如 Dialer 端口、NULL 端口、Loopback 端口、子接口等。对于网络协议而言，对待物理端口和逻辑端口是一样的。

1. 进入指定的接口配置模式

配置每个端口，首先进入全局配置模式，然后再进入指定接口配置模式，命令格式如下：

```
interface interface-type interface-number
```

其中，interface-type 为端口类型；interface-number 为端口编号。编号规则如下：

同步串行端口、以太网端口、ISDN 端口，端口编号由槽号及端口号组成，如第 2 槽上所插同步端口模块的第三个端口表示为 Serial2/3。

对于 E1/CE1 端口，端口编号由槽号、端口号以及通道组号组成，如第 2 槽上所插 E1/CE1 模块的第三个端口的第一个通道组表示为 Serial2/3:1。

配置举例：进入快速以太网端口第 0 槽的第二个端口。命令如下：

```
Router#configure terminal
Router(config)#interface f0/2
Router(config-if)#
```

2. IP 地址配置

除了 NULL 端口，每个端口都可以配置 IP 地址，在接口配置模式下，命令格式为

```
ip address ip-address ip-mask
```

其中，ip-address 为具体的 IP 地址；ip-mask 为 IP 地址对应的掩码。

用 no ip address 命令可以删除该端口的 IP 地址。

3. 端口描述配置

在接口配置模式下，命令格式为

```
description interface-description
```

其中，interface-description 为具体的描述字符串，最大支持 80 个字符。

用 no description 命令可以删除描述。

4. 最大传输单元配置

最大传输单元（maximum transmission unit, MTU）的配置是在接口配置模式下进行的，命令格式为

```
mtu bytes
```

其中，bytes 为要配置的 MTU 值，取值范围为 64～1530 B。

用 no mtu 命令可以恢复 MTU 的默认值。

5. 带宽 Bandwidth 配置

Bandwidth 主要用于一些路由协议计算路由量度。修改端口带宽不会影响物理端口的数据传输速率。在接口配置模式下，命令格式为

```
bandwidth kilobits
```

其中，kilobits 为每秒带宽，单位为 kbit/s。

用 no bandwidth 命令可以取消 bandwidth 的设置。

6. 端口的关闭和激活

在特权模式下，关闭端口的命令格式为

```
shutdown
```

用 no shutdown 命令激活端口。

7. 配置举例

进入路由器的 f0/0 接口，将该接口命名为 firstrouter，然后配置该接口的 IP 地址。

```
Router(config)#interface f0/0
Router(config-if)#description firstrouter
Router(config-if)#ip address 198.168.1.1 255.255.255.0
Router(config-if)#no shutdown
```

6.3.2 以太网端口配置

以太网端口配置比较简单，最基本的就是配置端口的 IP 地址，其他的参数使用默认值即可。

1. 进入以太网接口配置模式

在全局配置模式下，命令格式为

```
interface fastethernet interface-number
interface gigabitethernet interface-number
```

其中，interface-number 为端口编号。

2. IP 地址配置

在接口配置模式下，命令格式为

```
ip address ip-address ip-mask [secondary]
```

其中，ip-address 为 IP 地址；ip-mask 为 IP 地址对应的掩码；以太网端口支持多个 IP 地址，用 secondary 关键字指出除第一个 IP 地址之外的其他 IP 地址。

用 no ip address[ip-address ip-mask [secondary]] 命令取消端口的 IP 地址。

3. MAC 地址配置

默认情况下，每个路由器的以太网端口都有一个 MAC 地址。以太网端口的 MAC 地址可以修改，

但必须保证同一个局域网上 MAC 地址的唯一性。

在接口配置模式下，命令格式为

```
mac-address mac-address
```

其中，mac-address 为要配置的新 MAC 地址，MAC 地址的修改会影响局域网内的通信，一般情况下，不建议修改。

用 no mac-address 命令可以取消 MAC 地址的修改。

4. 显示端口状态

在特权模式下，命令格式为

```
show interface fastethernet interface-number
show interface gigabitethernet interface-number
```

5. 以太网端口配置示例

```
Router#configure terminal
Router(config)#interface f0/0
Router(config-if)#ip address 198.162.1.8 255.255.255.0
Router(config-if)#no shutdown
```

6.3.3　广域网端口配置

广域网（wide area network，WAN）端口就是连接广域网的端口，路由器能够提供相应的 WAN 端口，包括异步串行端口以及同步串行端口等。

不同厂商对同步串行端口的称谓有所不同，Cisco 路由器的同步串行端口称为 Serial。

1. 同步串行端口的特性

（1）支持多种封装协议，如 PPP、帧中继、HDLC 等。

（2）工作在 DTE（数据终端设备）和 DCE（数据通信设备）两种方式下。一般情况下，路由器作为 DTE 设备，接受 DCE 设备提供的时钟。但在背靠背直连的情况下，一端的路由器可作为 DCE 设备，提供内部时钟，供另一端作为 DTE 设备的路由器接受。

（3）同步串行端口支持多种类型的外接电缆，包括：EIA/TIA-232、V.35、X.21、EIA/TIA-449、EIA-530，相应地可外接多种电缆线，如 V.24、V.35、X.21、RS-449、530 等。外接的电缆线能够被自动识别，可以通过执行 show interface serial 命令查看同步串行端口的当前外接电缆类型等信息。

2. 同步串行端口的配置

内容包括：进入指定同步串行端口的配置模式、链路封装协议配置、同步串行端口时钟速率配置、MTU 配置。

1）进入指定同步串行端口的配置模式

在全局配置模式下，命令格式为

```
interface serial interface-number
```

其中，interface-number 为端口编号。

2）链路封装协议配置

在同步串行端口上用哪种帧格式传输数据链路层的数据是由封装协议来确定的。不同厂商、不同型号的路由设备在支持的封装协议上有所不同。

在接口配置模式下，命令格式为

```
encapsulation {frame-relay|hdlc|ppp}
```

3）同步串行端口时钟速率配置

同步串行端口作为 DCE 设备时，需要向 DTE 设备提供时钟；同步串行端口作为 DTE 设备时，需要接受 DCE 设备提供的时钟。两个同步串行端口相连时，线路上的时钟速率由 DCE 端决定，因此当同步串行端口工作在 DCE 方式下，需要配置同步时钟速率。

在接口配置模式下，命令格式为

```
clock rate clockrate
```

其中，clockrate 为要设置的同步串行端口 DCE 端的时钟速率，默认为 9 600 bit/s，路由设备背对背连接时通常设置为 64 000 bit/s。时钟速率的设置必须确保物理端口连接电缆的支持，如 V.24 电缆最高只支持 128 kbit/s 的速率。

4）MTU 配置

在接口配置模式下，命令格式为

```
mtu mut-size
```

其中，默认值为 1500 B。

用 no mtu 命令可以恢复默认值。

5）显示同步串行端口状态

```
show interface serial interface-number
```

6.3.4 逻辑端口配置

路由器产品一般提供环回（loopback）端口、子接口等逻辑端口。

1. loopback 端口

loopback 端口是完全软件模拟的设备本地端口，永远处于 UP 状态。发往 loopback 端口的数据包将会在设备本地处理，包括路由信息。loopback 端口的 IP 地址可以用来作为 OSPF 路由协议的设备标识、实施反向 Telnet 或者作为远程 Telnet 访问网络端口等。配置一个 loopback 端口类似于配置一个以太网端口，可以把它看作一个虚拟的以太网端口。

在全局配置模式下，命令格式为

```
interface loopback loopback-interface-number
```

其中，loopback-interface-number 为要创建的 loopback 的端口号。

用 no interface loopback loopback-interface-number 命令可以删除 loopback 端口配置。

2. 子接口

子接口是在单个物理端口上衍生出来并依附于该物理端口的逻辑端口。路由设备一般允许在单个物理端口上配置多个子接口，同属于一个物理端口的多个逻辑端口在工作时共享物理端口的配置参数，但又有各种的链路层与网络层配置参数。子接口一般用来实现不同 VLAN 或不同网段间的路由转发。可以配置子接口的物理端口包括：以太网端口、封装帧中继的广域网端口、封装 X.25 的广域网端口等。本书主要介绍在以太网端口下配置子接口。

以太网端口子接口的配置顺序依次为：创建逻辑端口 - 子接口、封装 VLAN 协议、为子接口配置 IP 地址。

（1）进入或创建子接口。在全局配置模式下，命令格式为

```
interface fastethernet slot-number/interface-number.subinterface-number
```

其中，slot-number/interface-number 为槽号 / 物理端口序号；subinterface-number 为子接口在该物理端口上的序号，二者之间由 "." 连接。

用 no interface fastethernet slot-number/interface-number.subinterface-number 命令可以删除以太网端口子接口，其中，subinterface-number 为子接口编号。

（2）封装 VLAN 协议。在子接口配置模式下，命令格式为

```
encapsulation dot1q vlanid
```

其中，vlanid 为具体的 VLAN ID。

（3）配置子接口 IP 地址。封装 VLAN ID 后，必须为封装 VALN ID 的以太网子接口配置 IP 地址。在子接口配置模式下，命令格式为

```
ip address ip-address mask
```

其中，ip-address 一般是一个 VLAN 内主机连接其他 VLAN 主机的网关地址；mask 为 IP 地址对应的掩码。

配置举例：网络拓扑结构如图 6-10 所示，在一台路由器的以太网端口上划分两个 VLAN，一个 VLAN 连接 192.168.10.0/24 网段的主机，另一个 VLAN 连接 192.168.20.0/24 网段的主机。路由器以太网端口封装 IEEE 802.1q 为两个 VLAN 间的主机提供路由转发功能，从而实现 PC1 与 PC2 的互通。

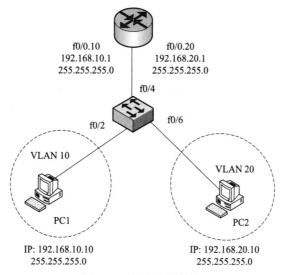

图 6-10　网络拓扑结构

交换机与路由器的配置管理

在路由器上做如下配置：

```
Router#configure terminal
Router(config)#interface f0/0
Router(config-if)#no shutdown
Router(config-if)#interface f0/0.10
Router(config-subif)#encapsulation dot1Q 10
Router(config-subif)#ip address 192.168.10.1 255.255.255.0
Router(config-subif)#no shutdown
Router(config-subif)#interface f0/0.20
Router(config-subif)#encapsulation dot1Q 20
Router(config-subif)#ip address 192.168.20.1 255.255.255.0
Router(config-subif)#no shutdown
Router(config-subif)#end
```

在交换机上做如下配置：

```
Switch#configure terminal
Switch(config)#vlan 10
Switch(config-vlan)#exit
Switch(config)#vlan 20
Switch(config-vlan)#exit
Switch(config)#interface f0/2
Switch(config-if)#switchport mode access
Switch(config-if)#switchport access vlan 10
Switch(config-if)#exit
Switch(config)#interface f0/6
Switch(config-if)#switchport mode access
Switch(config-if)#switchport access vlan 20
Switch(config-if)#exit
Switch(config)#interface f0/4
Switch(config-if)#switchport mode trunk
Switch(config-if)#end
```

主机 PC1 的 IP 地址设置如图 6-11 所示。

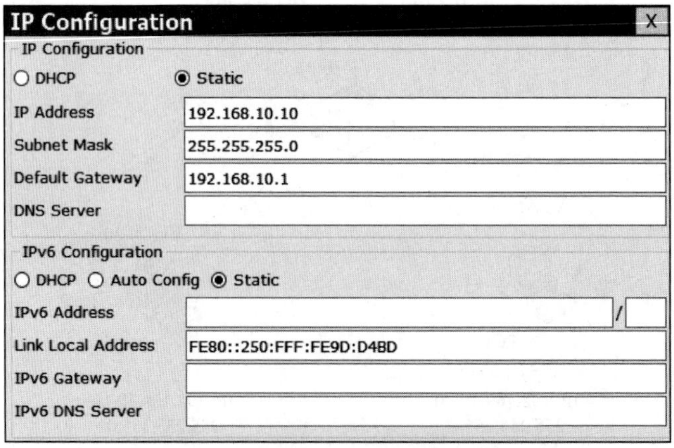

图 6-11 主机 PC1 的 IP 地址设置

主机 PC2 的 IP 地址设置如图 6-12 所示。

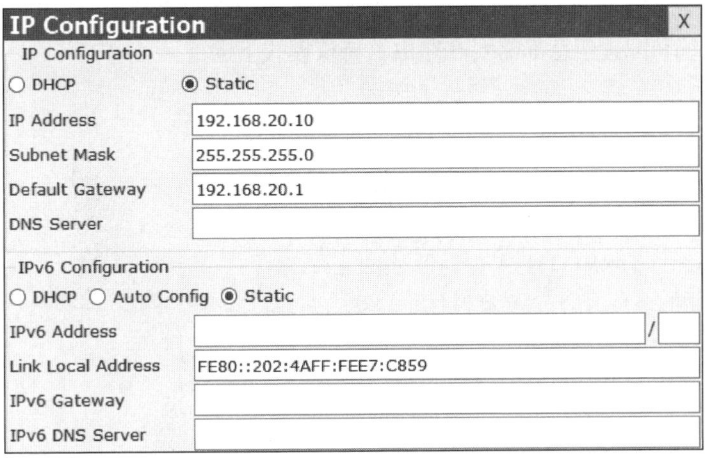

图 6-12 主机 PC2 的 IP 地址设置

在主机 PC1 上 ping 主机 PC2，可以 ping 通，如图 6-13 所示。

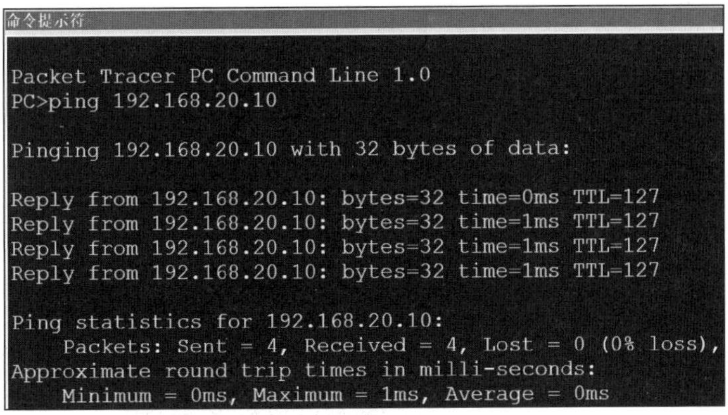

图 6-13 主机 PC1 能够 ping 通主机 PC2

6.4 路由器配置实训

6.4.1 路由器基本配置实训

1. 实训目标

掌握路由器常用的基本配置命令。

2. 实训任务

练习路由器的三种配置模式；配置路由器的设备名称；端口的基本配置；查看路由器的系统和配置信息。

路由器基本配置实训

3. 任务分析

在路由器的三种配置模式下要注意模式之间的切换，设置路由器接口的 IP 地址时需要加上子网掩码，查看路由器的系统和配置信息都需要在路由器特权模式下进行。

4. 任务实施

1）路由器命令行操作模式

```
Router>enable
Router#
Router#configure terminal
Router(config)#
Router(config)#interface f0/0
Router(config-if)#exit
Router(config)#end
Router#
```

2）路由器命令行的基本功能

```
Router>?                    #显示当前模式下所有可执行的命令
Router#co?                  #显示当前模式下所有以co开头的命令
Router#show?                #显示show命令后可执行的参数
Router#conf t               #路由器命令行支持命令的简写,该命令代表Configure Terminal
Router#conf                 #(按Tab键自动补齐Configure)路由器支持命令自动补齐
Router(config-if)#^Z        #Ctrl+Z退回到特权模式
```

3）路由器设备名称的配置

```
Router>enable
Router#configure terminal
Router(config)#hostname lyq
Router(config)#
```

4）端口的基本配置

```
Router(config)#interface ser2/0
Router(config-if)#ip address 191.168.1.1 255.255.255.0
Router(config-if)#clock rate 64000
Router(config-if)#no shutdown
Router(config-if)#exit
Router(config)#exit
Router#show interface ser2/0
Router#show ip interface ser2/0
Router#configure terminal
Router(config)#interface f0/0
Router(config-if)#ip address 192.168.10.1 255.255.255.0
Router(config-if)#no shutdown
Router(config-if)#exit
Router(config)#exit
Router#show ip interface f0/0
Router#show ip interface f0/0
```

5）查看路由器的系统和配置信息

```
Router#show version
Router#show ip route
Router#show running-config
```

6.4.2 直连路由实现两个局域网互联实训

视 频

直连路由实现两个局域网互联实训

1. 实训目标
掌握路由器直连路由的配置方法。

2. 实训任务
实现分布在两个交换机下的主机（这些主机属于不同的子网）通过路由器实现互联互通。

3. 任务分析
如图 6-14 所示是两个子网通过路由器的两个局域网口连接，子网 198.165.1.0 内有主机 PC1 和 PC2，而子网 198.165.2.0 内有主机 PC3 和 PC4。

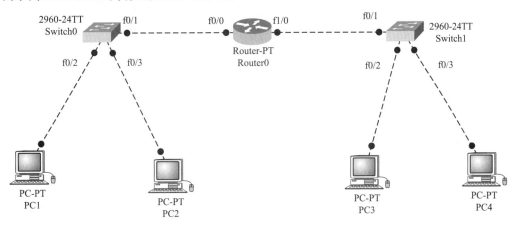

图 6-14　两个子网通过路由器的两个局域网口连接

4. 任务实施

在 Packet Tracer 中单击 PC1，在弹出的窗口中选择"桌面"选项卡下的"IP 地址配置"选项，出现如图 6-15 所示窗口，然后设置 PC1 的 IP 地址、子网掩码，按照同样方法设置其他 PC 的 IP 地址、子网掩码。

PC2 主机的 IP 地址、子网掩码配置如图 6-16 所示。

PC3 主机的 IP 地址、子网掩码配置如图 6-17 所示。

PC4 主机的 IP 地址、子网掩码配置如图 6-18 所示。

在没有配置路由器之前，PC1 和 PC2 是可以通信的，因为它们属于同一个子网 198.165.1.0。同样，PC3 和 PC4 之间也是可以通信的，因为它们属于同一个子网 198.165.2.0。但是，主机 PC1、PC2 和主机 PC3、PC4 之间就不能通信，因为连接两个子网的路由器还没有进行必要的设置。

在主机 PC1、PC2 上增加网关地址 198.165.1.254，在主机 PC3、PC4 上增加网关地址 198.165.2.254，再完成如下的路由器设置，主机 PC1、PC2 和主机 PC3、PC4 之间就能够通信了。

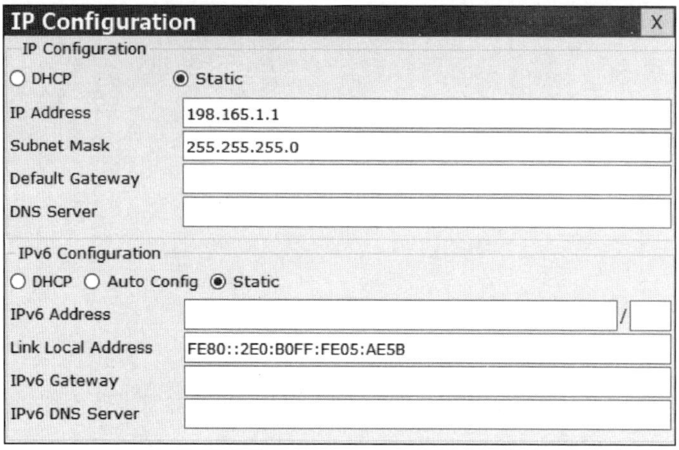

图 6-15 配置 PC1 主机的 IP 地址、子网掩码

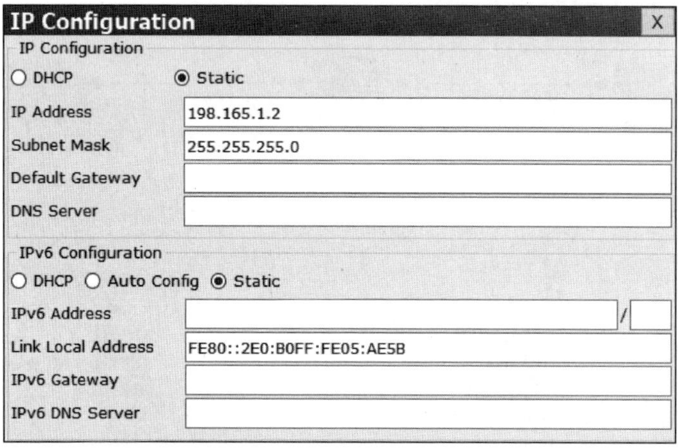

图 6-16 配置 PC2 主机的 IP 地址、子网掩码

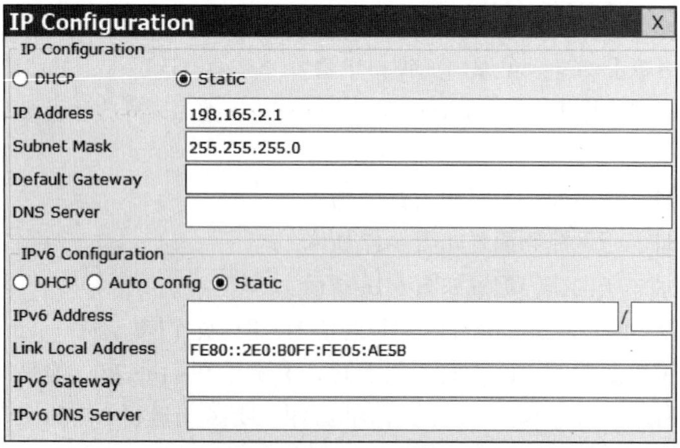

图 6-17 配置 PC3 主机的 IP 地址、子网掩码

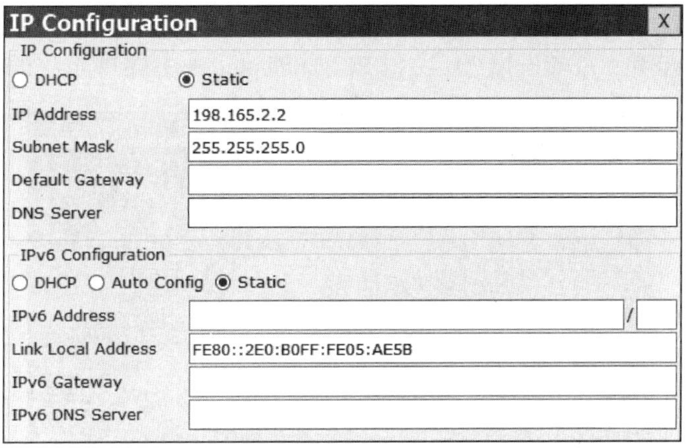

图 6-18 配置 PC4 主机的 IP 地址、子网掩码

```
Router>enable
Router#configure terminal
Router(config)#
```

配置路由器的局域网口 f0/0 地址 198.165.1.254，这个地址也就是网络 198.165.1.0 的网关地址。

```
Router(config)#interface f0/0
Router(config-if)#ip address 198.165.1.254  255.255.255.0
Router(config-if)#no shutdown
Router(config-if)#exit
Router(config)
```

以同样的方法配置路由器的局域网口 f1/0 的地址 198.165.2.254，这个地址将作为网络 198.165.2.0 的网关地址。

```
Router(config)#interface f1/0
Router(config-if)#ip address 198.165.2.254 255.255.255.0
Router(config-if)#no shutdown
Router(config-if)#exit
Router(config)#
```

经过上面的配置后，可以看到路由表中包含了两条直连路由，如图 6-19 所示。

```
Router#show ip route
Codes: C - connected, S - static, I - IGRP, R - RIP, M - mobile, B - BGP
       D - EIGRP, EX - EIGRP external, O - OSPF, IA - OSPF inter area
       N1 - OSPF NSSA external type 1, N2 - OSPF NSSA external type 2
       E1 - OSPF external type 1, E2 - OSPF external type 2, E - EGP
       i - IS-IS, L1 - IS-IS level-1, L2 - IS-IS level-2, ia - IS-IS inter area
       * - candidate default, U - per-user static route, o - ODR
       P - periodic downloaded static route

Gateway of last resort is not set

C    198.165.1.0/24 is directly connected, FastEthernet0/0
C    198.165.2.0/24 is directly connected, FastEthernet1/0
```

图 6-19 路由器中的直连路由

由于有了这两条直连路由，所以当路由器接收到去往 198.165.1.0/24 和 168.165.2.0/24 这两个子网的数据包时会分别从 f0/0 和 f1/0 转发出去。主机 PC1 能够 ping 通主机 PC4，如图 6-20 所示。

```
Command Prompt

Packet Tracer PC Command Line 1.0
PC>ping 198.165.2.2

Pinging 198.165.2.2 with 32 bytes of data:

Reply from 198.165.2.2: bytes=32 time=4ms TTL=127
Reply from 198.165.2.2: bytes=32 time=0ms TTL=127
Reply from 198.165.2.2: bytes=32 time=0ms TTL=127
Reply from 198.165.2.2: bytes=32 time=0ms TTL=127

Ping statistics for 198.165.2.2:
    Packets: Sent = 4, Received = 4, Lost = 0 (0%
loss),
Approximate round trip times in milli-seconds:
    Minimum = 0ms, Maximum = 4ms, Average = 1ms
```

图 6-20　主机 PC1 能够 ping 通主机 PC4

主机 PC2 能够 ping 通主机 PC3，如图 6-21 所示。

```
命令提示符

Packet Tracer PC Command Line 1.0
PC>ping 198.165.2.1

Pinging 198.165.2.1 with 32 bytes of data:

Reply from 198.165.2.1: bytes=32 time=137ms TTL=128
Reply from 198.165.2.1: bytes=32 time=0ms TTL=128
Reply from 198.165.2.1: bytes=32 time=0ms TTL=128
Reply from 198.165.2.1: bytes=32 time=0ms TTL=128

Ping statistics for 198.165.2.1:
    Packets: Sent = 4, Received = 4, Lost = 0 (0% loss),
Approximate round trip times in milli-seconds:
    Minimum = 0ms, Maximum = 137ms, Average = 34ms
```

图 6-21　主机 PC2 能够 ping 通主机 PC3

习　题

一、选择题

1. 用户模式进入特权模式的命令是（　　）。

A. Router>enable　　B. Router#enable

C. Router>disable　　D. Router#disable

2. 为路由器配置远程登录密码 abc 的命令是（　　）。

A. Router#enable password abc

B. Router（config）#enable password abc

C. Router（config）#password abc

D. Router（config）#enable secret level 15 0 abc

3. 默认同步串行端口的时钟频率为（ ）。

   A. 64 000 Hz   B. 9 600 Hz

   C. 57 600 Hz   D. 32 768 Hz

4. 为路由器端口配置 IP 地址 192.168.1.1/24 的命令为（ ）。

   A. Router（config-if）#ip address 192.168.1.1

   B. Router（config）#ip address 192.168.1.1 255.255.255.0

   C. Router（config-if）#ip address 192.168.1.1 255.255.255.0

   D. Router（config-if）#ip address 192.168.1.1 0.0.0.255

二、简答题

1. 简述路由器的组成。

2. 简述路由器的选择原则。

3. 如何配置路由器的名称和时间？

第 7 章

IP 路由协议及配置

网络层的数据通信，本质上就是信息从一个网络传送到另外一个网络的过程，这个过程是由网络层的设备如路由器主导实现的。网络层的核心任务就是路由，路由的实现需要依赖相应的路由选择协议（简称路由协议），具体的路由协议由相应的算法来确定。路由选择就是确定一条信息如何从一个网络到达另外一个网络的过程。

路由过程包括两项最基本的内容，即路径寻址和数据包转发。路径寻址就是判定到达目的地的最佳路径，由路由选择算法来实现。数据包转发就是在路由器判断出最佳路径后，通过路由表的相应信息，将数据包从路由器的某个端口发送出去。

为了完成这项工作，在路由器中保存着各种传输路径的相关数据——路由表（routing table）供路由选择时使用。路由表可以由网络管理员固定设置好，称为静态路由；也可以由网络设备根据路由算法动态生成，称为动态路由。

网络层的协议如 IP、DECnet、AppleTalk、Novell Netware 等都是可被路由协议。可被路由协议和路由协议是互相独立又互相配合的两个不同的概念，可被路由协议使用路由协议建立维护的路由表进行数据分组的寻径，路由协议利用可被路由协议提供的功能来发布路由协议数据分组。

由于 TCP/IP 的普及性，大多数网络均采用 IP 组网方式，因此本书如未特别说明，一般指 IP 路由协议，即基于网络层 IP 协议的路由选择协议。

7.1 常用路由协议

典型的路由选择有两种方式：静态路由和动态路由。

7.1.1 静态路由

静态路由是指由网络管理员手工配置的路由信息。除非人为修改，否则静态路由不会改变。在所有路由类型中，静态路由优先级最高，即当路由表中同时存在具有相同目的网络的动态路由和静态路由时，先执行静态路由。

静态路由的优点是除了简单、高效、可靠外，由于不需要在路由设备间交互，所以它的网络安全保密性高。

静态路由有如下缺点：

（1）不能容错。如果路由器宕机或链接中断，配置静态路由的路由器不能感知故障并将故障通知到其他路由器，因为没有配置路由协议。这种情况对于小型网络而言，由于设备较少，即使出现也很好发现，容易解决，但对于大型网际网络是不能接受的。

（2）管理开销较大。如果对网际网络添加或删除一个网络，则必须手动添加或删除与该网络连通的路由。

默认路由是指路由表中未直接列出目的网络的转发路径，通常用于在不确定的情况下指示数据分组的下一跳地址。默认路由是静态路由的一种特殊形式，根据定义可知，默认路由的优先级最低。

7.1.2 动态路由

1. 动态路由的概念

动态路由是指利用路由器上运行的动态路由协议定期和其他路由器交换路由信息，根据从其他路由器上学习到的路由信息自动建立的路由。

2. 动态路由选择协议分类

动态路由选择协议按照路由算法通常分为两种类型：距离矢量路由协议和链路状态路由协议。

1) 距离矢量路由协议

距离矢量路由协议中数据分组每经过一个路由器称为一跳，这种协议将到达远程网络的跳数作为判断是否是最佳路由的依据。典型的距离矢量路由协议如路由信息协议（routing information protocol, RIP）、内部网关路由协议（interior gateway routing protocol, IGRP）。

2) 链路状态路由协议

路由器的链路状态信息称为链路状态，包括：链路开销、链路带宽、端口的 IP 地址及掩码、链路上的邻接路由等信息。路由器通过收集区域内所有路由的链路状态，根据状态信息生成网络拓扑结构。典型的链路状态路由协议如开放最短路径优先（open shortest path first, OSPF）、中间系统到中间系统（intermediate system to intermediate system, IS-IS）。

动态路由选择协议按照路由更新时是否携带子网掩码信息，又分为有类路由协议与无类路由协议。

1) 有类路由协议

路由信息传送时，不含路由的掩码信息，如 RIP、IGRP。

2) 无类路由协议

路由信息传送时，包含路由的掩码信息，支持可变长子网掩码（variable-length subnet masking, VLSM），如 OSPF、IS-IS。

3. 管理距离

管理距离（administrative distance, AD）是指一种路由协议的路由可信度。每一种路由协议按可靠性从高到低，依次分配一个信任等级，这个信任等级就称为管理距离见表7-1。

对于两种不同的路由协议到一个目的地的路由信息，通过 AD 的值衡量接收来自相邻路由器上路由选择信息的可信度。AD 值越低，则路由优先级越高。管理距离的范围为 0~255，0 是最可信赖的，255 表示未知网络。不同路由协议的 AD 值不同。

表 7-1 管理距离

序号	路由来源	默认管理距离值
1	直连网络	0
2	静态路由	1
3	External BGP	20
4	IGRP	100
5	OSPF 路由	110
6	IS-IS 路由	115
7	RIP 路由	120
8	Internal BGP	200
9	不可达路由	255

1）不同路由协议发现路由的选择

若某个路由器配置了 RIP 和 IGRP 两种协议，两种协议都学习了到达某一网络的路由。

因为 RIP 的管理距离为 120，IGRP 的管理距离为 100，所以路由表中只会出现由 IGRP 学习到的路由。

2）同一种路由协议发现路由的选择

若某路由器学习了到达某一远程网络的两条路由都采用同一种协议（如 IGRP），即两条路由具有相同的 AD 值，则路由协议的度量值将作为判断到达目的网络的路由的优劣的依据。度量值可以是跳数、带宽、延迟、负载、最大传输单元，或者其中几种的组合度量，依不同协议而有所不同。

7.2 静态路由及配置

1. 静态路由

在不能通过动态路由协议自学到目标网络的路由环境下，需要配置静态路由。通过配置静态路由使数据包能够按照预定的路径传送到达指定的目标网络。

在全局配置模式下，命令格式为

ip route network mask{ip-address|interface-type interface-number[ip-address]} 其中，network 为本设备非直连目的网段地址；mask 为子网掩码；{ip-address|interface-type interface-number[ip-address]} 为本地端口的类型、编号及 IP 地址。

描述静态路由转发路径的方式有两种：一种是指向本地端口（即数据包从本地某端口发出），另一种是转发端口，即指向下一跳路由器直连接口的 IP 地址（即将数据包交给 x.x.x.x）。

在配置静态路由时，每个路由设备有多少非直连网段，就需要配置同样数量的静态路由条目。

```
Router(config)#ip route 192.168.1.0 255.255.255.0 10.0.0.1
```

在此例中，描述静态路由转发路径的方式是指向转发端口。

用 no ip route network mask 命令可以删除静态路由。如果没有执行删除动作，将永久保留静态路由。但可以用动态路由协议学到的更好路由来替代静态路由，更好的路由是指管理距离更小的路由，包括静态路由在内所有的路由都携带管理距离的参数。

配置举例：Router（config）#ip route 192.168.1.0 255.255.255.0 ser2/0

在此例中，描述静态路由转发路径的方式是指向本地端口 ser2/0。

2. 默认路由

在网络环境下，为了保证每台路由设备都能够转发所有的数据包，通常给没有确切路由的数据包配置默认路由。当所有已知路由信息都查不到数据包如何转发时，按默认路由进行转发。默认路由可以通过动态路由协议进行传播，也可以在每台路由设备上手工配置。

手工配置默认路由的方法如下：

将 IP 地址 0.0.0.0/0 作为目的网段地址的路由条目称为默认路由，默认路由可以匹配所有的 IP 地址，属于最不精确的匹配。默认路由的配置命令如下：

```
ip route 0.0.0.0 0.0.0.0{ip-address|interface-type
interface-number[ip-address]}
```

其中 0.0.0.0 是目的网段地址及掩码；{ip-address|interface-type interface-number [ip-address]} 描述了转发路径，此部分与静态路由配置相同。

配置举例：为路由器配置默认路由。

```
Router(config)#ip route 0.0.0.0 0.0.0.0 ser2/0
```

在此例中，描述默认路由转发路径的方式是指向本地端口 ser2/0。

```
Router(config)#ip route 0.0.0.0 0.0.0.0 10.0.0.1
```

在此例中，描述默认路由转发路径的方式是指向转发端口的 IP 地址。

默认路由适合以下情况使用：企业的末节分支网络连接到总部，或者连接到互联网。当指明具体目标网络的静态路由和默认路由同时配置时，路由器首先匹配具体目标网络路由，然后是默认路由。

例如，对路由器 R3 做如下的路由配置：

```
Router(config)#hostname R3
R3(config)#ip route 192.168.1.0 255.255.255.0 222.16.205.2
R3(config)#ip route 0.0.0.0 0.0.0.0 ser2/0
```

注意：一个路由器只能配置一条默认路由。

当路由器 R3 收到数据包时，首先将数据包的目的地址与子网掩码进行与运算得出目的网络地址，然后查找路由表，寻找与目标网络匹配的路由表项；如果没有，则查找默认路由；如果还没有，则丢弃收到的数据。

3. 实现两个局域网互联

企业总部的局域网在和远地的分支机构的局域网互联时，经常采用的方法就是租用电信的广域网线路通过路由器互联。总部和分支机构都需要一台路由器，每个路由器都需要一个局域网口和一个广域网口。局域网口用于连接本地局域网，广域网口用于连接广域网。路由器连接网络的接口需要分配所连接网络的 IP 地址。

例如，某公司有 C 类网络 192.168.1.0，需要通过电信的广域网与外地分支机构 C 类网络 192.168.2.0 进行互联，拓扑结构如图 7-1 所示。

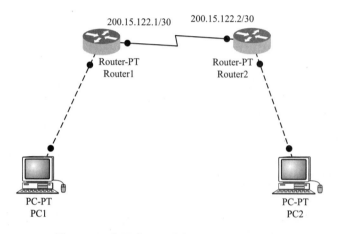

图 7-1　两个局域网通过广域网互联拓扑结构

需要注意的是，必须为两个路由器的广域网口配置同一网段的 IP 地址，这个地址是在网络互联时临时分配的。为了节约地址空间，只需要为它们分配一个能使用两个可用的 IP 地址的子网。这里使用的子网是 200.15.122.0/30，这个子网内只有两个 IP 地址可用，这样给两个广域网口分配地址最经济。

为了实现两个局域网之间的通信，在两台路由器上配置静态路由。

在路由器 Router1 上做如下配置：

```
Router>enable
Router#configure terminal
Router(config)#interface f0/0
Router(config-if)#ip address 192.168.1.1 255.255.255.0
Router(config-if)#no shutdown
Router(config-if)#exit
Router(config)#interface ser2/0
Router(config-if)#ip address 200.15.122.1 255.255.255.252
Router(config-if)#clock rate 64000
Router(config-if)#no shutdown
Router(config-if)#exit
Router(config)#ip route 192.168.2.0 255.255.255.0 200.15.122.2
```

在路由器 Router2 做如下配置：

```
Router>enable
Router#configure terminal
Router(config)#interface f0/0
Router(config-if)#ip address 192.168.2.1 255.255.255.0
Router(config-if)#no shutdown
Router(config-if)#exit
Router(config)#interface ser2/0
Router(config-if)#ip address 200.15.122.2 255.255.255.252
Router(config-if)#no shutdown
Router(config-if)#exit
Router(config)#ip route 192.168.1.0 255.255.255.0 200.15.122.1
Router(config)#
```

主机 PC1 的 IP 地址设置如图 7-2 所示。

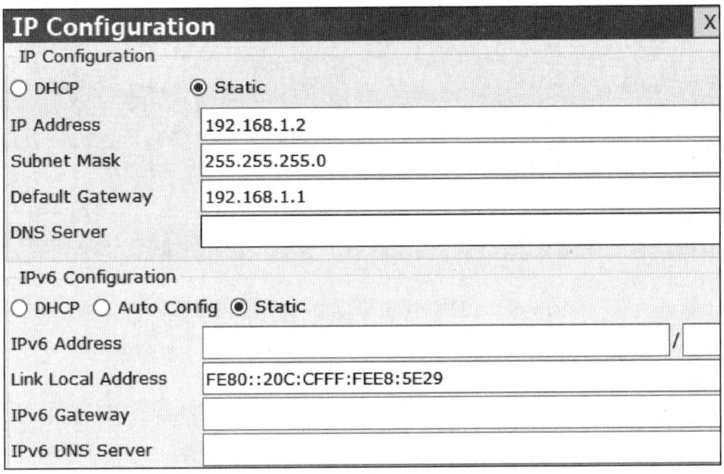

图 7-2 主机 PC1 的 IP 地址设置

主机 PC2 的 IP 地址设置如图 7-3 所示。

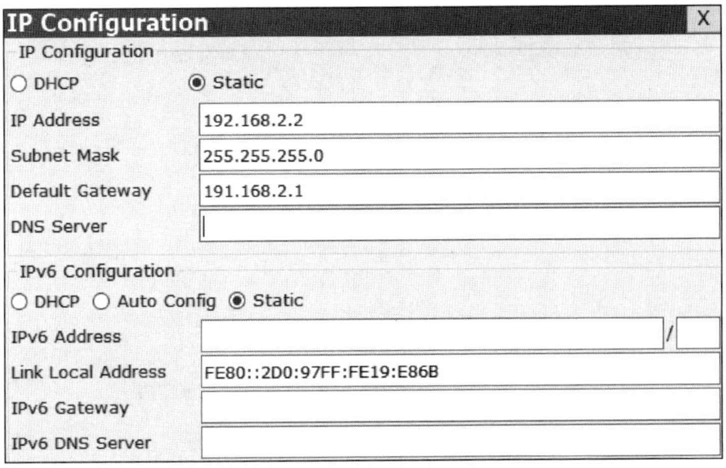

图 7-3 主机 PC2 的 IP 地址设置

在Router1上配置了一条静态路由后，实际上Router1的路由表已经有了三个条目：两条直连路由，一条静态路由。

当Router1收到去往192.168.1.0和200.15.122.0的数据包时，会直接交付，而收到去往192.168.2.0的数据包时，会将数据包交给IP地址为200.15.122.2的下一跳路由器Router2去处理。

同样的，当Router2收到去往192.168.2.0和200.15.122.0的数据包时，会直接交付，而收到去往192.168.1.0网络的数据包时，会将数据包交给IP地址为200.15.122.1的下一跳路由器Router1去处理。

主机PC1可以ping通主机PC2，如图7-4所示。

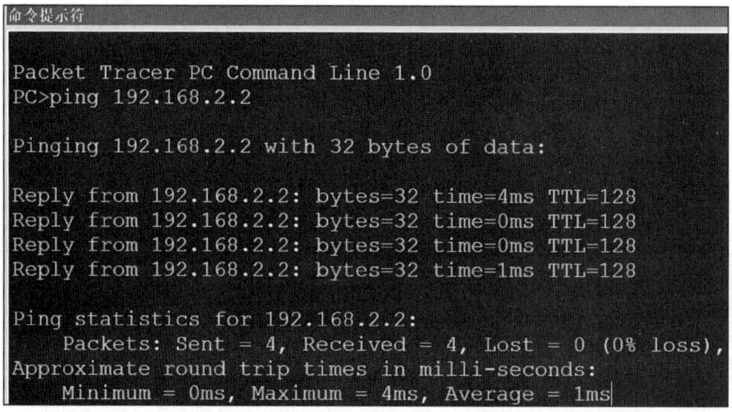

图7-4 主机PC1可以ping通主机PC2

4. 实现多分支机构局域网互联

对于一个总部与多个分部之间的局域网互联，需要根据通信要求来配置静态路由。可以在总部的路由器上采用多个广域网口与分支机构连接，拓扑结构如图7-5所示。

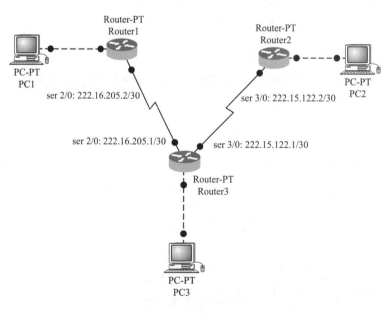

图7-5 总部与多分支机构局域网互联拓扑结构

1）对于只允许总部和分支机构互访、分支机构之间不允许互访的情况

主机 PC1 和 PC2 的 IP 地址设置如图 7-2、图 7-3 所示。主机 PC3 的 IP 地址设置如图 7-6 所示。

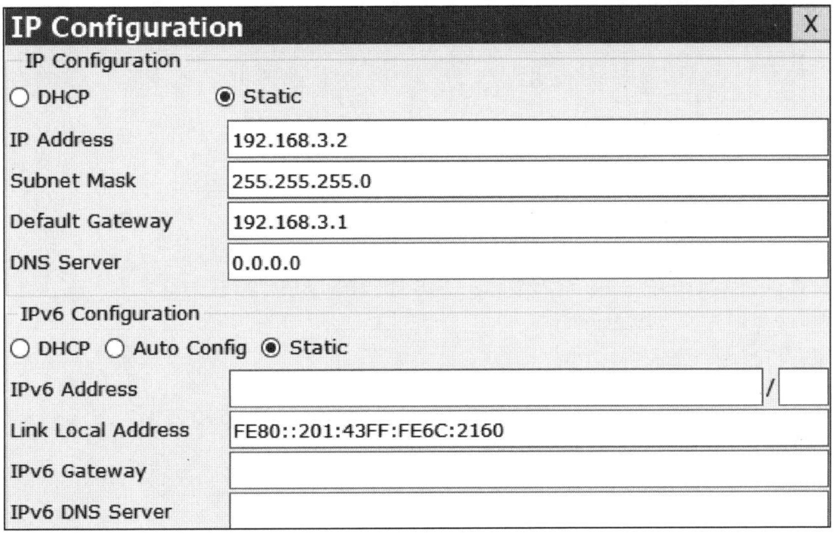

图 7-6 主机 PC3 的 IP 地址设置

在路由器 Router1 上做如下配置：

```
Router>enable
Router#configure terminal
Router(config)#interface f0/0
Router(config-if)#ip address 192.168.1.1 255.255.255.0
Router(config-if)#no shutdown
Router(config-if)#exit
Router(config)#interface ser2/0
Router(config-if)#ip address 222.16.205.2  255.255.255.252
Router(config-if)#clock rate 64000
Router(config-if)#no shutdown
Router(config-if)#exit
Router(config)#ip route 192.168.3.0 255.255.255.0 222.16.205.1
Router(config)#
```

在路由器 Router2 上做如下配置：

```
Router>enable
Router#configure terminal
Router(config)#interface f0/0
Router(config-if)#ip address 192.168.2.1 255.255.255.0
Router(config-if)#no shutdown
Router(config-if)#exit
Router(config)#interface ser3/0
Router(config-if)#ip address 222.15.122.2  255.255.255.252
Router(config-if)#no shutdown
Router(config-if)#exit
```

```
Router(config)#ip route 192.168.3.0 255.255.255.0 222.15.122.1
Router(config)#
```

在路由器 Router3 上做如下配置：

```
Router>enable
Router#configure terminal
Router(config)#interface f0/0
Router(config-if)#ip address 192.168.3.1 255.255.255.0
Router(config-if)#no shutdown
Router(config-if)#exit
Router(config)#interface ser2/0
Router(config-if)#ip address 222.16.205.1 255.255.255.252
Router(config-if)#no shutdown
Router(config-if)#exit
Router(config)#interface ser3/0
Router(config-if)#ip address 222.15.122.1 255.255.255.252
Router(config-if)#clock rate 64000
Router(config-if)#no shutdown
Router(config-if)#exit
Router(config)#ip route 192.168.1.0 255.255.255.0 222.16.205.2
Router(config)#ip route 192.168.2.0 255.255.255.0 222.15.122.2
Router(config)#
```

主机 PC1 可以 ping 通主机 PC3，如图 7-7 所示。

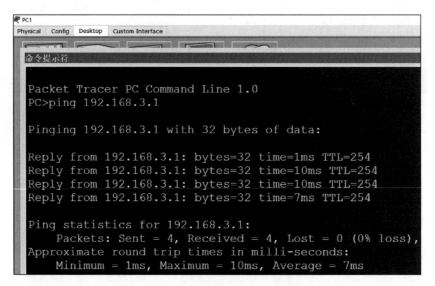

图 7-7　主机 PC1 可以 ping 通主机 PC3

主机 PC2 可以 ping 通主机 PC3，如图 7-8 所示。

而主机 PC1 和 PC2 无法通信。

2）对于总部和分支机构以及分支机构之间需要互访的情况

在路由器 Router1 上添加如下配置：

```
Router(config)#ip route 192.168.2.0 255.255.255.0 222.16.205.1
```

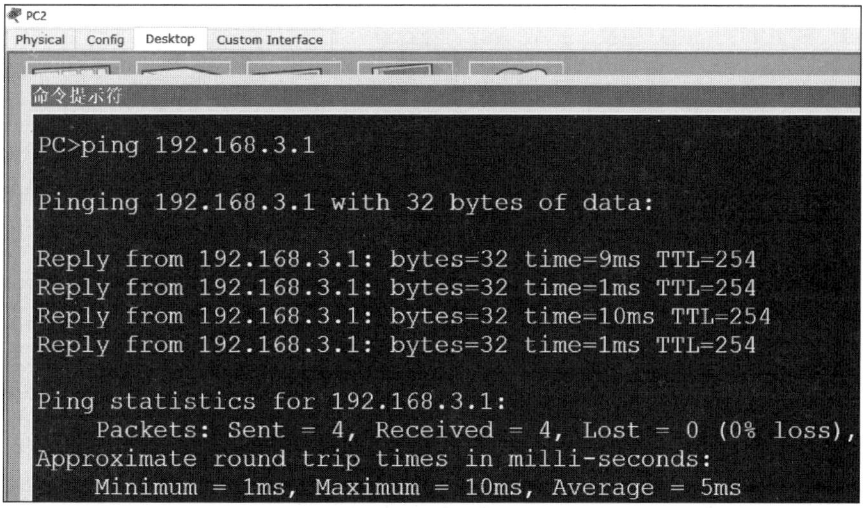

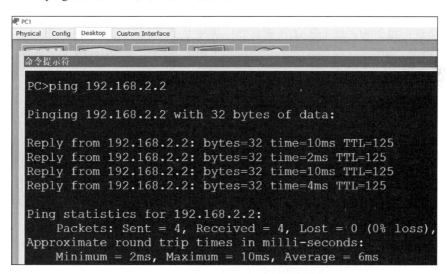

图 7-8　主机 PC2 可以 ping 通主机 PC3

在路由器 Router2 上添加如下配置：

```
Router(config)#ip route 192.168.1.0 255.255.255.0 222.15.122.1
```

主机 PC1 可以 ping 通主机 PC2，如图 7-9 所示。

图 7-9　主机 PC1 可以 ping 通主机 PC2

给路由器的广域网口分配 IP 地址只是通信需要，目的是将不同物理网络的不统一的 MAC 地址，从逻辑上进行统一，而用户并不需要访问这些地址，所以路由器上不需要配置到广域网的路由。当然，这样的连接方式需要总部的路由器有较多的广域网接口，当然可以通过采用虚电路复用的方式，可以节约广域网接口。

7.3 RIP 路由协议

7.3.1 RIP 路由协议简介

RIP 是 20 世纪 70 年代开发的动态路由协议，也是最早的动态路由协议，主要用于规模较小的网络，比如企事业单位的局域网络或者结构简单的地区性网络。由于 RIP 原理简单，配置和维护管理也比较容易，因此在局域网络中应用较广泛。

RIP 是一种基于距离矢量算法的路由协议，其路由度量使用跳数来衡量到达目的网络的距离。路由器与它直连的网络的跳数为 0，通过与其直连的路由器而到达下一个紧邻的网络，跳数为 1，即每经过一台路由器，跳数加 1，其余以此类推。为限制收敛时间，RIP 规定路由度量值为 0～15 的整数，大于或等于 16 的跳数，代表网络或主机不可达。由于有这个限制，故 RIP 不适合部署大型网络。

距离矢量路由协议当网络发生故障时，有可能产生路由环路现象。RIP 使用路由毒化、水平分割、毒性逆转、定义最大度量值、触发更新和抑制计时器等机制，来避免路由环路的产生，加快网络收敛速度，提高网络的稳定性。另外，RIP 允许引入其他路由协议所得到的路由。

RIP 有 RIPv1 和 RIPv2 两个版本，两个版本不兼容，不能相互学习路由。RIPv1 是有类别路由协议，协议报文不携带子网掩码，不支持 VLSM，协议报文不支持验证，协议安全没有保障，只支持以广播方式发布协议报文，系统和网络开销都较大。RIPv2 是无类别路由协议，协议报文中携带子网掩码信息，支持 VLSM 和 CIDR（无类域间路由），支持组播方式发送路由更新报文，减少了资源消耗，并支持对协议报文进行验证，提供明文验证和 MD5 密文验证两种方式，提高了协议的安全性。因此，一般都使用 RIPv2。

RIP 使用 UDP 发送协议报文进行路由信息交换，RIP 进程服务端口号为 UDP 520。

7.3.2 RIP 路由协议的工作过程

1. 交换路由信息

在未启用 RIP 路由协议时，路由表中仅有直连路由。启用 RIP 后，RIP 路由进程使用广播报文，向各接口发送广播请求报文，向各邻居路由器请求路由信息。

各邻居路由器收到请求报文后，将自己的路由表信息以响应报文的形式进行回复。响应报文中，各路由表项的度量值为路由表中的原度量值加上发送附加度量值（默认为 1）。

2. 更新路由表

路由器收到邻居路由器的响应报文后，更新自己的路由表，更新方法如下：

（1）对本路由器已有的路由表项，当发送响应报文的邻居相同时，无论度量值增大还是减少，都更新该路由表项，当度量值相同时只将老化的时间清零。

（2）对本路由器已有的路由表项，当发送响应报文的邻居不相同时，只在路由度量值减少时，才更新该路由表项。

（3）对本路由器不存在的路由表项，如果度量值小于 16，则在路由表中增加该路由表项。

3. 路由表维护

RIP 路由信息维护由定时器来完成，RIP 定义了三个定时器。

（1）Update 定时器：定义发送路由更新的时间间隔，默认为 30 s。各路由器会以该定时器所设置的时间为周期，以响应报文的形式广播自己的路由表，以供用户更新路由信息。

（2）Timeout 定时器：定义路由老化的时间，默认为 180 s。如果在老化时间内没有收到某条路由的更新报文，则该条路由的度量值将会被置为 16，并从路由表中删除。

（3）Garbage-Collect 定时器：定义一条路由从度量值变为 16 开始，直到从路由表中删除所等待的时间，默认为 120 s。如果在 Garbage-Collect 定时器所设置的时间内，该条路由没有得到更新，则将该条路由从路由表中删除。

7.3.3　RIP 的配置命令

1. 启用 RIP 路由协议

配置命令如下：

```
router rip
```

该命令在全局配置模式下执行，用于激活 RIP 路由协议，启动 RIP 服务进程，并进入动态路由配置子模式。如果要关闭 RIP 路由协议，则执行 no router rip 命令。

2. 配置 RIP 的版本

配置命令如下：

```
version 1|2
```

在动态路由配置子模式下执行，用于指定 RIP 所使用的版本号，默认版本为 1。

例如，如果要启动 RIP 服务进程，并使用 RIPv2 版本，则配置命令如下：

```
Router(config)#router rip
Router(config-router)#version 2
```

3. 配置参与 RIP 动态路由学习的网络

配置命令如下：

```
network network-address
```

在动态路由配置子模式下执行，network-address 代表网络地址。通过一台路由器相连的网络，如果都要参与 RIP 动态路由的学习，则要用 network 命令逐一配置指定。没有配置指定的网络，不会出现在 RIP 的路由更新报文中。如果要删除某一个网络，可执行 no network network-address 命令来实现。

例如，如果路由器连接了 108.8.1.0/24 和 178.16.1.0/16 网络，这两个网络都要参与 RIP 动态路由的学习，则配置命令如下：

```
Router(config)#router rip
Router(config-router)#version 2
Router(config-router)#network 108.8.1.0
Router(config-router)#network 172.16.0.0
```

4. 配置 RIP 路由汇总

为了控制对外发送路由条目的数量，RIP 协议支持将属于一个更大子网的多个子网路由汇总成一条路由。

路由器支持自动汇总和手工汇总两种路由汇总方式，默认情况下，路由器采取自动汇总方式。

将路由器设置为自动路由汇总是在路由配置模式下执行如下命令：

```
auto-summary
```

例如，如下命令可以在路由器上进行自动路由汇总：

```
Router(config-router)#auto-summary
```

采用自动路由汇总有时会出现问题。例如网络中的路由器 A 有直连子网 172.16.12.0/24、172.16.13.0/24、172.16.14.0/24 和 172.16.15.0/24，路由器 B 有直连子网 172.16.16.0/24、172.16.17.0/24、172.16.18.0/24、172.16.19.0/24。路由器 A 和 B 都会自动汇总成一条关于 172.16.0.0/16 网络的路由对外发送，这样网络中的其他路由器就可能会生成这样的路由：一个目标，两条路径。去往 172.16.0.0/16 网络的数据包会均衡地走两条路径，导致一部分数据包丢失。

解决这个问题的方法是关闭自动路由汇总，进行人工路由汇总。取消自动路由汇总的方法是在路由配置模式下使用以下命令：

```
no auto-summary
```

人工路由汇总是在需要往外发送路由信息的接口上进行的。在接口模式下执行如下命令：

```
ip summary-address rip ip-address subnet-mask
```

子网 172.16.12.0/24、172.16.13.0/24、172.16.14.0/24 和 172.16.15.0/24 可以汇总为 172.16.12.0/22，172.16.16.0/24、172.16.17.0/24、172.16.18.0/24、172.16.19.0/24 可以汇总为 172.16.16.0/22。例如，在路由器 A 的 Ser2/0 端口进行人工汇总：

```
Router(config)#interface ser2/0
Router(config-if)#ip summary-address  rip 172.16.12.0 255.255.252.0
```

5. 路由重发布

（1）重发布静态路由。配置命令如下：

```
redistribute static
```

命令功能：将网络设备上配置的静态路由发布到 RIP 路由协议中，让其他网络设备通过 RIP 路由协议，能学习到该静态路由。

（2）重发布默认路由。配置命令如下：

```
default-information originate
```

命令功能：将网络设备上的默认路由发布到 RIP 路由协议中，让其他网络设备通过 RIP 路由协议，能学习到该默认路由。

以上两条命令均在 RIP 动态路由配置子模式下执行，重发布的路由在路由表中必须存在，否则重发布不会生效。

例如，如果整个局域网内网部署应用了 RIPv2 路由协议，在出口路由上配置了到互联网的默认路由，则该默认路由仅存在该出口路由器上，运行了 RIP 路由协议的其他三层设备上是没有到互联网的默认路由的，这会导致内网用户因缺少到互联网的路由而无法访问互联网。解决方法就是在出口路由器上，将默认路由发布到 RIP 路由协议中。

6. 查看 RIP 运行状态及配置信息

显示命令如下：

```
show ip protocols
```

显示内容如图 7-10 所示，图 7-10 中最后一行的 Distance 代表管理距离，RIP 的默认管理距离为 120。

```
Router#show ip protocols
Routing Protocol is "rip"
Sending updates every 30 seconds, next due in 22 seconds
Invalid after 180 seconds, hold down 180, flushed after 240
Outgoing update filter list for all interfaces is not set
Incoming update filter list for all interfaces is not set
Redistributing: rip, static
Default version control: send version 2, receive 2
  Interface              Send  Recv  Triggered RIP  Key-chain
  FastEthernet0/0         2     2
  Serial2/0               2     2
Automatic network summarization is in effect
Maximum path: 4
Routing for Networks:
    192.168.12.0
    198.165.2.0
Passive Interface(s):
Routing Information Sources:
    Gateway          Distance       Last Update
    192.168.12.1        120         00:00:16
Distance: (default is 120)
```

图 7-10 查看 RIP 配置信息

7. 查看路由表

在特权模式下，显示命令如下：

```
show ip route
```

该命令显示整个路由表的信息。如果只查看 RIP 学习到的路由，则使用 show ip route rip 命令。

8. 清除路由表项

在特权模式下，配置命令如下：

```
clear ip route *|network-address
```

命令功能：clear ip route * 清除所有路由表项。直连路由是无法清除的。clear ip route network-address 用于清除指定网络的路由表项。

7.4 OSPF 路由协议

7.4.1 OSPF 路由协议简介

1. OSPF 路由协议的概念

OSPF 是链路状态路由协议，属于内部网关协议。与距离矢量路由协议不同，链路状态路由协议使用最短路径优先（shortest path first, SPF）算法计算和选择路由，关心网络中链路或接口的状态，每台路由器将其已知的链路状态向该区域的其他路由器通告。利用这种方式，网络上的每台路由器最终形成包含网络完整链路状态信息的链路状态数据库，最后各路由器以此为依据，使用 SPF 算法独立计算出路由。

OSPF 将协议包封装在 IP 数据包中，并利用组播方式发送协议包。OSPF 路由协议比 RIP 具有更大的扩展性、收敛性和安全可靠性，并弥补了 RIP 路由协议的缺陷和不足，不会出现路由环路，可适合大中型网络的组建。

2. OSPF 路由协议的工作过程

OSPF 路由协议有四个主要的工作过程：寻找邻居、建立邻接关系、传递交互链路状态信息和计算路由。

1）寻找邻居

OSPF 路由协议启动运行后，将周期性地从其启动 OSPF 协议的每一个接口，以组播方式发送 Hello 包，以寻找邻居。在 Hello 包中携带有一些参数，比如始发路由器的 Router ID、接口的区域 ID、地址掩码以及优先级等信息。

路由器通过记录彼此的邻居状态来确认是否与对方建立了邻接关系。路由器首次收到某路由器的 Hello 包时，仅将该路由器当作邻居候选人，将邻居状态记录为 Init。在相互协商成功 Hello 包中所指定的某些参数后，才将该路由器确定为邻居，将邻居状态修改为 2-way。当双方的链路状态信息交换成功后，邻居状态变为 Full，表示邻居路由器之间的链路状态信息已经同步完成。

一台路由器可以有很多个邻居，也可以同时成为其他路由器的邻居，因此，路由器使用邻居表来记录邻居 ID、邻居地址和邻居状态等信息。邻居地址一般为邻居路由器给自己发送 Hello 包的接口地址。邻居 ID 为邻居路由器的 Router ID，Router ID 是在 OSPF 区域内唯一标识一台路由器的 IP 地址。路由器使用接口 IP 地址作为邻居地址，与区域内的其他路由器建立邻居关系，使用 Router ID 来唯一标识区域内的某台路由器。

2）建立邻接关系

邻居关系建立后，接下来就是建立邻接关系的过程。只有建立了邻接关系的路由器之间，才能交互链路状态信息。

如果让区域内两两互联的路由器都建立邻接关系，则有 $[n(n-1)/2]$ 个邻接关系，太多的邻接关系需要消耗较多的资源。为了减少邻接关系数量，OSPF 路由协议规定，在广播型网络（比如以太网）中，一个区域要选举出一个 DR（designated router，指派路由器）和 BDR（backup designated router，备份指派路由器），区域内的其他路由器只能与 DR 和 BDR 建立邻接关系。这样一来，邻接关系的数量就减少为 [2（$n-2$）+1] 个，DR 和 BDR 成为链路信息交互的中心。

在广播型网络中，DR 和 BDR 的选举过程如下：

在初始阶段，路由器会将 Hello 包中的 DR 和 BDR 字段值设置为 0.0.0.0。当路由器接收到邻居的 Hello 包后，会检查 Hello 包中携带的路由器优先级、DR 和 BDR 等字段，然后列出所有具备 DR 和 BDR 资格的路由器。

路由器的优先级为 0～255，数字越大，优先级越高。优先级为 0 的路由器，不能参与 DR 和 BDR 的选举，没有选举资格。

在具备选举资格的路由器中，优先级最高的路由器将被宣告为 BDR，如果优先级相同，则 Router ID 大的优先。BDR 选举成功后，再进行 DR 的选举。如果同时有一台或多台路由器宣称自己为 DR，则优先级最高的将被宣告为 DR。如果优先级相同，则 Router ID 大的优先。如果没有路由器宣称自己为 DR，则将已有的 BDR 推举为 DR，然后执行一次选举过程，选出新的 BDR。

DR 和 BDR 选举成功后，路由器会将 DR 和 BDR 的 IP 地址设置到 Hello 包的 DR 和 BDR 字段，表明该区域内的 DR 和 BDR 已经生效。区域内的其他路由器只与 DR 和 BDR 之间建立邻接关系。此后，所有路由器继续周期性地组播 Hello 包来寻找新的邻居和维持旧邻居关系。

路由器的优先级可以影响选举过程，新加入的高优先级路由器不会更改已经生效的 DR 和 BDR，即新加入的高优先级路由器只能接收已经存在的 DR 和 BDR，与它们建立邻接关系，不会被选举成为新的 DR 或 BDR。

3）传递交互链路状态信息

建立邻接关系的路由器之间通告发布 LSA（link state advertise，链路状态通告）来交互链路状态信息。通过获得对方的 LSA，同步区域内的所有链路状态信息后，各路由器将形成包含整个区域网络完整链路状态信息的 LSDB（link state database，链路状态数据库）。

为减少对网络资源的占用，OSPF 路由协议采用增量更新机制发布 LSA，即只发布邻居缺少的链路状态给邻居。如果网络变化，路由器会立即向已经建立邻接关系的邻居发送 LSA 摘要信息。如果网络未发生变化，路由器默认每隔 30 min 向已经建立邻接关系的邻居路由器发送一次 LSA 摘要信息。摘要信息仅是对该路由器的链路状态进行简单的描述，并不是具体的链路信息。邻居接收到 LSA 摘要信息后，比较自身的链路状态信息，如果发现对方具有自己不具备的链路信息，则向对方请求该链路信息，否则不做任何回应。当路由器收到邻居发来的请求某个或某些链路信息的 LSA 包后，将立即向邻居提供所需要的链路信息，邻居收到后，将回应确认包。

从中可见，OSPF 路由协议在发布 LSA 时进行了四次握手过程，保证了链路状态信息传递的可靠性。另外，OSPF 路由协议还具备超时重传机制。在 LSA 更新阶段，如果发送的包在规定时间没有收到对方的回应，则认为该包丢失，将重新发送包。当网络时延大时会造成超时重传。为应对重复的数据包，OSPF 路由协议为每一个数据包编写从小到大的序号，当路由器收到重复序号的包时，只响应第一个包。

4）计算路由

路由器通过以下步骤，计算获得 OSPF 最佳路由，并加入路由表。

（1）评估一台路由器到另一台路由器所需要的开销。OSPF 路由协议根据路由器的每一个接口指定的度量值来决定最短路径，此处的度量值采用的是接口的开销。一条路由的开销就是沿着到达目的网络的路径上所有路由器出接口的开销总和。

（2）同步 OSPF 区域内每台路由器的 LSDB。OSPF 通过交换 LSA 实现 LSDB 的同步。

（3）使用 SPF 算法计算出路由。OSPF 路由协议用 SPF 算法，以自身为根节点，计算出一棵最短路径树。在这棵树上，由根到各节点的累计开销最小，即由根到各节点的路径在整个网络中是最优的，这样就获得了由根去往各个节点的路由，最后将计算得到的路由，加入路由表中。

如果通过计算发现有两条到达目标网络的路径的开销相同，则将这两条路由都加入路由表中，这种路由称为等价路由。

3. OSPF 的分区域管理

OSPF 路由协议的 SPF 算法比较复杂，需要耗费较多的路由器内存和 CPU 资源，同时还要维护和管理整个网络的链路状态数据库，网络规模越大，负荷就会越重。因此，OSPF 路由协议采用了分区域的管理办法，将一个大的自治系统，划分为几个小的区域。路由器仅需与其所在区域内的其他路由器建立邻接关系，并共享相同的链路状态数据库，而不需要考虑其他区域的路由器。这样，原来需要维护和管理的庞大数据库，就被划分为几个小的数据库，在各自的区域内进行维护和管理，从而降低了对路由器内存和 CPU 资源的消耗。

为区分各个区域，每个区域都用一个 32 位的区域 ID 来标识。区域 ID 可以表示为一个十进制数，也可以用点分十进制数来表示。例如，区域 0 等同于 0.0.0.0，区域 1 等同于 0.0.0.1。区域 ID 仅是对区域的标识，与区域路由器的 IP 地址分配无关。

划分区域后，OSPF 自治系统内的通信就可分为三种类型，即区域内通信、区域间通信和区域外部通信（域内路由器与另一个自治系统内的路由器之间的通信）。为了完成这些通信，OSPF 协议对本自治系统内的各区域和路由器进行了区分和任务分工。

为了有效管理区域间的通信，需要有一个区域作为所有区域的枢纽，负责汇总每一个区域的网络拓扑和路由到其他所有的区域，所有的区域间通信都必须通过该区域来实现，这个区域称为主干区域，协议规定主干区域的区域 ID 为 0。一个 OSPF 自治系统必须有一个主干区域。所有非主干区域都必须与主干区域相连，非主干区域之间不能直接交换数据包，非主干区域间的链路状态同步和路由信息同步，只能通过主干区域来完成。

路由器的所有接口都属于同一个区域的路由器，称为区域内部路由器，至少有一个接口与主干区域相连的路由器，称为主干路由器；连接一个或多个区域到主干区域的路由器，称为区域边界路由器，这些路由器一般会成为区域间通信的路由网关。如果一个路由器与其他自治系统内的某路由器相连，则该路由器就称为自治系统边界路由器。

划分区域后，只有在同一个区域的路由器彼此间才能建立邻居和邻接关系。为保证区域间能正常通信，区域边界路由器必须同时加入两个或两个以上的区域，负责向它所连接的区域转发其他区域的 LSA 通告，以实现 OSPF 自治系统内部的链路状态同步和路由信息同步。

在配置 OSPF 动态路由协议时，使用单区域配置还是多区域配置，取决于网络规模的大小。如果网络规模不是太大，则可使用单区域配置；如果网络规模较大，则使用多区域配置。

7.4.2 OSPF 配置命令

1. 启用 OSPF 路由协议

配置命令如下：

```
router ospf process-id
```

命令功能：启用 OSPF 路由协议，并指定 OSPF 进程的进程号。该命令在全局配置模式下运行，运行后进入路由配置子模式。

process-id 为 OSPF 启动运行的进程号，取值范围为 1～65 535，可任意配置指定。进程号仅在本地路由器内部起作用，不同路由器可使用相同的进程号。

例如，如果要启动 OSPF 路由协议，并指定 OSPF 运行的进程号为 1，则配置命令如下：

```
Routeer(config)#router ospf 1
Routeer(config-router)#
```

如果要停用 OSPF 路由协议，则执行 no router ospf process-id 命令来实现。

2. 配置指定参与 OSPF 动态路由学习的网络

配置命令如下：

```
network network-address wildcard-mask area area-id
```

参数说明：network-address 代表网络地址；wildcard-mask 代表网络地址的通配符掩码，即反掩码；area-id 代表网络所属的区域号。

假设路由器处于主干区域中，路由器的接口连接了两个网络，网络地址分别为 192.168.1.0/24 和 192.168.2.0/24。这两个网络都要参与 OSPF 动态路由的学习，则配置命令如下：

```
Router(config)#router ospf 1
Router(config-router)#network 192.168.1.0 0.0.0.255 area 0
Router(config-router)#network 192.168.2.0 0.0.0.255 area 0
```

3. 配置路由器的 Router ID

配置命令如下：

```
router-id A.B.C.D
```

Router ID 的格式与 IP 地址相同，用于唯一标识该台路由器。该命令在路由配置子模式下执行。

例如，如果要配置指定路由器的 Router ID 值为 1.1.1.1，则配置命令如下：

```
Router(config-router)#router-id 1.1.1.1
```

如果未配置指定路由器的 Router ID，则使用本路由器上所有 loopback 接口中最大的 IP 作为 Router ID。如果 loopback 口也没有配置 IP 地址，则使用本路由器上所有物理接口中最大的 IP 地址作为 Router ID。

4. 配置路由重分发

路由重分发是指当网络中使用了多种路由协议时，将一种路由协议学习到的路由转换为另一种路由协议的路由,并通过另一种路由协议广播或组播出去,从而实现不同路由协议之间交换路由信息的目的。

静态路由、RIP、OSPF、BGP都属于不同种类的路由协议,这些路由协议彼此间要交换路由信息,需要用到路由重分发。比如,将当前路由器上配置的静态路由信息重分发到OSPF或RIP路由协议中去,让其他路由器能通过OSPF或RIP路由协议的学习,获得这条静态路由的路由信息。

除了不同动态路由协议彼此间可以重分发路由信息之外,还可以将路由器上的直连路由、静态路由和默认路由,根据应用的需要,重分发到RIP或OSPF路由协议中。

路由重分发在路由配置子模式下,使用redistribute命令来实现,具体用法如下:

1)重分发直连路由

配置命令如下:

```
redistribute connected [subnets]
```

将直连路由重分发到RIP时,使用redistribute connected命令。将直连路由重分发到OSPF协议时,使用redistribute connected subnets命令,即带子网掩码重分发直连路由。

2)重分发静态路由

配置命令如下:

```
redistribute static [subnets]
```

将静态路由重分发到RIP时,使用redistribute static命令。将静态路由分发到OSPF协议时,使用redistribute static subnets命令,即带子网掩码重分发静态路由。

例如,如果要将当前路由器上的静态路由重分发到OSPF路由协议中,则实现的配置命令如下:

```
Router(config)#router ospf 1
Router(config-router)#redistribute static subnets
```

3)重分发默认路由

配置命令如下:

```
default-information originate
```

在局域网的出口路由器中,会配置一条到互联网的默认路由。如果局域网内网采用动态路由协议配置,出口路由器的内网口加入了动态路由网络,则在出口路由器上必须配置重分发默认路由到动态路由协议中,否则局域网内的其他三层设备将缺乏到互联网的默认路由,导致内网用户无法访问互联网。

配置路由重分发时,要进入目标路由协议的配置模式中去配置路由重分发,路由重分发指令指定的是分发的来源路由。

假设局域网内的汇聚交换机、核心交换机与出口路由器之间的网络,配置使用了OSPF动态路由协议,则在出口路由器上,需要将默认路由重分发到OSPF路由协议中,实现的配置命令如下:

```
Router(config)#router ospf 1
Router(config-router)#default-information originate
```

4）将一种动态路由协议中的路由重分发到另一种动态路由协议

配置命令如下：

redistribute 协议名称[进程号/自治系统号][metric 度量值][subnets]

该命令在要发布到的目标路由协议的路由配置模式下执行，将指定的动态路由协议的路由信息重分发到当前动态路由协议中去。

参数说明：

协议名称：用于指定路由信息的来源路由协议，可以是 RIP、OSPF、BGP 或 EIGRP 路由协议。

进程号/自治系统号：当要将 OSPF 路由协议的路由信息发布到其他动态路由协议时，路由协议名称要设置为 OSPF，并且后面还要带上 OSPF 协议的进程号。如果路由来源协议为 BGP，要将 BGP 路由协议中的路由信息发布到其他路由协议中去，将协议名称设置为 BGP，并且要给出来源路由信息所在的自治系统号。

metric：用于设置重分发进来的路由条目需要添加的度量值。如果没有指定该参数项，默认添加种子度量值所设置的度量值。OSPF 协议的种子度量值为 20。

subnets：重分发路由时考虑子网掩码，即带子网掩码重分发路由。

5. 显示与验证 OSPF 配置

在特权模式下，可以输入如下命令：

```
show ip ospf neighbor：显示OSPF的邻居关系。
show ip protocols：显示路由协议配置信息。
show ip ospf：显示OSPF的信息。
show ip ospf interface：显示OSPF的接口信息。
show ip route ospf：查看路由表中通过OSPF协议所学习到的路由。
```

7.5 路由协议配置实训

7.5.1 静态路由配置实训（一）

1. 实训目标

（1）掌握静态路由配置方法。

（2）掌握路由表的查看方法。

2. 实训任务

准备两台没有静态划分 VLAN 的交换机，用这两台交换机各组建一个局域网 198.8.15.0/24 和 202.7.20.0/24，通过两台路由器来模拟企业总部局域网和远程分支机构局域网通过广域网互联。这里的每台路由器均准备一个局域网口和一个广域网口，局域网口连接一个局域网，广域网口用于路由器之间的互联。通过配置静态路由表实现两个局域网之间的访问。

视频

静态路由配置实训（一）

3. 任务分析

根据实训任务设计实训环境，网络拓扑结构图如图 7-11 所示。

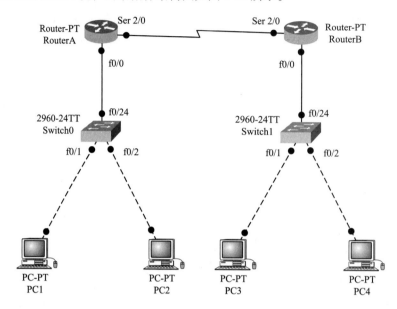

图 7-11 两个局域网通过路由器背对背互联网络拓扑结构图

首先需要查看交换机有没有划分 VLAN，如果划分了 VLAN，需要清除 VLAN，保证同一台交换机上的计算机与路由器的局域网口在同一 VLAN 内。

数据通信设备（DCE）和数据终端设备（DTE）通信时，需要为数据终端设备提供时钟，DCE 和 DTE 总是成对出现的。

注意：两台路由器的串口背靠背连接时，一个连接 DCE 电缆（母头电缆），另一个连接 DTE 电缆（公头电缆），连接 DCE 电缆的路由器接口需要设置时钟。

在实际的应用中，一般路由器串口只需要连接 DTE 电缆，然后连接 Modem 到广域网，总是由 Modem 提供时钟。本环境中没有通过 Modem，因此需要有设备提供时钟。

静态路由规划见表 7-2。

表 7-2 静态路由规划

路由器 A 静态路由的规划	目的网络	202.7.20.0/24
	下一跳地址	195.16.13.1
路由器 B 静态路由的规划	目的网络	198.8.15.0/24
	下一跳地址	195.16.13.2

4. 任务实施

（1）根据实训环境进行设备连接。

（2）在 RouterA 上的配置：

```
Router#configure terminal
```

第 7 章 IP 路由协议及配置

```
Router(config)#hostname RouterA
RouterA(config)#interface f0/0
RouterA(config-if)#ip address 198.8.15.1 255.255.255.0
RouterA(config-if)#no shutdown
RouterA(config-if)#exit
RouterA(config)#interface ser2/0
RouterA(config-if)#ip address 195.16.13.2 255.255.255.252
RouterA(config-if)#clock rate 64000
RouterA(config-if)#no shutdown
RouterA(config-if)#exit
RouterA(config)#ip route 202.7.20.0 255.255.255.0 195.16.13.1
RouterA(config)#
```

（3）在 RouterB 上的配置：

```
Router#configure terminal
Router(config)#hostname RouterB
RouterB(config)#line vty 0 4
RouterB(config-line)#password sun
RouterB(config-line)#login
RouterB(config-line)#exit
RouterB(config)#enable password moon
RouterB(config)#interface f0/0
RouterB(config-if)#ip address 202.7.20.1 255.255.255.0
RouterB(config-if)#no shutdown
RouterB(config-if)#exit
RouterB(config)#interface ser2/0
RouterB(config-if)#ip address 195.16.13.1 255.255.255.252
RouterB(config-if)#no shutdown
RouterB(config-if)#exit
RouterB(config)#ip route 198.8.15.0 255.255.255.0 195.16.13.2
RouterB(config)#
```

（4）查看 RouterA 的路由表如图 7-12 所示。

```
RouerA#show ip route
Codes: C - connected, S - static, I - IGRP, R - RIP, M - mobile, B - BGP
       D - EIGRP, EX - EIGRP external, O - OSPF, IA - OSPF inter area
       N1 - OSPF NSSA external type 1, N2 - OSPF NSSA external type 2
       E1 - OSPF external type 1, E2 - OSPF external type 2, E - EGP
       i - IS-IS, L1 - IS-IS level-1, L2 - IS-IS level-2, ia - IS-IS inter area
       * - candidate default, U - per-user static route, o - ODR
       P - periodic downloaded static route

Gateway of last resort is not set

     195.16.13.0/30 is subnetted, 1 subnets
C       195.16.13.0 is directly connected, Serial2/0
C    198.8.15.0/24 is directly connected, FastEthernet0/0
S    202.7.20.0/24 [1/0] via 195.16.13.1
```

图 7-12 RouterA 的路由表

可以看到有两个直连的网络和一个静态路由。

（5）配置各 PC 的 IP 地址、子网掩码和默认网关。

注意：PC1 和 PC2 的默认网关地址为 RouterA 的局域网口地址，这个地址必须和 PC1、PC2 同一网段。PC3 和 PC4 的默认网关地址为 RouterB 的局域网口地址，这个地址必须和 PC3、PC4 同一网段。

在 Packet Tracer 中单击 PC1，在弹出的窗口中选择"桌面"选项卡下的"IP 地址配置"选项，出现如图 7-13 所示对话框，然后设置 PC1 的 IP 地址、子网掩码和网关，按照同样方法设置其他 PC 主机的 IP 地址、子网掩码和网关。

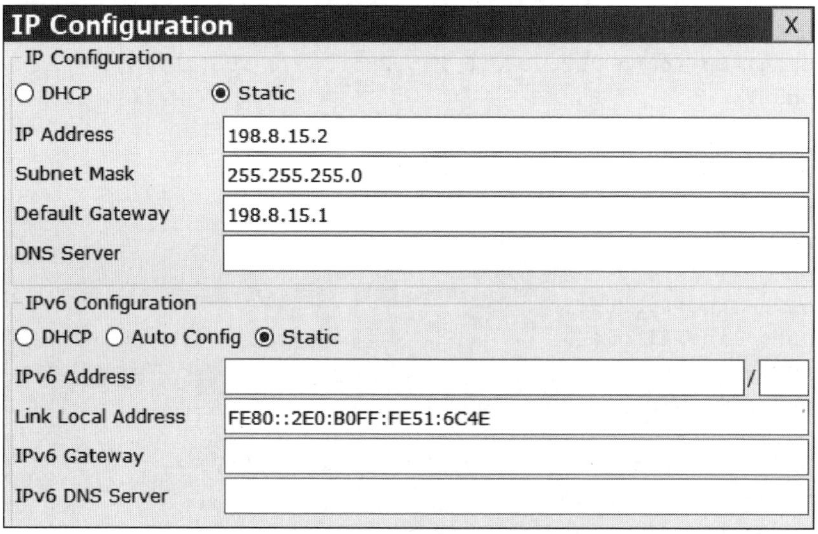

图 7-13 配置 PC1 主机的 IP 地址、子网掩码和网关

PC2 主机的 IP 地址、子网掩码和网关配置如图 7-14 所示。

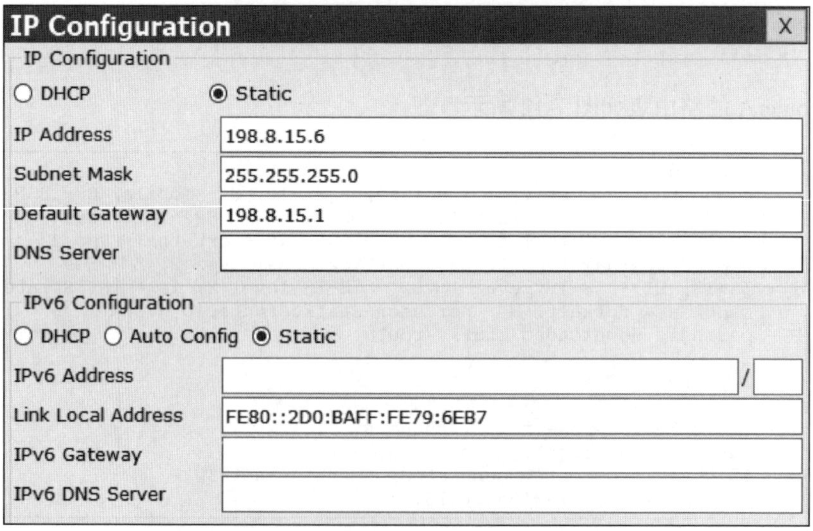

图 7-14 配置 PC2 主机的 IP 地址、子网掩码和网关

PC3 主机的 IP 地址、子网掩码和网关配置如图 7-15 所示。

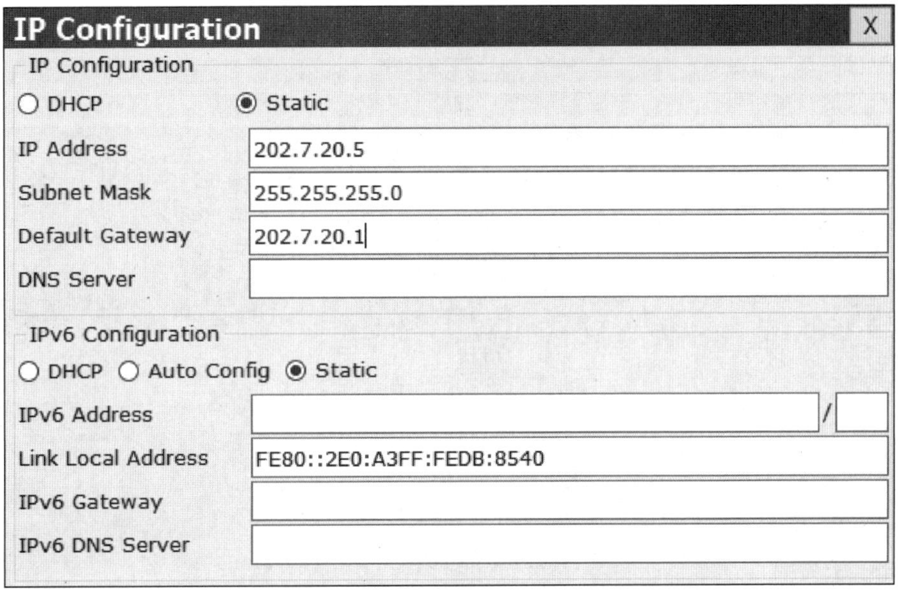

图 7-15 配置 PC3 主机的 IP 地址、子网掩码和网关

PC4 主机的 IP 地址、子网掩码和网关配置如图 7-16 所示。

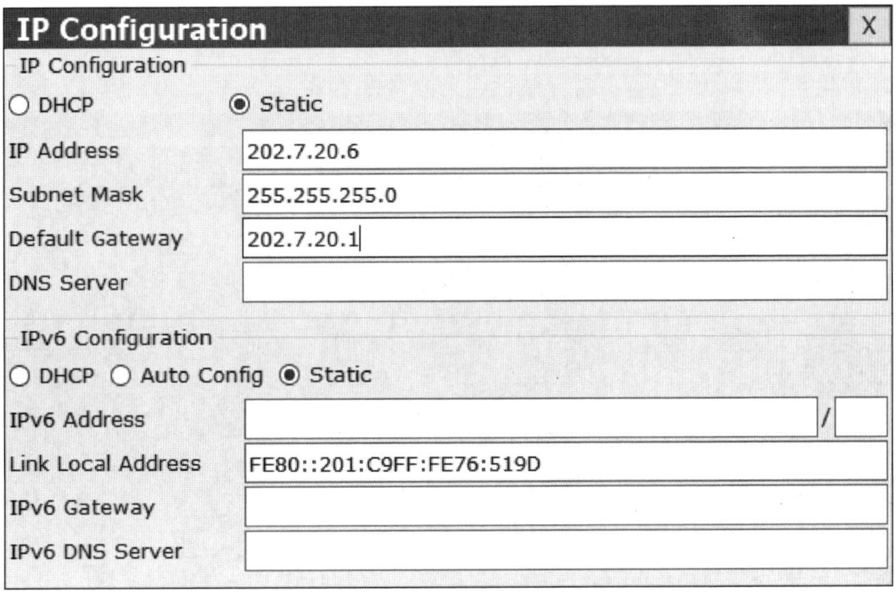

图 7-16 配置 PC4 主机的 IP 地址、子网掩码和网关

（6）测试主机连通性。用 ping 命令检查主机彼此之间的连通性。若能相互通信则表明静态路由设置正确。主机 PC1 能够 ping 通主机 PC3，如图 7-17 所示。

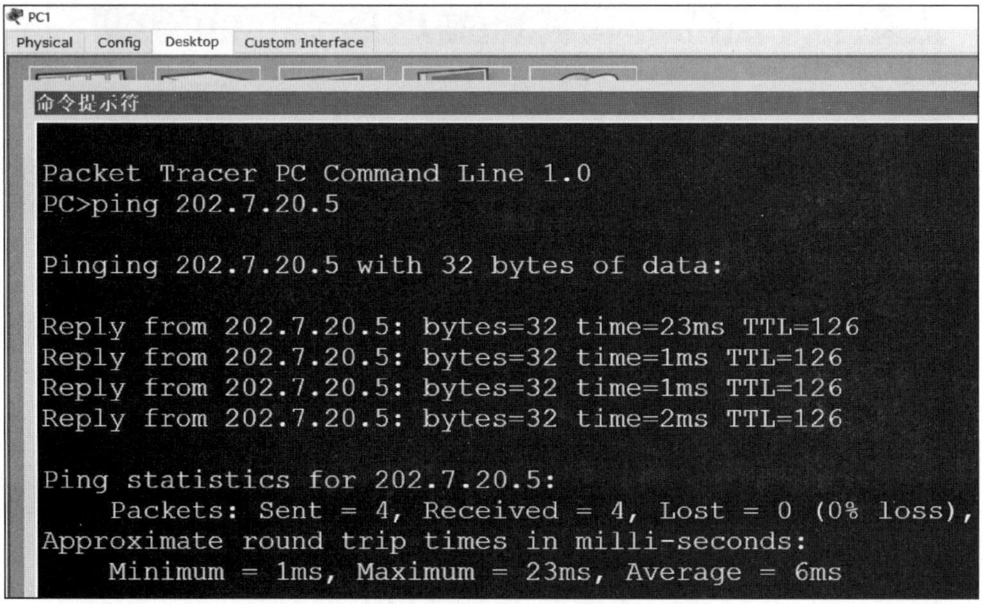

交换机与路由器的配置管理

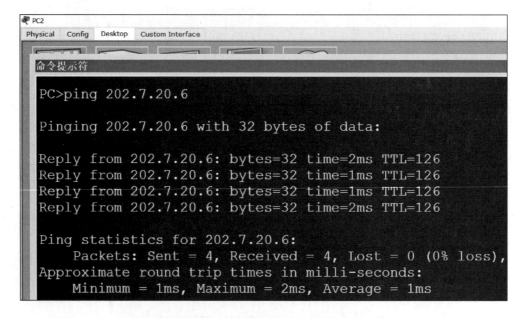

图 7-17　主机 PC1 能够 ping 通主机 PC3

主机 PC2 能够 ping 通主机 PC4，如图 7-18 所示。

图 7-18　主机 PC2 能够 ping 通主机 PC4

（7）如果配置 RouterB 路由器的虚拟终端登录密码和 enable 密码，现在就可以在网络上的任意一台主机上远程配置和管理 RouterB 路由器了。方法是 Telnet 路由器 RouterB 上的任何 IP 地址，如图 7-19 所示。

第 7 章 IP 路由协议及配置

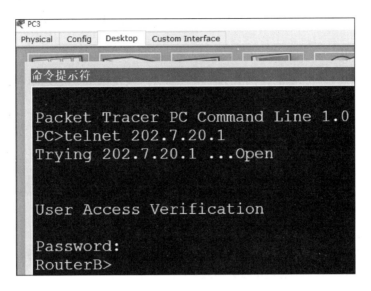

图 7-19 对路由器进行远程登录

7.5.2 静态路由配置实训（二）

静态路由
配置实训
（二）

1. 实训目标

（1）掌握网络连接方式及路由器端口配置方法。

（2）掌握静态路由配置方法。

2. 实训任务

通过配置静态路由，使任意两台计算机或路由器的任意接口之间都能相互通信。

3. 任务分析

本实训网络拓扑结构如图 7-20 所示。

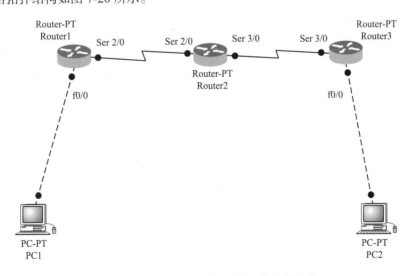

图 7-20 三台路由器静态路由网络拓扑结构

交换机与路由器的配置管理

本实训使用三台路由器，分别是Router1、Router2、Router3，PC1和PC2分别连在路由器Router1和Router3上。

网络拓扑编址：

PC1的IP地址为192.168.0.2/24，网关为192.168.0.1，就是Router1上f0/0的IP地址。PC2的IP地址为172.18.0.2/24，网关为172.18.0.1，就是Router3上f0/0的IP地址。

Router1的f0/0的IP地址为192.168.0.1/2，就是PC1的网关，Ser2/0的IP地址为20.0.0.1/8。

Router2的Ser2/0的IP地址为20.0.0.2/8，Ser3/0的IP地址为30.0.0.1/8。

Router3的Ser3/0的IP地址为30.0.0.2/8，f0/0的IP地址为172.18.0.1/24，就是PC2的网关。

这个实训涉及四个网段：192.168.0.0/24、20.0.0.0、8、30.0.0.0/8、172.18.0.0/24，其中对于Router1来说，192网段和20网段都是直连的，不需要路由。同理，对于Router2来说，20网段和30网段也是直连的，不需要路由。Router3上30网段和172网段直连。所以，在Router1上配置两条静态路由分别到30网段和172网段。在Router2上要配置两条静态路由分别到192网段和172网段。在Router3上要配置两条静态路由分别到192网段和20网段。

4. 任务实施

（1）配置各PC的IP地址。在Packet Tracer中单击PC1，在弹出的窗口中选择"桌面"选项卡下的"IP地址配置"选项，出现如图7-21所示对话框，然后设置PC1的IP地址、子网掩码和网关，按照同样方法设置其他PC主机的IP地址、子网掩码和网关。

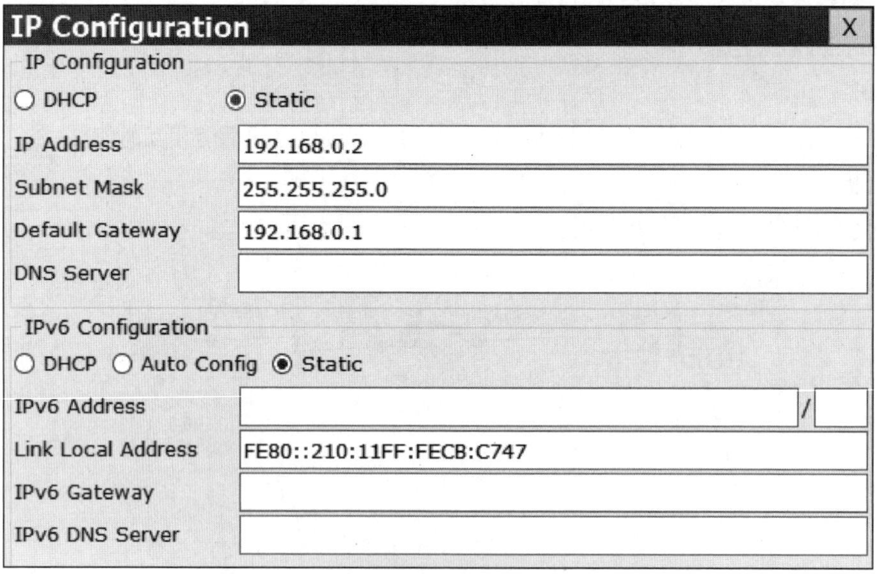

图7-21 配置PC1主机的IP地址、子网掩码和网关

PC2主机的IP地址、子网掩码和网关配置如图7-22所示。

（2）Router1的配置如下：

```
Router#configure terminal
Router(config)#hostname Router1
```

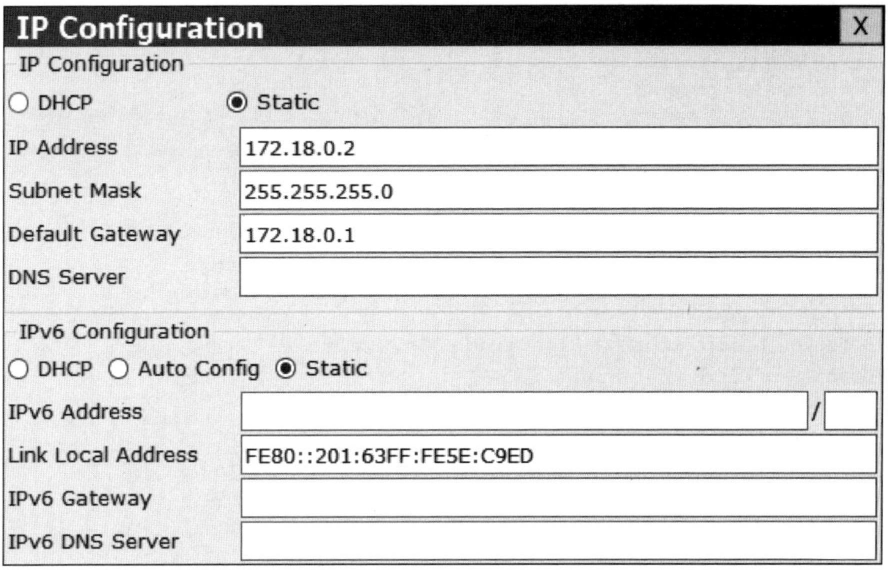

第 7 章 IP 路由协议及配置

```
IP Configuration                                    X
 IP Configuration
  ○ DHCP         ● Static
  IP Address       172.18.0.2
  Subnet Mask      255.255.255.0
  Default Gateway  172.18.0.1
  DNS Server       

 IPv6 Configuration
  ○ DHCP  ○ Auto Config  ● Static
  IPv6 Address                                    /
  Link Local Address  FE80::201:63FF:FE5E:C9ED
  IPv6 Gateway
  IPv6 DNS Server
```

图 7-22　配置 PC2 主机的 IP 地址、子网掩码和网关

```
Router1(config)#interface f0/0
Router1(config-if)#ip address 192.168.0.1 255.255.255.0
Router1(config-if)#no shutdown
Router1(config-if)#exit
Router1(config)#interface ser2/0
Router1(config-if)#ip address 20.0.0.1 255.0.0.0
Router1(config-if)#no shutdown
Router1(config-if)#clock rate 64000
Router1(config-if)#exit
Router1(config)#ip route 30.0.0.0 255.255.255.0 20.0.0.2
Router1(config)#ip route 172.18.0.0 255.255.255.0 30.0.0.1
Router1(config)#
```

配置完成后 Router1 的路由情况如图 7-23 所示。

```
Router1#show ip route
Codes: C - connected, S - static, I - IGRP, R - RIP, M - mobile, B - BGP
       D - EIGRP, EX - EIGRP external, O - OSPF, IA - OSPF inter area
       N1 - OSPF NSSA external type 1, N2 - OSPF NSSA external type 2
       E1 - OSPF external type 1, E2 - OSPF external type 2, E - EGP
       i - IS-IS, L1 - IS-IS level-1, L2 - IS-IS level-2, ia - IS-IS inter area
       * - candidate default, U - per-user static route, o - ODR
       P - periodic downloaded static route

Gateway of last resort is not set

C    20.0.0.0/8 is directly connected, Serial2/0
S    30.0.0.0/8 [1/0] via 20.0.0.2
     172.18.0.0/24 is subnetted, 1 subnets
S       172.18.0.0 [1/0] via 30.0.0.1
C    192.168.0.0/24 is directly connected, FastEthernet0/0
```

图 7-23　查看 Router1 的路由情况

其中有两条直连路由,两条静态路由。

(3) Router2 的配置如下:

```
Router#configure terminal
Router(config)#hostname Router2
Router2(config)#interface ser2/0
Router2(config-if)#ip address 20.0.0.2 255.0.0.0
Router2(config-if)#no shutdown
Router2(config-if)#exit
Router2(config)#interface ser3/0
Router2(config-if)#ip address 30.0.0.1 255.0.0.0
Router2(config-if)#no shutdown
Router2(config-if)#clock rate 64000
Router2(config-if)#exit
Router2(config)#ip route 192.168.0.0  255.255.255.0 20.0.0.1
Router2(config)#ip route 172.18.0.0 255.255.255.0 30.0.0.2
Router2(config)#
```

配置完成后 Router2 的路由情况如图 7-24 所示。

```
Router2#show ip route
Codes: C - connected, S - static, I - IGRP, R - RIP, M - mobile, B - BGP
       D - EIGRP, EX - EIGRP external, O - OSPF, IA - OSPF inter area
       N1 - OSPF NSSA external type 1, N2 - OSPF NSSA external type 2
       E1 - OSPF external type 1, E2 - OSPF external type 2, E - EGP
       i - IS-IS, L1 - IS-IS level-1, L2 - IS-IS level-2, ia - IS-IS inter area
       * - candidate default, U - per-user static route, o - ODR
       P - periodic downloaded static route

Gateway of last resort is not set

C    20.0.0.0/8 is directly connected, Serial2/0
C    30.0.0.0/8 is directly connected, Serial3/0
     172.18.0.0/24 is subnetted, 1 subnets
S       172.18.0.0 [1/0] via 30.0.0.2
S    192.168.0.0/24 [1/0] via 20.0.0.1
```

图 7-24 查看 Router2 的路由情况

(4) Router3 的配置如下:

```
Router#configure
Router#configure terminal
Router(config)#hostname Router3
Router3(config)#interface f0/0
Router3(config-if)#ip address 172.18.0.1 255.255.255.0
Router3(config-if)#no shutdown
Router3(config-if)#exit
Router3(config)#interface ser3/0
Router3(config-if)#ip address 30.0.0.2 255.0.0.0
Router3(config-if)#no shutdown
Router3(config-if)#exit
Router3(config)#ip route 192.168.0.0 255.255.255.0 20.0.0.1
Router3(config)#ip route 20.0.0.0 255.0.0.0 30.0.0.1
```

```
Router3(config)#
```

配置完成后 Router3 的路由情况如图 7-25 所示。

```
Router3#show ip route
Codes: C - connected, S - static, I - IGRP, R - RIP, M - mobile, B - BGP
       D - EIGRP, EX - EIGRP external, O - OSPF, IA - OSPF inter area
       N1 - OSPF NSSA external type 1, N2 - OSPF NSSA external type 2
       E1 - OSPF external type 1, E2 - OSPF external type 2, E - EGP
       i - IS-IS, L1 - IS-IS level-1, L2 - IS-IS level-2, ia - IS-IS inter area
       * - candidate default, U - per-user static route, o - ODR
       P - periodic downloaded static route

Gateway of last resort is not set

S    20.0.0.0/8 [1/0] via 30.0.0.1
C    30.0.0.0/8 is directly connected, Serial3/0
     172.18.0.0/24 is subnetted, 1 subnets
C       172.18.0.0 is directly connected, FastEthernet0/0
S    192.168.0.0/24 [1/0] via 20.0.0.1
```

图 7-25 查看 Router3 的路由情况

（5）测试主机连通性。主机 PC1 能够 ping 通主机 PC2，如图 7-26 所示。

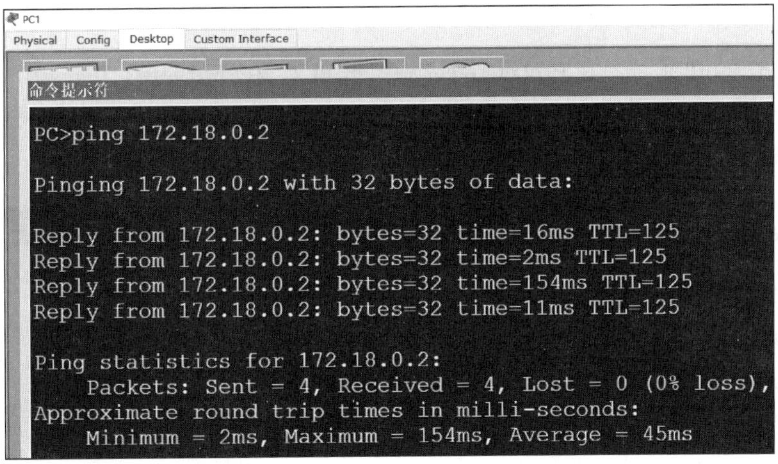

图 7-26 主机 PC1 能够 ping 通主机 PC2

7.5.3　RIP 路由配置实训（一）

1. 实训目标

（1）熟悉动态路由协议 RIP 的特性。

（2）掌握动态路由协议 RIP 的配置方法。

2. 实训任务

某公司在北京、上海有两个公司，北京是总公司，上海是分公司，两公司的网络通过路由器相连，现要在路由器上做动态路由协议 RIP 配置，实现两公司网内部主机相互通信。

视　频

RIP路由配置
实训（一）

3. 任务分析

通过广域端口 Ser2/0 连接两公司局域网，但是，为了简化，将两局域网主机通过路由器 f0/0 端口相连接。分别对两台路由器的端口分配 IP 地址，并配置动态路由协议 RIP，这样，对两公司网内的主机设置 IP 地址及网关就可以相互通信了，网络拓扑结构如图 7-27 所示。

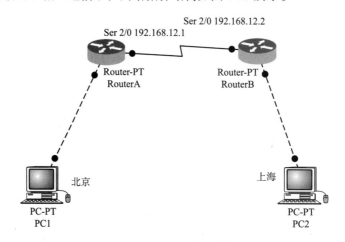

图 7-27 RIP 动态路由配置网络拓扑结构

4. 任务实施

（1）配置各 PC 的 IP 地址。在 Packet Tracer 中单击 PC1，在弹出的窗口中选择"桌面"选项卡下的"IP 地址配置"选项，出现如图 7-28 所示对话框，然后设置 PC1 的 IP 地址、子网掩码和网关，按照同样方法设置其他 PC 的 IP 地址、子网掩码和网关。

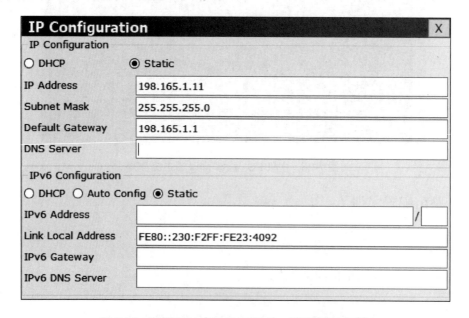

图 7-28 配置 PC1 主机的 IP 地址、子网掩码和网关

PC2 主机的 IP 地址、子网掩码和网关配置如图 7-29 所示。

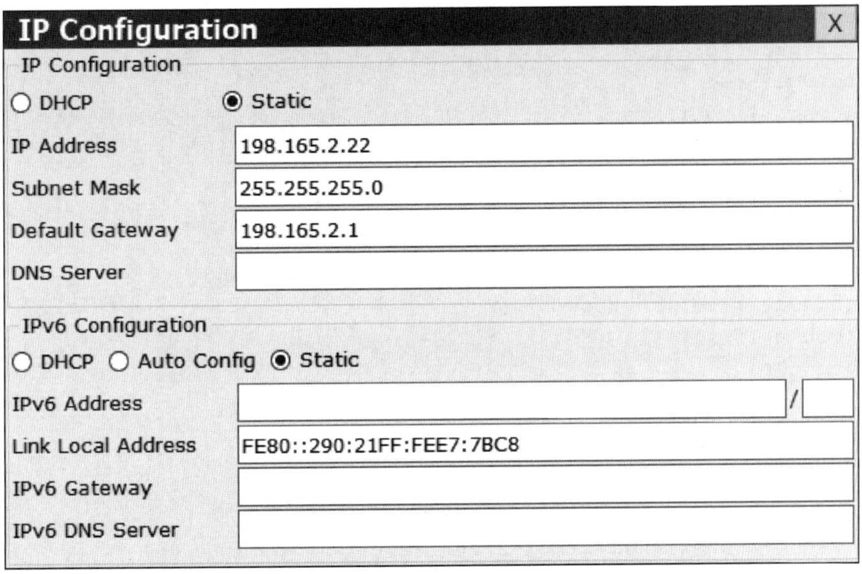

第 7 章 IP 路由协议及配置

图 7-29 配置 PC2 主机的 IP 地址、子网掩码和网关

（2）路由器基本配置：

① RouterA 路由器的配置：

a. 基本配置：

```
Router>enable
Router#configure terminal
Router(config)#hostname RouterA
RouterA(config)#interface f0/0
RouterA(config-if)#ip address 198.165.1.1 255.255.255.0
RouterA(config-if)#no shutdown
RouterA(config-if)#exit
RouterA(config)#interface ser2/0
RouterA(config-if)#ip address 192.168.12.1 255.255.255.0
RouterA(config-if)#no shutdown
RouterA(config-if)#clock rate 64000
RouterA(config-if)#exit
RouterA(config)#
```

b. 配置动态路由协议 RIP：

```
RouterA(config)#router rip
RouterA(config-router)#network 198.165.1.0
RouterA(config-router)#network 198.168.12.0
RouterA(config-router)#version 2
RouterA(config-router)#end
RouterA#
```

② RouterB 路由器的配置：

a. 基本配置：

```
Router>enable
Router#configure terminal
Router(config)#hostname RouterB
RouterB(config)#interface f0/0
RouterB(config-if)#ip address 198.165.2.1 255.255.255.0
RouterB(config-if)#no shutdown
RouterB(config-if)#exit
RouterB(config)#interface ser2/0
RouterB(config-if)#ip address 192.168.12.2 255.255.255.0
RouterB(config-if)#no shutdown
RouterB(config-if)#exit
RouterB(config)#
```

b. 配置动态路由协议 RIP：

```
RouterB(config)#router rip
RouterB(config-router)#network 198.165.2.0
RouterB(config-router)#network 192.168.12.0
RouterB(config-router)#version 2
RouterB(config-router)#end
RouterB#
```

（3）验证测试。主机 PC1 能够 ping 通主机 PC2 如图 7-30 所示。

```
命令提示符

PC>ping 198.165.2.22

Pinging 198.165.2.22 with 32 bytes of data:

Reply from 198.165.2.22: bytes=32 time=3ms TTL=126
Reply from 198.165.2.22: bytes=32 time=1ms TTL=126
Reply from 198.165.2.22: bytes=32 time=10ms TTL=126
Reply from 198.165.2.22: bytes=32 time=9ms TTL=126

Ping statistics for 198.165.2.22:
    Packets: Sent = 4, Received = 4, Lost = 0 (0% loss),
Approximate round trip times in milli-seconds:
    Minimum = 1ms, Maximum = 10ms, Average = 5ms
```

图 7-30　主机 PC1 能够 ping 通主机 PC2

7.5.4　RIP 路由配置实训（二）

视频

RIP路由配置实训（二）

1. 实训目标

（1）熟悉静态路由与 RIP 路由的区别。

（2）掌握动态路由协议 RIP 的配置方法。

2. 实训任务

通过配置动态路由协议 RIP，使二校区和网络中心的任意计算机之间都能够相互通信。

3. 任务分析

网络拓扑结构如图 7-31 所示。

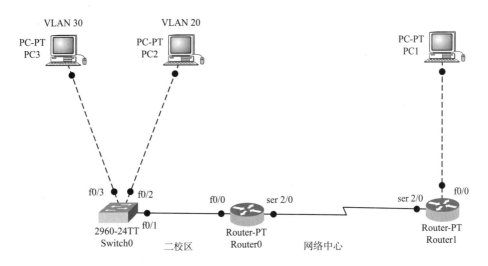

图 7-31　网络拓扑结构

（1）二校区到网络中心、两台路由器通过专线直连，一台二层交换机分别接入 PC2、PC3。

（2）PC2 属于 VLAN 20，PC3 属于 VLAN 30。

（3）网络中心 IP 地址使用 172.3.0.0/16 网段。

（4）二校区 IP 地址使用 172.21.0.0/16 网段。

（5）路由器间 IP 地址自行规划。

（6）用 RIPv2 路由实现 PC 间互通。

4. 任务实施

（1）配置各 PC 的 IP 地址。在 Packet Tracer 中单击 PC1，在弹出的窗口中选择"桌面"选项卡下的"IP 地址配置"选项，出现如图 7-32 所示对话框，然后设置 PC1 的 IP 地址、子网掩码和网关，按照同样方法设置其他 PC 主机的 IP 地址、子网掩码和网关。

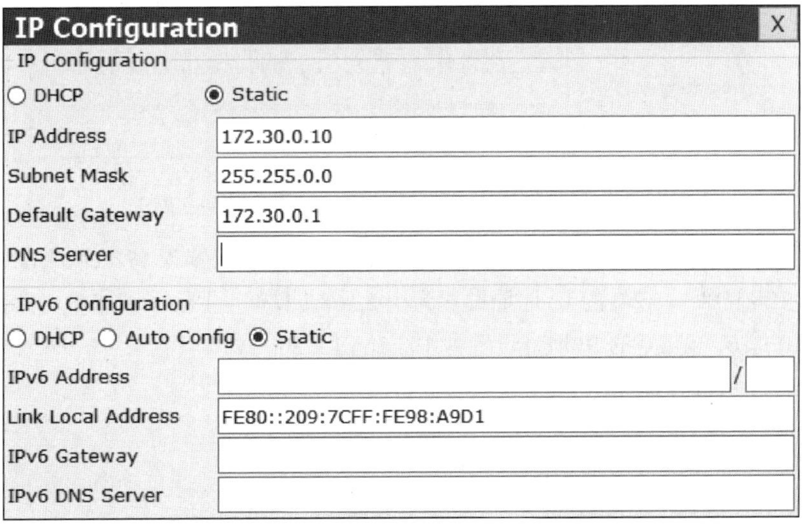

图 7-32　配置 PC1 主机的 IP 地址、子网掩码和网关

PC2 主机的 IP 地址、子网掩码和网关配置如图 7-33 所示。

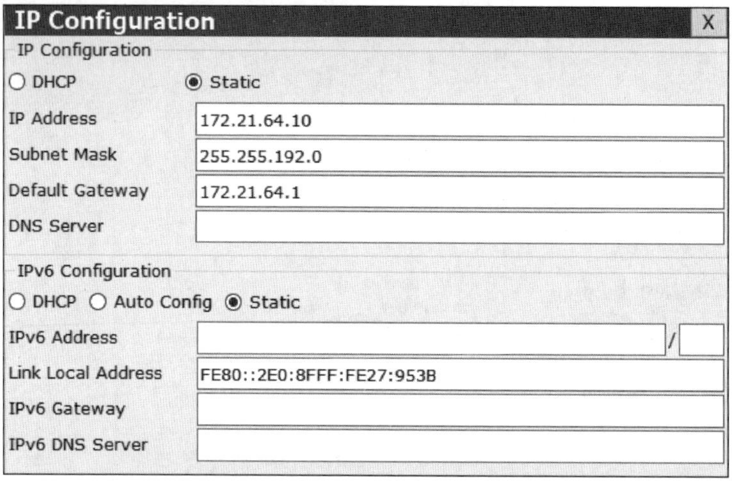

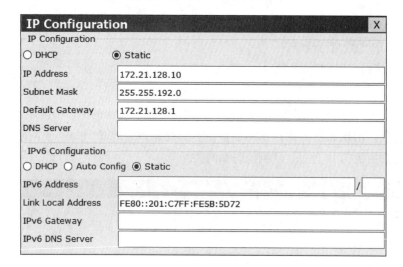

图 7-33　配置 PC2 主机的 IP 地址、子网掩码和网关

PC3 主机的 IP 地址、子网掩码和网关配置如图 7-34 所示。

图 7-34　配置 PC3 主机的 IP 地址、子网掩码和网关

（2）路由器接口 IP 地址规划。二校区路由器 f0/0.2 的 IP 地址设置为 172.21.64.1/18，f0/0.3 的 IP 地址设置为 172.21.128.1/18，ser2/0 的 IP 地址设置为 192.168.1.1/30。主校区网络中心路由器 f0/0 的 IP 地址设置为 172.30.0.1/16，ser2/0 的 IP 地址设置为 192.168.1.2/30。

（3）配置二校区路由器 Router0：

```
Router#configure terminal
Router(config)#interface f0/0
Router(config-if)#no shutdown
Router(config-if)#interface f0/0.2
Router(config-subif)#encapsulation dot1Q 20
```

```
Router(config-subif)#ip address 172.21.64.1 255.255.192.0
Router(config-subif)#no shutdown
Router(config-subif)#interface f0/0.3
Router(config-subif)#encapsulation dot1Q 30
Router(config-subif)#ip address 172.21.128.1 255.255.192.0
Router(config-subif)#no shutdown
Router(config-subif)#exit
Router(config)#interface ser2/0
Router(config-if)#ip address 192.168.1.1 255.255.255.252
Router(config-if)#clock rate 64000
Router(config-if)#no shutdown
Router(config-if)#exit
Router(config)#router rip
Router(config-router)#network 172.21.64.0
Router(config-router)#network 172.21.128.0
Router(config-router)#network 192.168.1.0
Router(config-router)#version 2
Router(config-router)#no auto-summary
Router(config-router)#end
Router#show ip route
```

(4) 配置网络中心路由器 Router1：

```
Router#configure terminal
Router(config)#interface f0/0
Router(config-if)#ip address 172.30.0.1 255.255.0.0
Router(config-if)#no shutdown
Router(config-if)#exit
Router(config)#interface ser2/0
Router(config-if)#ip address 192.168.1.2 255.255.255.252
Router(config-if)#no shutdown
Router(config-if)#exit
Router(config)#router rip
Router(config-router)#network 172.30.0.0
Router(config-router)#network 192.168.1.0
Router(config-router)#version 2
Router(config-router)#no auto-summary
Router(config-router)#end
Router#show ip route
Router#show ip interface brief
Router#show interface ser2/0
```

(5) 配置二校区交换机：

```
Switch#configure terminal
Switch(config)#vlan 20
Switch(config-vlan)#exit
Switch(config)#vlan 30
Switch(config-vlan)#exit
Switch(config)#interface f0/2
```

交换机与路由器的配置管理

```
Switch(config-if)#switchport access vlan 20
Switch(config-if)#exit
Switch(config)#interface f0/3
Switch(config-if)#switchport access vlan 30
Switch(config-if)#exit
Switch(config)#interface f0/1
Switch(config-if)#switchport mode trunk
Switch(config-if)#end
Switch#
```

（6）测试主机连通性。主机 PC1、PC2、PC3 能够互相 ping 通，主机 PC1 能够 ping 通主机 PC2，如图 7-35 所示。

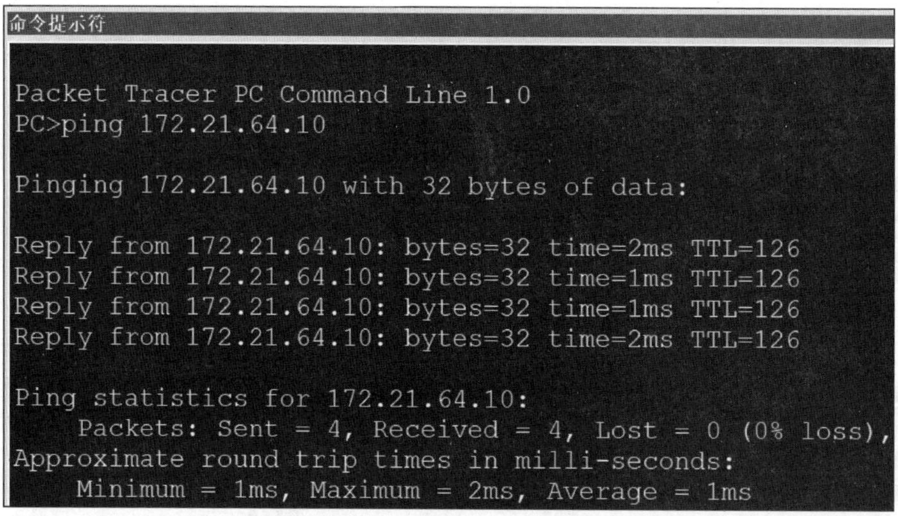

```
命令提示符
Packet Tracer PC Command Line 1.0
PC>ping 172.21.64.10

Pinging 172.21.64.10 with 32 bytes of data:

Reply from 172.21.64.10: bytes=32 time=2ms TTL=126
Reply from 172.21.64.10: bytes=32 time=1ms TTL=126
Reply from 172.21.64.10: bytes=32 time=1ms TTL=126
Reply from 172.21.64.10: bytes=32 time=2ms TTL=126

Ping statistics for 172.21.64.10:
    Packets: Sent = 4, Received = 4, Lost = 0 (0% loss),
Approximate round trip times in milli-seconds:
    Minimum = 1ms, Maximum = 2ms, Average = 1ms
```

图 7-35 主机 PC1 能够 ping 通主机 PC2

主机 PC1 能够 ping 通主机 PC3，如图 7-36 所示。

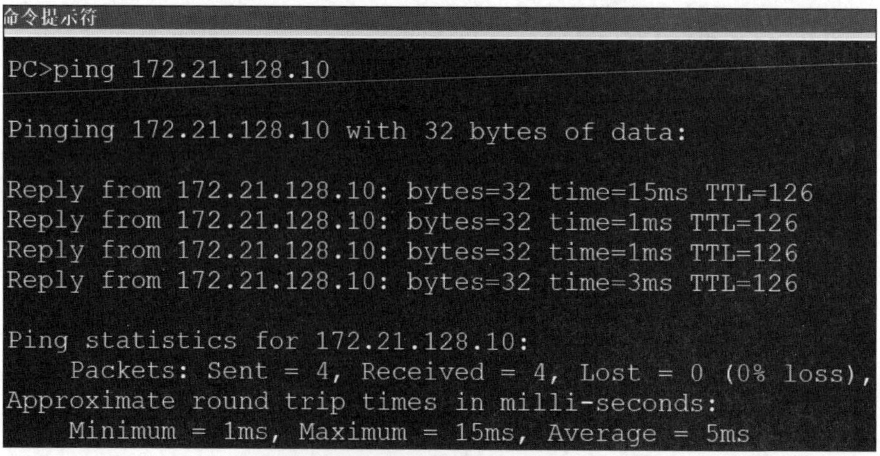

```
命令提示符
PC>ping 172.21.128.10

Pinging 172.21.128.10 with 32 bytes of data:

Reply from 172.21.128.10: bytes=32 time=15ms TTL=126
Reply from 172.21.128.10: bytes=32 time=1ms TTL=126
Reply from 172.21.128.10: bytes=32 time=1ms TTL=126
Reply from 172.21.128.10: bytes=32 time=3ms TTL=126

Ping statistics for 172.21.128.10:
    Packets: Sent = 4, Received = 4, Lost = 0 (0% loss),
Approximate round trip times in milli-seconds:
    Minimum = 1ms, Maximum = 15ms, Average = 5ms
```

图 7-36 主机 PC1 能够 ping 通主机 PC3

主机 PC2 能够 ping 通主机 PC3，如图 7-37 所示。

```
PC>ping 172.21.128.10

Pinging 172.21.128.10 with 32 bytes of data:

Reply from 172.21.128.10: bytes=32 time=1ms TTL=127
Reply from 172.21.128.10: bytes=32 time=0ms TTL=127
Reply from 172.21.128.10: bytes=32 time=1ms TTL=127
Reply from 172.21.128.10: bytes=32 time=0ms TTL=127

Ping statistics for 172.21.128.10:
    Packets: Sent = 4, Received = 4, Lost = 0 (0% loss),
Approximate round trip times in milli-seconds:
    Minimum = 0ms, Maximum = 1ms, Average = 0ms
```

图 7-37　主机 PC2 能够 ping 通主机 PC3

7.5.5　RIP 路由配置实训（三）

RIP路由配置实训（三）

1. 实训目标

（1）熟悉距离向量协议。

（2）掌握 RIP 协议的基本特点和配置方法。

（3）了解 RIPv1 和 RIPv2 的区别。

2. 实训任务

某公司有一个远程分支机构，分支机构的局域网需要与公司总部的局域网实现互联。总部和分支机构之间拟租用电信的 64 kbit/s 带宽的 DDN 线路。要求构建实训环境，模拟实现两个局域网使用 RIP 路由方式实现互联。

3. 任务分析

如图 7-38 所示是模拟公司总部和分支机构局域网互联的网络拓扑图，每个局域网由一台交换机和两台计算机组成，路由器之间通过串口进行背对背连接。

模拟两个局域网互联环境，需要准备两台交换机、两台路由器和四台计算机、六根直通线、一根 DCE 电缆和一根 DTE 电缆，以及至少一根 Console 线。

需要为网络分配 IP 地址，这里为总部局域网分配地址为 168.8.15.0/24，为分支局域网分配地址为 208.8.20.0/24，还要为两个串口连接分配另一网段地址，这里分配为 198.16.13.4/30。

两台路由器分配的基本参数见表 7-3。

表 7-3　两台路由器分配的基本参数

路由器名	f0/0	Ser2/0
RouterA	168.8.15.1/24	198.16.13.5/30
RouterB	208.8.20.1/24	198.16.13.6/30

交换机与路由器的配置管理

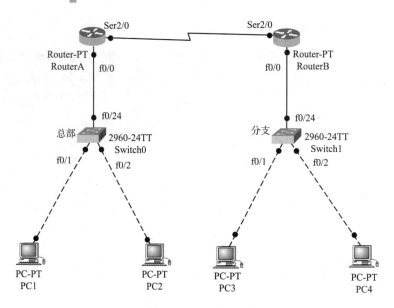

图 7-38 公司总部和分支机构局域网互联的网络拓扑图

4. 任务实施

（1）根据实验环境进行设备连接，连接正常后启动所有设备。做好配置路由器的准备工作。

（2）配置各 PC 的 IP 地址。在 Packet Tracer 中单击 PC1，在弹出的窗口中选择"桌面"选项卡下的"IP 地址配置"选项，出现如图 7-39 所示对话框，然后设置 PC1 的 IP 地址、子网掩码和网关，按照同样方法设置其他 PC 主机的 IP 地址、子网掩码和网关。

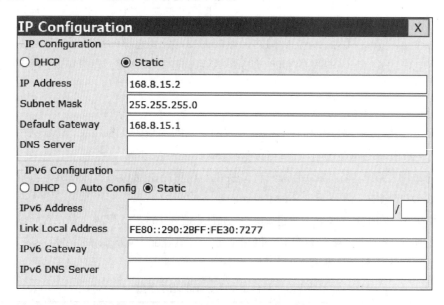

图 7-39 配置 PC1 主机的 IP 地址、子网掩码和网关

PC2 主机的 IP 地址、子网掩码和网关配置如图 7-40 所示。

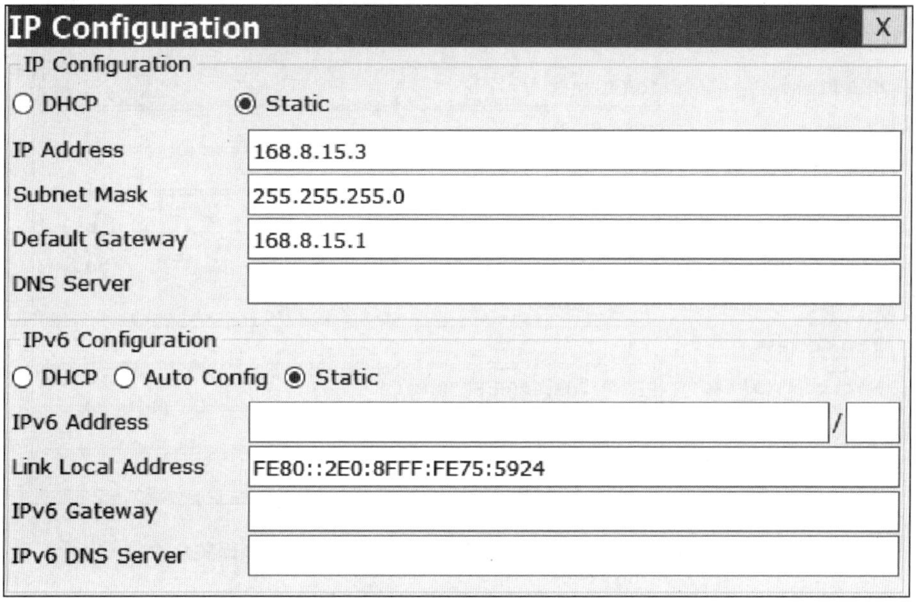

图 7-40　配置 PC2 主机的 IP 地址、子网掩码和网关

PC3 主机的 IP 地址、子网掩码和网关配置如图 7-41 所示。

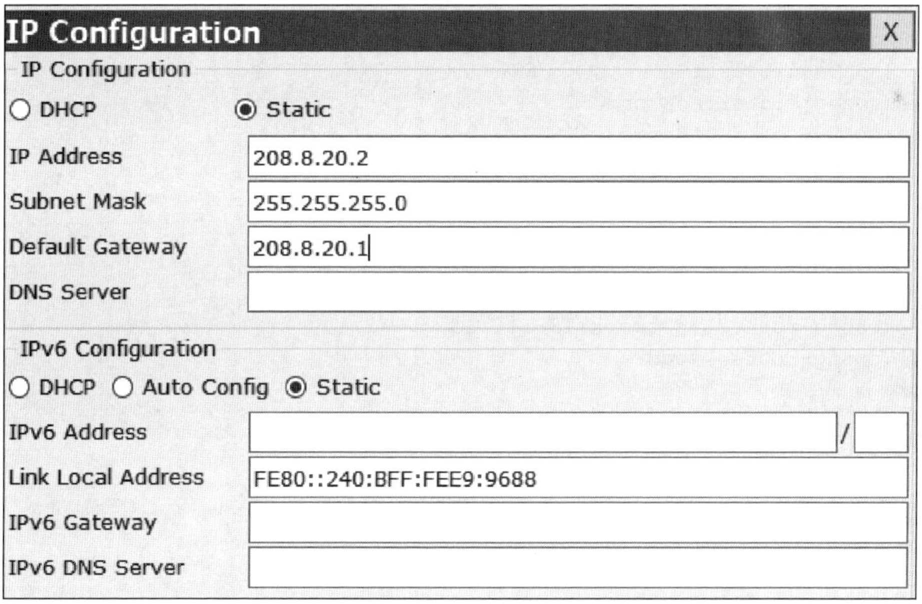

图 7-41　配置 PC3 主机的 IP 地址、子网掩码和网关

PC4 主机的 IP 地址、子网掩码和网关配置如图 7-42 所示。

交换机与路由器的配置管理

```
IP Configuration
  IP Configuration
    ○ DHCP        ● Static
    IP Address        208.8.20.3
    Subnet Mask       255.255.255.0
    Default Gateway   208.8.20.1
    DNS Server
  IPv6 Configuration
    ○ DHCP  ○ Auto Config  ● Static
    IPv6 Address                          /
    Link Local Address   FE80::202:4AFF:FE78:81C1
    IPv6 Gateway
    IPv6 DNS Server
```

图 7-42　配置 PC4 主机的 IP 地址、子网掩码和网关

（3）配置路由器 RouterA：

```
Router#configure terminal
Router(config)#hostname RouterA
RouterA(config)#interface f0/0
RouterA(config-if)#ip address 168.8.15.1 255.255.255.0
RouterA(config-if)#no shutdown
RouterA(config-if)#exit
RouterA(config)#interface ser2/0
RouterA(config-if)#ip address 198.16.13.5 255.255.255.252
RouterA(config-if)#no shutdown
RouterA(config-if)#clock rate 64000
RouterA(config-if)#exit
RouterA(config)#router rip
RouterA(config-router)#network 168.8.15.0
RouterA(config-router)#network 198.16.13.0
RouterA(config-router)#end
RouterA#
```

（4）配置路由器 RouterB：

```
Router#configure terminal
Router(config)#hostname RouterB
RouterB(config)#interface f0/0
RouterB(config-if)#ip address 208.8.20.1 255.255.255.0
RouterB(config-if)#no shutdown
RouterB(config-if)#exit
RouterB(config)#interface ser2/0
RouterB(config-if)#ip address 198.16.13.6 255.255.255.252
RouterB(config-if)#no shutdown
```

```
RouterB(config-if)#exit
RouterB(config)#router rip
RouterB(config-router)#network 198.16.13.0
RouterB(config-router)#network 208.8.20.0
RouterB(config-router)#end
RouterB#
```

（5）查看路由表，检查有没有去往远程局域网的 RIP 路由表。测试主机连通性：验证局域网之间的连通性，若能相互通信则表明 RIP 协议设置正确。经过测试，四台主机彼此可以相互通信，主机 PC1 能够 ping 通主机 PC3，如图 7-43 所示。

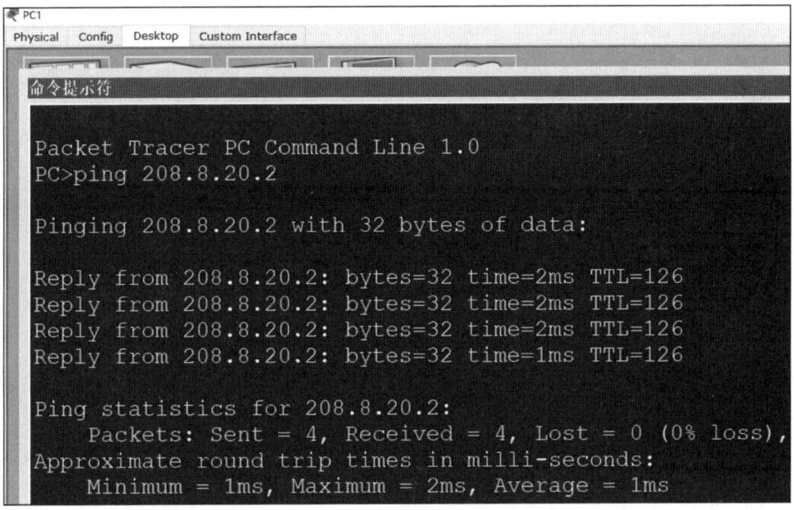

图 7-43　主机 PC1 能够 ping 通主机 PC3

主机 PC2 能够 ping 通主机 PC4，如图 7-44 所示。

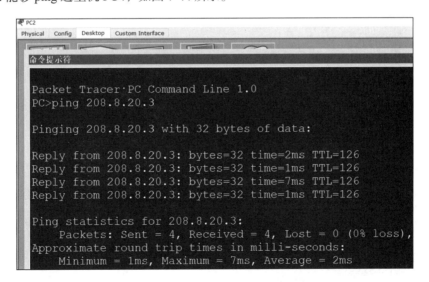

图 7-44　主机 PC2 能够 ping 通主机 PC4

以上完成了 RIP 协议实现局域网互联。下面比较 RIPv1 和 RIPv2 的区别。

（6）将分支机构的网络号改为 168.8.16.0/24，涉及更改 RouterB 的局域网 f0/0 的 IP 地址为 168.8.16.1/24，更改 PC3 主机的 IP 地址、子网掩码和网关配置如图 7-45 所示。

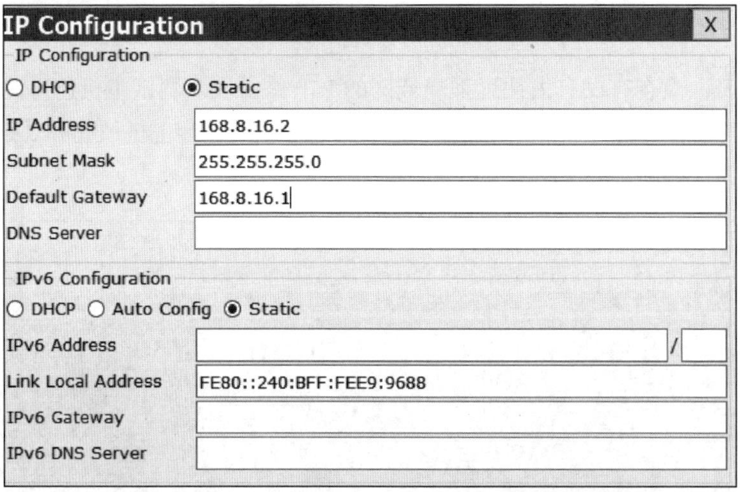

图 7-45　更改 PC3 主机的 IP 地址、子网掩码和网关配置

更改 PC4 主机的 IP 地址、子网掩码和网关配置如图 7-46 所示。

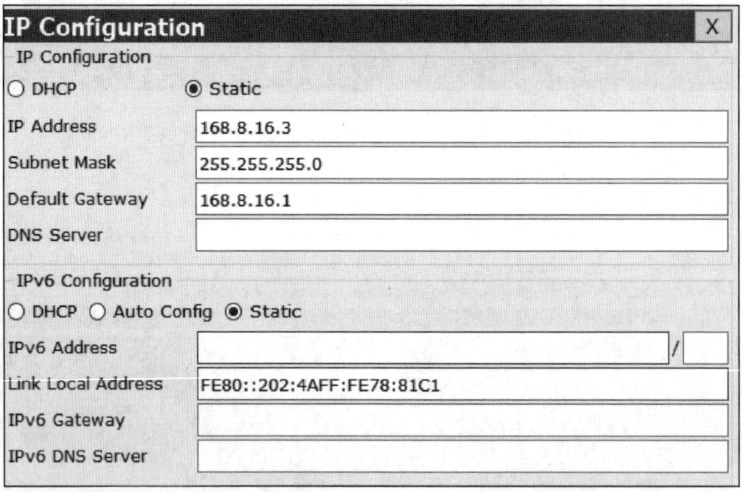

图 7-46　更改 PC4 主机的 IP 地址、子网掩码和网关配置

（7）由于 RouterB 的直连网络发生了改变，所以需要重新配置 RouterB 的 RIP 路由及相关接口参数。

```
RouterB#configure terminal
RouterB(config)#interface f0/0
RouterB(config-if)#ip address 168.8.16.1 255.255.255.0
RouterB(config-if)#exit
RouterB(config)#router rip
```

```
RouterB(config-router)#network 198.16.13.0
RouterB(config-router)#network 168.8.16.0
RouterB(config-router)#end
RouterB#
```

(8)清除路由器 RouterA 和 RouterB 的动态路由表：

```
RouterA#clear ip route *
RouterB#clear ip route *
```

(9)清除动态路由表后，RIP 协议会重新计算路由，产生新的路由表。

(10)再次查看路由表时，会发现没有到达远程局域网的路由，当然，两个局域网之间就不能通信了。这是因为在默认情况下，启动的 RIP 协议是 RIPv1，而 RIPv1 是有类路由协议，路由信息中不包含子网掩码，它会认为 168.8.15.0 和 168.8.16.0 是同一个 B 类网络 168.8.0.0。

主机 PC1 无法 ping 通主机 PC3，如图 7-47 所示。

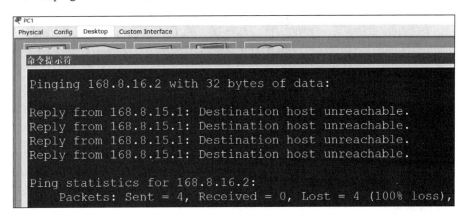

图 7-47　主机 PC1 无法 ping 通主机 PC3

主机 PC2 无法 ping 通主机 PC4，如图 7-48 所示。

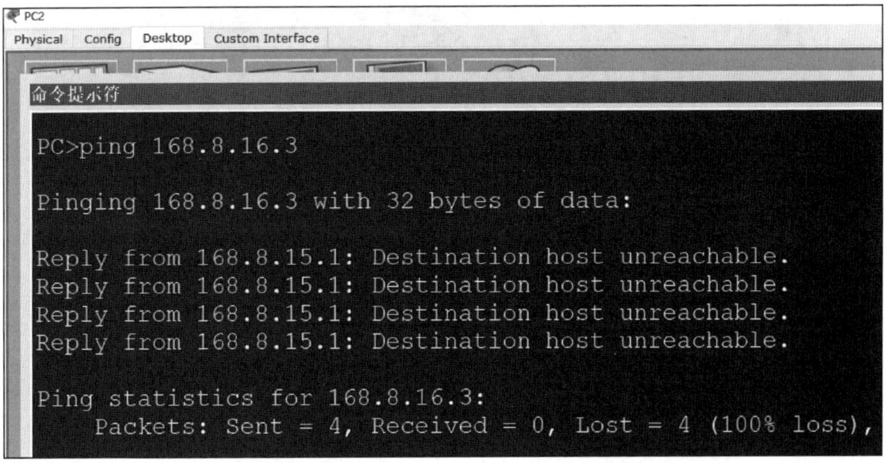

图 7-48　主机 PC2 无法 ping 通主机 PC4

（11）将路由协议改成 RIPv2，两个局域网之间就可以通信了。

```
RouterA(config)#router rip
RouterA(config-router)#version 2
RouterA(config-router)#no auto-summary
RouterB(config)#router rip
RouterB(config-router)#version 2
RouterB(config-router)#no auto-summary
```

主机 PC1 能够 ping 通主机 PC3，如图 7-49 所示。

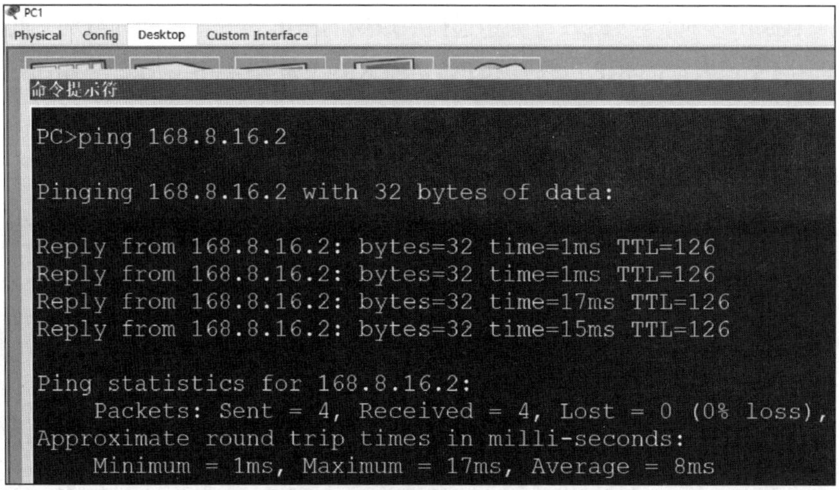

图 7-49　主机 PC1 能够 ping 通主机 PC3

主机 PC2 能够 ping 通主机 PC4，如图 7-50 所示。

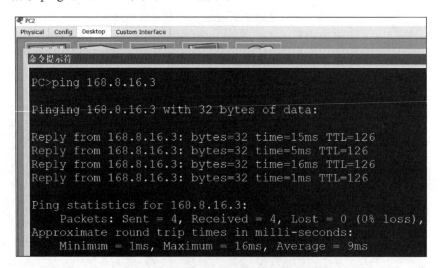

图 7-50　主机 PC2 能够 ping 通主机 PC4

（12）分别在两台路由器上查看路由表，分析两个局域网之间能通信的原因。

7.5.6 OSPF 路由配置实训（一）

1. 实训目标

（1）了解动态路由协议 OSPF 特性。

（2）掌握动态路由协议 OSPF 配置方法。

2. 实训任务

某公司在北京、上海有两个公司，北京是总公司，上海是分公司，两公司的网络通过路由器相连，现要在路由器上做适当配置，实现两公司网内部主机相互通信。为了简化管理，路由器采用动态路由协议 OSPF 配置。

3. 任务分析

通过广域端口 Ser2/0 连接两公司局域网，但是，为了简化，将两局域网主机通过路由器 f0/0 端口相连接。分别对两台路由器的端口分配 IP 地址，并配置动态路由协议 OSPF，这样，两公司网内的主机经设置 IP 地址及网关就可以相互通信了，网络拓扑结构如图 7-51 所示。

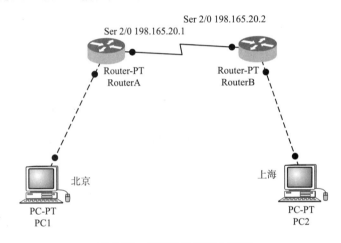

图 7-51　OSPF 动态路由配置

4. 任务实施

（1）配置各 PC 的 IP 地址。在 Packet Tracer 中单击 PC1，在弹出的窗口中选择"桌面"选项卡下的"IP 地址配置"选项，出现如图 7-52 所示对话框，然后设置 PC1 的 IP 地址、子网掩码和网关，按照同样方法设置其他 PC 的 IP 地址、子网掩码和网关。

PC2 主机的 IP 地址、子网掩码和网关配置如图 7-53 所示。

（2）路由器基本配置：

① RouterA 路由器的基本配置：

a. 基本配置：

```
Router#configure terminal
Router(config)#interface f0/0
Router(config-if)#ip address 195.16.1.1 255.255.255.0
Router(config-if)#no shutdown
```

交换机与路由器的配置管理

```
Router(config-if)#exit
Router(config)#interface ser2/0
Router(config-if)#ip address 198.165.20.1 255.255.255.0
Router(config-if)#clock rate 64000
Router(config-if)#no shutdown
Router(config-if)#exit
Router(config)#
```

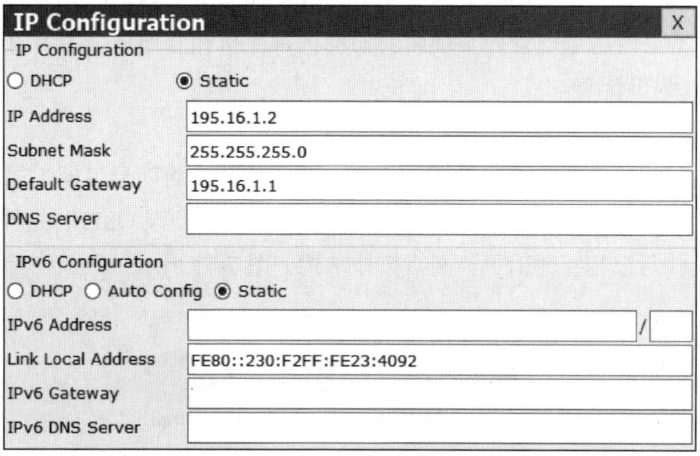

图 7-52 配置 PC1 主机的 IP 地址、子网掩码和网关

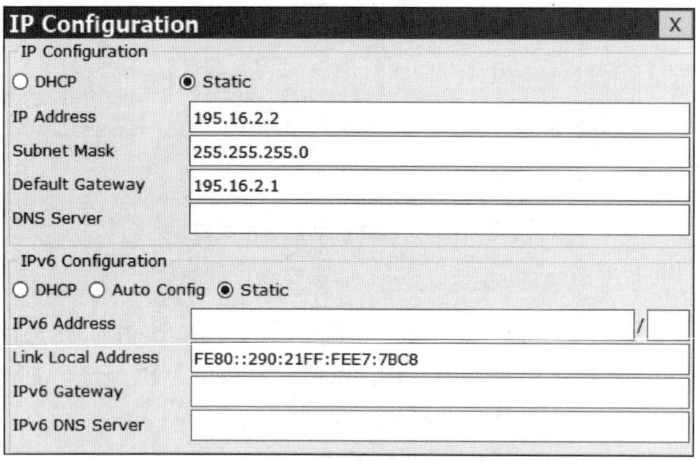

图 7-53 配置 PC2 主机的 IP 地址、子网掩码和网关

b. 配置动态路由协议 OSPF：

```
Router(config)#router ospf 1
Router(config-router)#network 195.16.1.0 0.0.0.255 area 0
Router(config-router)#network 198.165.20.0 0.0.0.255 area 0
Router(config-router)#end
Router#show ip route
```

② RouterB 路由器的基本配置：

a. 基本配置：

```
Router#configure terminal
Router(config)#interface f0/0
Router(config-if)#ip address 195.16.2.1 255.255.255.0
Router(config-if)#no shutdown
Router(config-if)#exit
Router(config)#interface ser2/0
Router(config-if)#ip address 198.165.20.2 255.255.255.0
Router(config-if)#no shutdown
Router(config-if)#exit
Router(config)#
```

b. 配置动态路由协议 OSPF：

```
Router(config)#router ospf 1
Router(config-router)#network 198.165.20.0 0.0.0.255 area 0
Router(config-router)#network 195.16.2.0 0.0.0.255 area 0
```

（3）验证测试。主机 PC1 能够 ping 通主机 PC2，如图 7-54 所示。

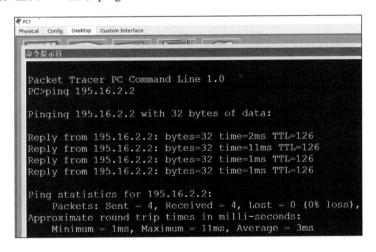

图 7-54　主机 PC1 能够 ping 通主机 PC2

7.5.7　OSPF 路由配置实训（二）

1. 实训目标

（1）熟悉静态路由与 OSPF 路由的区别。

（2）掌握动态 OSPF 路由协议的配置方法。

2. 实训任务

通过配置动态 OSPF 路由协议，使二校区和网络中心的任意计算机之间都能够相互通信。

3. 任务分析

网络拓扑结构如图 7-55 所示。

OSPF 路由配置实训（二）

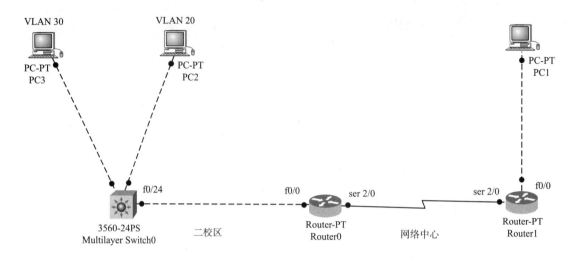

图 7-55　网络拓扑结构

（1）二校区到网络中心、两台路由器通过专线直连，一台三层交换机分别接入 PC2、PC3。

（2）PC2 属于 VLAN 20，PC3 属于 VLAN 30，Switch 的 f0/24 属于 VLAN 40。

（3）网络中心 IP 地址使用 182.36.0.0/16 网段。

（4）二校区 IP 地址使用 162.26.0.0/16 网段。

（5）路由器间 IP 地址自行规划。

（6）用 OSPF 路由实现 PC 间互通。

4. 任务实施

（1）配置各 PC 的 IP 地址。在 Packet Tracer 中单击 PC1，在弹出的窗口中选择"桌面"选项卡下的"IP 地址配置"选项，出现如图 7-56 所示对话框，然后设置 PC1 的 IP 地址、子网掩码和网关，按照同样方法设置其他 PC 主机的 IP 地址、子网掩码和网关。

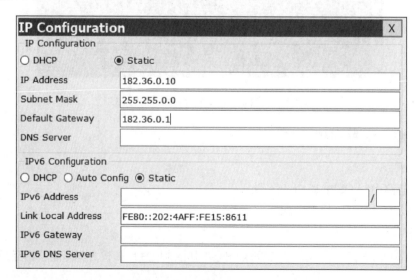

图 7-56　配置 PC1 主机的 IP 地址、子网掩码和网关

第 7 章 IP 路由协议及配置

PC2 主机的 IP 地址、子网掩码和网关配置如图 7-57 所示。

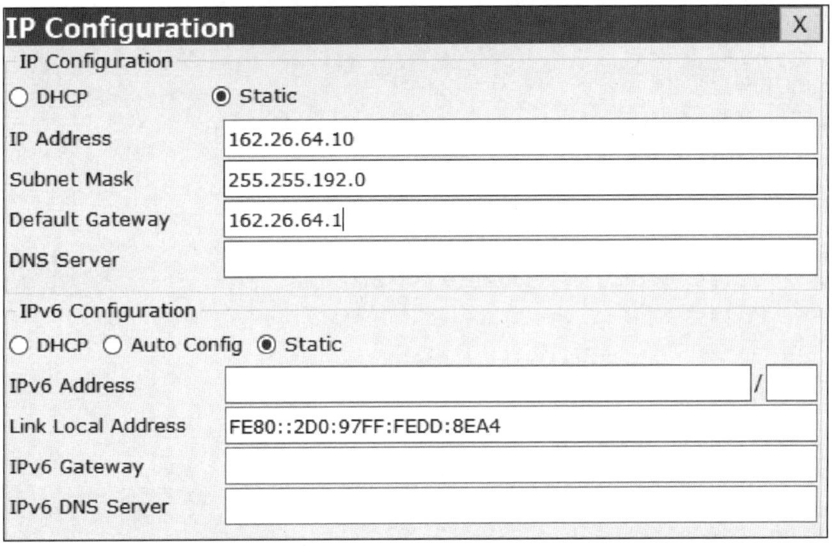

图 7-57 配置 PC2 主机的 IP 地址、子网掩码和网关

PC3 主机的 IP 地址、子网掩码和网关配置如图 7-58 所示。

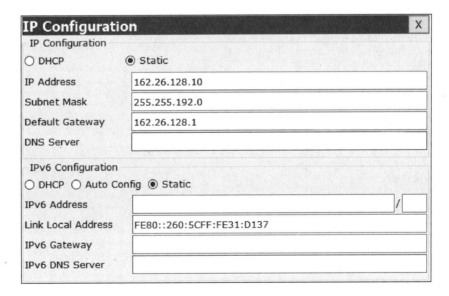

图 7-58 配置 PC3 主机的 IP 地址、子网掩码和网关

（2）路由器接口 IP 地址规划。二校区路由器 f0/0 的 IP 地址设置为 162.26.192.2/18，ser2/0 的 IP 地址设置为 192.168.1.1/30。主校区网络中心路由器 f0/0 的 IP 地址设置为 182.36.0.1/16，ser2/0 的 IP 地址设置为 192.168.1.2/30。

（3）配置三层交换机：

```
Switch#configure terminal
```

```
Switch(config)#vlan 20
Switch(config-vlan)#exit
Switch(config)#vlan 30
Switch(config-vlan)#exit
Switch(config)#vlan 40
Switch(config-vlan)#exit
Switch(config)#interface f0/2
Switch(config-if)#switchport access vlan 20
Switch(config-if)#exit
Switch(config)#interface f0/3
Switch(config-if)#switchport access vlan 30
Switch(config-if)#exit
Switch(config)#interface f0/24
Switch(config-if)#switchport access vlan 40
Switch(config-if)#exit
Switch(config)#interface vlan 20
Switch(config-if)#ip address 162.26.64.1 255.255.192.0
Switch(config-if)#no shutdown
Switch(config-if)#exit
Switch(config)#interface vlan 30
Switch(config-if)#ip address 162.26.128.1 255.255.192.0
Switch(config-if)#no shutdown
Switch(config-if)#exit
Switch(config)#interface vlan 40
Switch(config-if)#ip address 162.26.192.1 255.255.192.0
Switch(config-if)#no shutdown
Switch(config-if)#exit
Switch(config)#ip routing
Switch(config)#router ospf 10
Switch(config-router)#network 162.26.64.0 0.0.63.255 area 0
Switch(config-router)#network 162.26.128.0 0.0.63.255 area 0
Switch(config-router)#network 162.26.192.0 0.0.63.255 area 0
Switch(config-router)#end
Switch#show ip route
Switch#show vlan
Switch#show ip interface
```

（4）配置二校区路由器 Router0：

```
Router#configure terminal
Router(config)#interface f0/0
Router(config-if)#ip address 162.26.192.2 255.255.192.0
Router(config-if)#no shutdown
Router(config-if)#exit
Router(config)#interface ser2/0
Router(config-if)#ip address 192.168.1.1 255.255.255.252
Router(config-if)#clock rate 64000
Router(config-if)#no shutdown
Router(config-if)#exit
Router(config)#router ospf 10
```

```
Router(config-router)#network 162.26.192.0 0.0.63.255 area 0
Router(config-router)#network 192.168.1.0 0.0.0.255 area 0
Router(config-router)#end
Router#show ip route
```

(5)配置网络中心路由器 Router1：

```
Router#configure terminal
Router(config)#interface f0/0
Router(config-if)#ip address 182.36.0.1 255.255.0.0
Router(config-if)#no shutdown
Router(config-if)#exit
Router(config)#interface ser2/0
Router(config-if)#ip address 192.168.1.2 255.255.255.252
Router(config-if)#no shutdown
Router(config-if)#exit
Router(config)#router ospf 10
Router(config-router)#network 182.36.0.0 0.0.255.255 area 0
Router(config-router)#network 192.168.1.0 0.0.0.255 area 0
Router#show ip route
Router#show ip interface brief
Router#show interface ser2/0
```

(6)测试主机连通性。主机 PC1、PC2、PC3 能够互相 ping 通，主机 PC1 能够 ping 通主机 PC2，如图 7-59 所示。

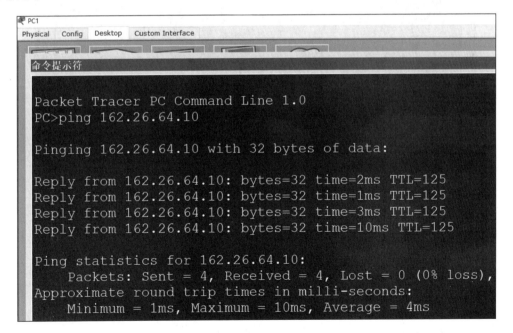

图 7-59 主机 PC1 能够 ping 通主机 PC2

主机 PC1 能够 ping 通主机 PC3，如图 7-60 所示。

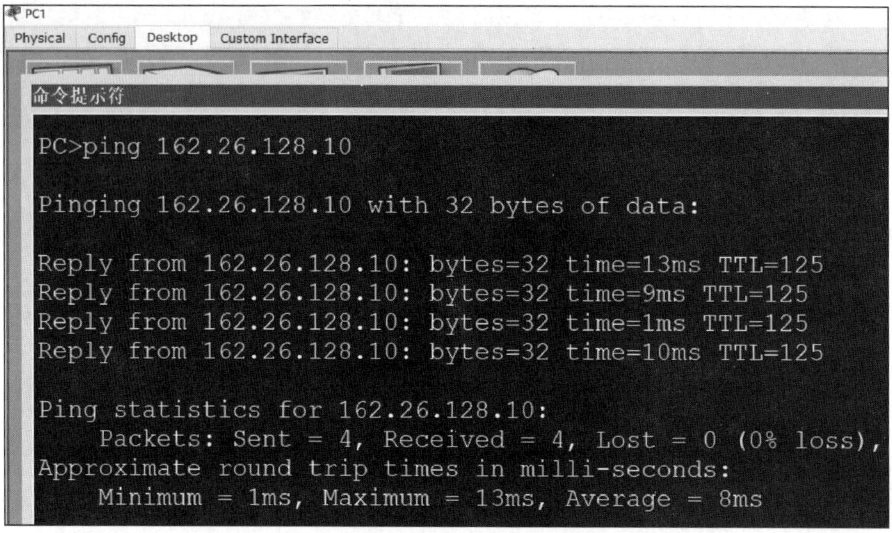

图 7-60 主机 PC1 能够 ping 通主机 PC3

主机 PC2 能够 ping 通主机 PC3，如图 7-61 所示。

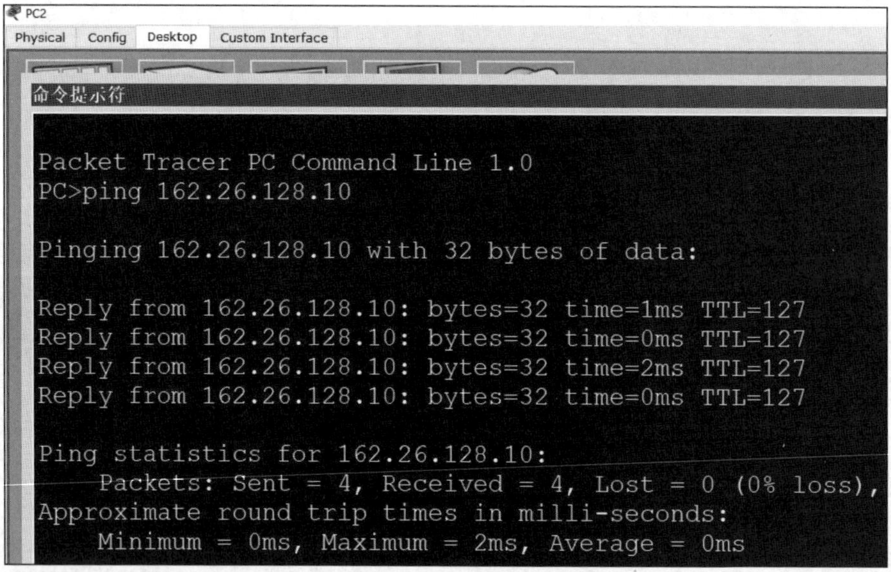

图 7-61 主机 PC2 能够 ping 通主机 PC3

7.5.8 OSPF 路由配置实训（三）

1. 实训目标

（1）理解链路状态路由协议与距离矢量路由协议的异同。
（2）了解无类路由协议的基本特点。
（3）掌握单域 OSPF 协议的配置方法。

2. 实训任务

某企业有两个子网：173.10.18.0/24 和 174.10.19.0/24，通过一台 Cisco 路由器的两个局域网口连接，另外，该企业在外地还有一个分支机构，分支机构的子网为 173.10.20.0/24。现在分支机构网络需要通过 OSPF 动态路由协议与总部的局域网互联。

3. 任务分析

在总部的交换机上划分两个 VLAN：VLAN 10 和 VLAN 20，分别模拟总部的两个子网，分支机构单独用一台交换机来模拟局域网，如图 7-62 所示。

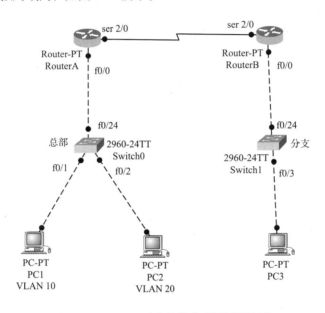

图 7-62　OSPF 路由协议实现局域网互联

在总部选择具有一个快速以太网端口和一个串口的 Cisco 路由器，快速以太网端口划分子端口可以满足总部连接两个局域网的要求，同样，分支机构选用一台具有一个快速以太网端口和一个串口的 Cisco 路由器。准备两台交换机、一条 DCE 电缆和一条 DTE 电缆，至少一根 Console 线，再准备三台计算机和五根直通线。

需要在总部交换机上使 Trunk 链路与路由器连接。为各个子网分配 IP 地址：VLAN 10 为 173.10.18.0/24，VLAN 20 为 173.10.19.0/24，分支机构局域网地址为 173.10.20.0/24，两台路由基本参数见表 7-4。

表 7-4　两台路由器基本参数

路由器名	f0/0	Ser2/0
RouterA	f0/0.10 子接口 173.10.18.1/24	195.16.13.1/30
—	f0/0.20 子接口 173.10.19.1/24	—
RouterB	173.10.20.1/24	195.16.13.2/30

4. 任务实施

（1）根据实训环境进行设备连接。

（2）在总部交换机上基于端口划分 VLAN 10 和 VLAN 20，将计算机 PC1 连接的交换机端口作为 VLAN 10 的成员，将计算机 PC2 连接的交换机端口作为 VLAN 20 的成员。查看总部交换机 VLAN 配置情况是否正确，总部交换机配置 Trunk 端口参数，Trunk 端口默认封装 802.1q 协议。

（3）配置总部交换机：

```
Switch#configure terminal
Switch(config)#vlan 10
Switch(config-vlan)#exit
Switch(config)#vlan 20
Switch(config-vlan)#exit
Switch(config)#interface f0/1
Switch(config-if)#switchport access vlan 10
Switch(config-if)#exit
Switch(config)#interface f0/2
Switch(config-if)#switchport access vlan 20
Switch(config-if)#exit
Switch(config)#interface f0/24
Switch(config-if)#duplex full
Switch(config-if)#speed 100
Switch(config-if)#switchport mode trunk
```

Cisco 2950、2960 交换机在 Trunk 端口默认封装 802.1q 协议，所以，如果采用的交换机不是默认封装 802.1q 协议，则还需要配置 VLAN 封装协议，交换机端和路由器端要采用一致的封装。

（4）配置路由器 RouterA：

局域网口配置：

```
Router#configure terminal
Router(config)#hostname RouterA
RouterA(config)#interface f0/0
RouterA(config-if)#duplex full
RouterA(config-if)#speed 100
RouterA(config-if)#no shutdown
RouterA(config-if)#interface f0/0.10
RouterA(config-subif)#ip address 173.10.18.1 255.255.255.0
RouterA(config-subif)#encapsulation dot1Q 10
RouterA(config-subif)#no shutdown
RouterA(config-subif)#interface f0/0.20
RouterA(config-subif)#ip address 173.10.19.1 255.255.255.0
RouterA(config-subif)#encapsulation dot1Q 20
RouterA(config-subif)#no shutdown
RouterA(config-subif)#exit
RouterA(config)#
```

广域网口配置：

```
RouterA(config)#interface ser2/0
RouterA(config-if)#ip address 195.16.13.1 255.255.255.252
RouterA(config-if)#clock rate 64000
RouterA(config-if)#no shutdown
RouterA(config-if)#exit
RouterA(config)#
```

OSPF 路由配置：

```
RouterA(config)#router ospf 1
RouterA(config-router)#network 173.10.18.0 0.0.0.255 area 0
RouterA(config-router)#network 173.10.19.0 0.0.0.255 area 0
RouterA(config-router)#network 195.16.13.0 0.0.0.3 area 0
RouterA(config-router)#end
RouterA#
```

（5）配置路由器 RouterB：

```
Router#configure terminal
Router(config)#hostname RouterB
RouterB(config)#interface f0/0
RouterB(config-if)#ip address 173.10.20.1 255.255.255.0
RouterB(config-if)#no shutdown
RouterB(config-if)#exit
RouterB(config)#interface ser2/0
RouterB(config-if)#ip address 195.16.13.2 255.255.255.252
RouterB(config-if)#no shutdown
RouterB(config-if)#exit
RouterB(config)#router ospf 1
RouterB(config-router)#network 173.10.20.0 0.0.0.255 area 0
RouterB(config-router)#network 195.16.13.0 0.0.0.3 area 0
RouterB(config-router)#end
RouterB#
```

（6）在两台路由器上查看路由表，如图 7-63、图 7-64 所示。

```
RouterA#show ip route
Codes: C - connected, S - static, I - IGRP, R - RIP, M - mobile, B - BGP
       D - EIGRP, EX - EIGRP external, O - OSPF, IA - OSPF inter area
       N1 - OSPF NSSA external type 1, N2 - OSPF NSSA external type 2
       E1 - OSPF external type 1, E2 - OSPF external type 2, E - EGP
       i - IS-IS, L1 - IS-IS level-1, L2 - IS-IS level-2, ia - IS-IS inter area
       * - candidate default, U - per-user static route, o - ODR
       P - periodic downloaded static route

Gateway of last resort is not set

     173.10.0.0/24 is subnetted, 1 subnets
O       173.10.20.0 [110/65] via 195.16.13.2, 00:10:20, Serial2/0
     195.16.13.0/30 is subnetted, 1 subnets
C       195.16.13.0 is directly connected, Serial2/0
```

图 7-63　RouterA 的路由表

```
RouteerB#show ip route
Codes: C - connected, S - static, I - IGRP, R - RIP, M - mobile, B - BGP
       D - EIGRP, EX - EIGRP external, O - OSPF, IA - OSPF inter area
       N1 - OSPF NSSA external type 1, N2 - OSPF NSSA external type 2
       E1 - OSPF external type 1, E2 - OSPF external type 2, E - EGP
       i - IS-IS, L1 - IS-IS level-1, L2 - IS-IS level-2, ia - IS-IS inter area
       * - candidate default, U - per-user static route, o - ODR
       P - periodic downloaded static route

Gateway of last resort is not set

     173.10.0.0/24 is subnetted, 1 subnets
C       173.10.20.0 is directly connected, FastEthernet0/0
     195.16.13.0/30 is subnetted, 1 subnets
C       195.16.13.0 is directly connected, Serial2/0
```

图 7-64　RouterB 的路由表

可以看到路由器的路由表中已经有了去往各个网络的路由。由于 OSPF 路由协议是无类路由协议，能够在路由信息更新中包含子网掩码，所以子网 173.10.18.0/24、173.10.19.0/24 和 173.10.20.0/24 被区分开来。

（7）配置各 PC 的 IP 地址。在 Packet Tracer 中单击 PC1，在弹出的窗口中选择"桌面"选项卡下的"IP 地址配置"选项，出现如图 7-65 所示对话框，然后设置 PC1 的 IP 地址、子网掩码和网关，按照同样方法设置其他 PC 主机的 IP 地址、子网掩码和网关。

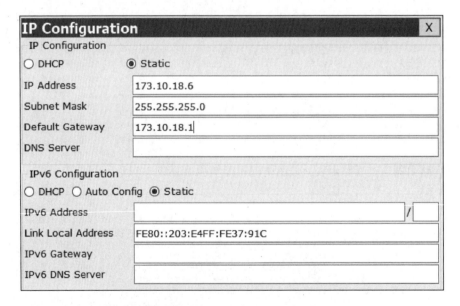

图 7-65　配置 PC1 主机的 IP 地址、子网掩码和网关

PC2 主机的 IP 地址、子网掩码和网关配置，如图 7-66 所示。
PC3 主机的 IP 地址、子网掩码和网关配置，如图 7-67 所示。
（8）测试计算机之间的连通性，主机互相之间应该都可以连通。
主机 PC1 能够 ping 通主机 PC2，如图 7-68 所示。

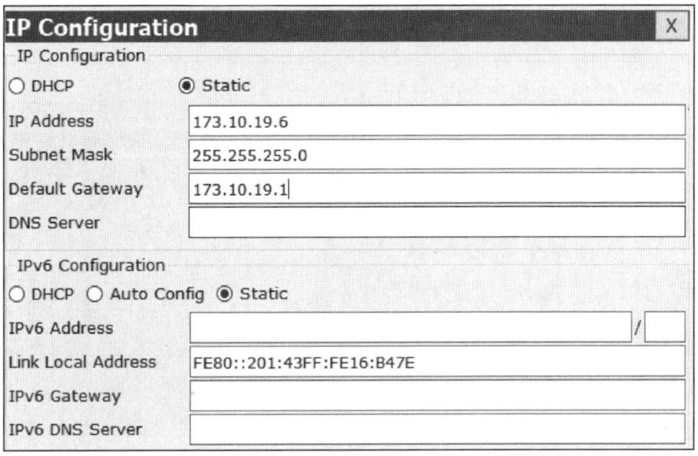

第 7 章 IP 路由协议及配置

图 7-66 配置 PC2 主机的 IP 地址、子网掩码和网关

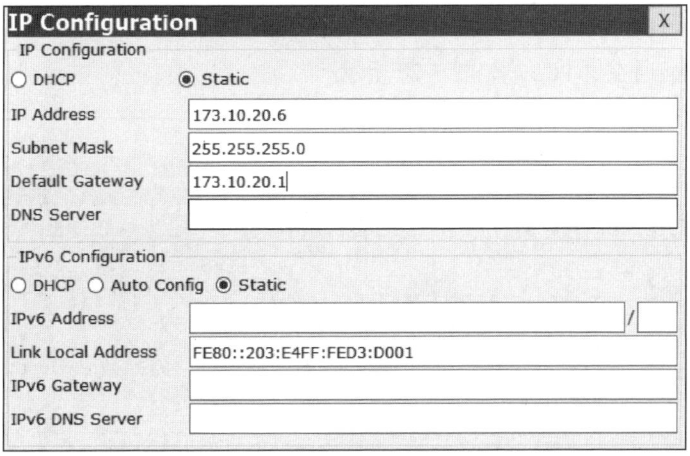

图 7-67 配置 PC3 主机的 IP 地址、子网掩码和网关

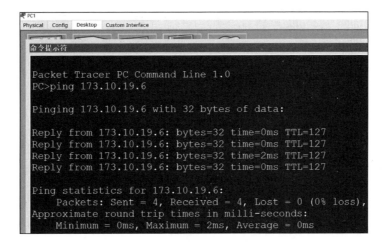

图 7-68 主机 PC1 能够 ping 通主机 PC2

主机 PC1 能够 ping 通主机 PC3，如图 7-69 所示。

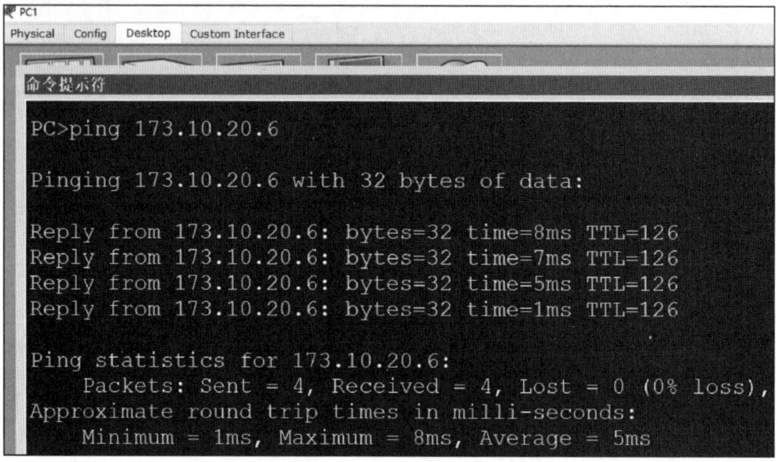

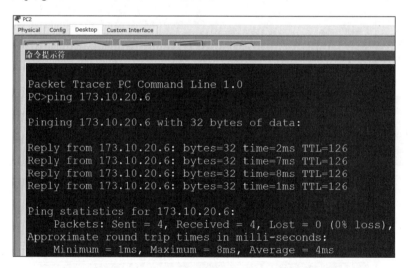

图 7-69　主机 PC1 能够 ping 通主机 PC3

主机 PC2 能够 ping 通主机 PC3，如图 7-70 所示。

图 7-70　主机 PC2 能够 ping 通主机 PC3

习　题

一、选择题

1. 默认路由是（　　）。
   A. 一种静态路由　　　　　　　　　　B. 所有非路由数据包在此路由器上进行转发
   C. 最后求助的网关　　　　　　　　　D. 以上都是

2. 关于静态路由的描述正确的是（　　）。
   A. 手动输入路由表中且不会被路由协议更新　　B. 一旦网络发生变化就被重新计算更新
   C. 路由器出厂时就已经配置好的　　D. 通过其他路由协议学习到的
3. 路由表中 0.0.0.0 指的是（　　）。
   A. 静态路由　　B. 默认路由　　C. RIP 路由　　D. 动态路由
4. 如果将一个新的办公子网掩码加入到原来的网络中，那么需要手工配置 IP 路由表，应输入的命令是（　　）。
   A. ip route　　B. route ip　　C. show ip route　　D. show route
5. RIP 路由协议的管理距离是（　　）。
   A. 90　　B. 100　　C. 110　　D. 120
6. RIP 路由协议的最大跳数是（　　）。
   A. 12　　B. 15　　C. 16　　D. 24
7. OSPF 路由协议的管理距离是（　　）。
   A. 80　　B. 105　　C. 110　　D. 120
8. 查看路由表中通过 OSPF 协议所学习到的路由的命令为（　　）。
   A. show ip ospf neighbor　　B. show ip protocols
   C. show ip ospf　　D. show ip route ospf
9. 关于 OSPF 协议的优点，描述正确的是（　　）。
   A. 支持 VLSM　　B. 无路由环路
   C. 支持路由验证　　D. 对负载分担的支持性能较好
10. 将路由器设置为自动路由汇总是在路由配置模式下执行（　　）。
    A. version　　B. redistribute static subnets
    C. auto-summary　　D. default-information originate

二、简答题

1. 简述静态路由的缺点。
2. 简述动态路由选择协议分类。
3. 简述 RIP 路由协议的工作过程。
4. 简述 OSPF 路由协议的工作过程。

第 8 章

网络地址转换

网络地址转换（network address translation,NAT）就是将网络地址从一个地址空间转换到另外一个地址空间的一个行为。转换方法是在内部网络中使用内部私有地址，通过 NAT 把内部私有地址转换成合法的公有 IP 地址，在互联网上使用。经过 NAT 转换后，一个本地私有 IP 地址对应了一个全局公有 IP 地址。

本章介绍网络地址转换的工作原理、分类及用途，并通过案例，详细介绍网络地址转换的配置方法。

8.1 NAT 技术

8.1.1 NAT 简介

1. NAT 的概念

IPv4 中规定 IP 地址用 32 位二进制数来表示，而 Internet 中的计算机必须拥有唯一的 IP 地址。随着 Internet 的飞速发展，IP 地址资源已经基本耗尽。因此互联网名称与数字地址分配机构（ICANN）将 IP 地址划分了一部分出来作为私有地址，不同的局域网可以重复使用这些私有地址，以解决 IP 地址不够用的问题。但这样一来，使用私有地址的局域网主机就无法直接访问互联网了，因为互联网中的路由器不会包含到私有地址的路由。为了解决这一问题，诞生了网络地址转换技术，这是一种将一个 IP 地址转换为另一个 IP 地址的技术。

通过 NAT 操作，局域网用户就能透明地访问互联网。通过 IP 映射或端口映射，互联网中的主机还能访问位于局域网内使用私有地址的服务器。

2. NAT 的相关术语

在 NAT 操作中，会涉及以下几个术语。

（1）内部网络（inside）：即内部的局域网络，与边界路由器上被定义为 inside 的网络接口相连。

（2）外部网络（outside）：除了内部网络之外的所有网络，通常指互联网，与边界路由器被定义为 outside 的网络接口相连。

（3）内部本地地址（inside local address）：内部局域网中用户主机所使用的 IP 地址，通常为私有地址。

（4）内部全局地址（inside global address）：内部局域网中部分主机所使用的公网 IP 地址，比如部署在局域网中的服务器所使用的合法公网 IP 地址。

（5）外部本地地址（outside local address）：外部网络中的主机所使用的 IP 地址，这些 IP 地址不一定是公网地址。

（6）外部全局地址（outside global address）：外部网络中主机所使用的公网 IP 地址。

（7）地址池（address pool）：可用于 NAT 操作的多个公网 IP 地址。形成地址池的 IP 地址应连续。

8.1.2 NAT 的工作原理

1. 进行 NAT 操作的原因

NAT 被广泛应用于 Internet 接入和网络互联中，一方面解决了网络地址资源不足的问题，另一方面隐藏了内部网络地址，有效地避免了来自外部的攻击。NAT 可以在很多设备上实现，像路由器、计算机和防火墙等设备都可以完成 NAT 功能，但这些设备应该位于内部网络和 Internet 的边界。这里只讨论在 Cisco 路由器上实现 NAT 的方法。

NAT 可以动态地改变通过路由器的 IP 报文的内容，修改报文的源 IP 地址或目的 IP 地址，使得离开路由器的源 IP 地址或目的 IP 地址转换成与原来不同的地址。

1）IP 地址管理机构

Internet IP 地址由 Inter NIC（Internet Network Information Center）统一负责全球地址的规划、管理，同时由 Inter NIC、APNIC、RIPE 等网络信息中心具体负责美国及全球其他地区的 IP 地址分配。

2）私有地址

IP 地址分为公有 IP 地址和私有 IP 地址。

公有地址（public address）又称公网地址。由 Inter NIC 负责。这些 IP 地址分配给向 Inter NIC 提出申请的组织机构。通过公有地址可以访问 Internet，这些地址是可以被 Internet 路由器路由的地址。

私有地址（private address）又称专网地址，属于非注册地址，专门为组织机构内部使用，属于局域网的范畴，除了所在局域网是无法被 Internet 路由器路由的。RFC1918 定义的私有地址空间见表 8-1。

表 8-1　RFC1918 定义的私有地址空间

IP 地址范围	网络类别	网络个数
10.0.0.0 ~ 10.255.255.255	A	1
172.16.0.0 ~ 172.31.255.255	B	16
192.168.0.0 ~ 192.168.255.255	C	256

交换机与路由器的配置管理

一个局域网使用私有地址能够保证不和已注册的公有地址发生冲突。任何组织都可以使用私有地址。但如果一个局域网不需要连接到互联网时，既可以使用公有地址也可以使用私有地址，只要不发生地址冲突就可以了。

当使用私有地址的网络接入 Internet 时，就需要进行网络地址转换。当多个局域网重用了私有地址时也需要进行地址转换，才能够进行局域网互联。使用公有地址的局域网在进行 Internet 接入时，也需要进行网络地址转换，否则局域网内的地址会和 Internet 的地址发生冲突。

2. NAT 的转换原理

借助于 NAT 技术，私有地址的内部网络通过路由器发送数据包时，私有地址被替换成合法的公有 IP 地址，一个局域网只需要使用少量的公有 IP 地址（甚至是一个）即可实现私有地址与互联网的通信需求。

在配置了 NAT 功能的路由设备上，NAT 自动修改 IP 报文的源 IP 地址和目的 IP 地址，如图 8-1 所示。

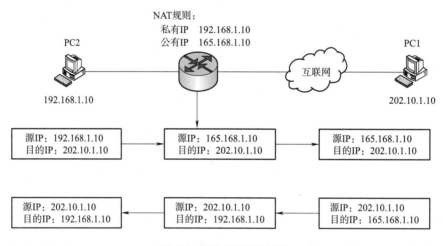

图 8-1 NAT 的工作原理

在图 8-1 中，内网主机 PC2 具有私有 IP 地址 192.168.1.10，外网主机 PC1 具有公有 IP 地址 202.10.1.10。PC2 访问 PC1 过程如下：

（1）PC2 发送数据包，封装的源 IP 地址为自身的地址 192.168.1.10，目的 IP 地址为将要访问的主机 PC1 的 IP 地址 202.10.1.10。

（2）数据包到达配置了 NAT 的路由器。

（3）路由器按照 NAT 转换规则，建立 IP 地址的映射关系，并将源 IP 地址（私有 IP 地址 192.168.1.10）替换为公有 IP 地址 165.168.1.10 封装发送。此时，数据包内封装的源 IP 地址为 165.168.1.10，目的 IP 地址为 202.10.1.10。

（4）PC2 收到源 IP 地址为 165.168.1.10、目的 IP 地址为 202.10.1.10 的数据包。

（5）PC2 发送应答数据包，根据接收数据包的 IP 地址，封装的应答数据包的源 IP 地址为自身的 IP 地址 202.10.1.10，目的 IP 地址为 165.168.1.10。

（6）路由器收到应答数据包，根据之前建立的 IP 地址映射关系，将目的 IP 地址 165.168.1.10 替换回私有 IP 地址 192.168.1.10，源 IP 地址不变，封装并发送。

（7）PC2 接收 PC1 的应答数据包。

在整个过程中，出口路由器根据配置的规则进行 IP 地址的检测并进行转换。

8.1.3　NAT 的分类

NAT 分为三种类型，分别是静态网络地址转换（static NAT, SNAT）、动态网络地址转换（dynamic NAT, DNAT）和网络地址和端口翻译（network address and port translation, NAPT）。

1. 静态网络地址转换

静态网络地址转换就是将局域网内的私有地址（通常为使用私有地址的服务器），一对一地映射到公网地址，从而将使用私有地址的服务器发布到互联网，让互联网用户能利用映射的公网地址访问到使用私有地址的服务器。这种方式达不到节约公网 IP 地址的目的。

2. 动态网络地址转换

需要事先定义一个用来供转换使用的公网地址池。当内网用户访问互联网时，路由器从地址池中选择一个未用的公网地址，然后将该内网主机的私网地址动态映射到该公网地址，从而建立起暂时的一对一的映射关系。当访问结束后，这种映射关系将被解除，以供下一个主机转换使用。

如果地址池中有 5 个地址，则可以为多于 5 台的主机提供对互联网的访问服务，但也只能同时供 5 台主机访问互联网。

3. 网络地址和端口翻译

网络地址和端口翻译就是用一个公网地址的端口，来对应一个私网地址的端口，建立起"公网地址：端口"和"私网地址：端口"间的映射关系。这种映射关系在 NAT 操作时会被保存在 NAT 表中，通过 NAT 技术代理用户上网所配置的 NAT 就属于网络地址端口转换类型。

传输层的通信地址是端口，两个主机间建立 TCP 连接是端口与端口之间建立连接。TCP 的 0～1023 号端口是标准服务所使用的端口。当用户主机访问 Web 服务时，会使用大于或等于 1024 且没有被使用的最小号端口与目标主机的 TCP 80 端口建立 TCP 连接。在进行 NAT 操作时，NAT 设备会尽量用公网地址的相同端口与私网地址和端口建立映射关系。

一个公网地址可用于参与 NAT 操作的端口数量有 65 536-1024=64 512（个）。因此，在公网地址不变，端口可变的情况下，理论上可建立起 64 512 个映射关系，即理论上可代理建立起 64 512 个 TCP 连接。

一台主机访问一个网站时，所建立的 TCP 连接数不止一个，往往有几十个 TCP 连接。因此，用一个公网 IP 地址来进行 NAT 操作，所能代理上网的用户数量较少。为提高代理上网能力，可采用 NAT 地址池方式来配置 NAT 功能，采用多个公网地址参与 NAT 操作，这样就能建立起更多的 TCP 连接。

NAT 地址池通常用一个子网的地址，子网中的网络地址和广播地址不参与网络地址转换，但可用于配置端口映射。

8.1.4　NAT 配置命令

1. 定义 NAT 端口类型

NAT 设备的端口类型有内部接口和外部接口，从内部接口进入的 IP 数据包将进行源 IP 地址的替换修改，从外部接口流入的 IP 数据包将进行目标 IP 地址的替换修改。外部接口通常连接的是互联网，也可以是其他企业的局域网。

在配置网络地址转换之前，首先必须搞清楚路由器的内部接口和外部接口，以及在哪个外部接口上启用 NAT。通常情况下，连接到内部网络的接口是 NAT 内部接口，而连接到外部网络（如 Internet）的接口是 NAT 外部接口。这些约定很重要，后面的配置都是基于这些约定。

配置命令如下：

```
ip nat inside|outside
```

该命令在接口配置模式下执行：inside 定义该接口为内部接口，用于连接内部局域网络；outside 定义该接口为外部接口，用于连接外部网络。

例如，路由器的 f0/0 接口连接内网，Ser2/0 连接外网，则 f0/0 为内部接口，Ser2/0 为外部接口。路由器上指定内部接口和外部接口的命令如下：

```
Router(config)#interface f0/0
Router(config-if)#ip nat inside
Router(config-if)#exit
Router(config)#interface ser2/0
Router(config-if)#ip nat outside
Router(config-if)#
```

2. 定义访问控制列表

访问控制列表将在后面章节详细介绍。此处定义访问控制列表用于控制允许内网的哪些主机能通过 NAT 操作访问互联网。

访问控制列表分为标准访问控制列表和扩展访问控制列表两种。对于简单的访问控制，使用标准访问控制列表即可，其定义的列表编号取值范围为 0～99，标准访问控制列表配置命令如下：

```
access-list number permit|deny network wildcard
```

参数说明如下：

number 代表所定义的访问控制列表的编号。

permit|deny 二选一，代表当规则条件匹配时所执行的动作：permit 代表允许；deny 代表拒绝，不允许。

network wildcard 共同使用，用于代表源网络地址。network 代表网络地址，wildcard 代表通配符掩码，即反掩码，与子网掩码的表达方式相反。

例如，如果不允许 10.8.252.0/24 网段通过 NAT 操作访问互联网，则 ACL 规则可定义如下：

```
Router(config)#access-list 1 deny 10.8.252.0 0.0.0.255
Router(config)#access-list 1 permit any
```

最后一条规则为默认规则，如果要允许内网的所有用户均可通过 NAT 操作访问互联网，则直接定义一条规则即可，其 ACL 规则为 access-list 1 permit any。

3. 定义 NAT 地址池

配置命令如下：

```
ip nat pool pool_name startip endip netmask subnetmask
```

pool_name 代表自定义的地址池名称；startip 代表地址池开始的 IP 地址；endip 代表地址池结束的 IP

地址；subnetmask 代表地址对应的子网掩码。

例如，如果使用 2.2.2.8/29 子网的地址作为 NAT 地址池，则 NAT 地址池定义如下：

```
Router(config)#ip nat pool CampusB_pool 2.2.2.8 2.2.2.15 netmask 255.255.255.248
```

4. 配置 NAT 操作

（1）使用 NAT 地址池配置。配置命令如下：

```
ip nat inside source list acl-number pool pool_name overload
```

命令功能：对与指定 ACL 规则相匹配的 IP 数据包进行 NAT 操作，地址转换所使用的公网地址来自 NAT 地址池。该命令在全局配置模式下执行。

参数说明：acl-number 代表访问列表的编号，即前面所定义的访问列表的编号。pool_name 代表前面所定义的 NAT 地址池的名称。

如果采用前面定义的 ACL 规则和 NAT 地址池来配置 NAT 操作，则配置命令如下：

```
Router(config)#ip nat inside source list 1 pool CampusB_pool overload
```

（2）使用外网接口的公网地址配置。如果网络规模小，并且没有多余的公网地址用于定义 NAT 地址池，也可以采用路由器外网接口的公网地址来配置 NAT，其配置命令如下：

```
ip nat inside source list acl-number interface interface-type interface-number overload
```

例如，局域网的出口路由器的外网接口是 ser2/0，ACL 编号为 1，则 NAT 配置命令如下：

```
Router(config)#ip nat inside source list 1 interface ser2/0 overload
```

提示：完成以上配置后，局域网内的用户就可以访问互联网了，但此时互联网中的用户是无法访问局域网内使用私网地址的服务器的。要解决这个问题，可通过配置静态 IP 映射或端口映射来实现。

5. 配置端口映射

配置命令如下：

```
ip nat inside source static tcp|udp local-ip port global-ip port
```

命令功能：该命令在全局配置模式下执行，用于将内网中的私网地址的某一个端口，与指定的公网地址的某一个端口建立一对一的映射关系。

参数说明：tcp|udp 二选一，代表传输层协议的类型。

local-ip port 代表内网的私网 IP 地址和对应的端口；global-ip port 代表用于映射的公网 IP 地址和对应的端口。

在某高校的 A 校区局域网中，内网中使用私有地址的服务器群的私有地址段是 10.0.0.0/24，Web2 服务器的 IP 地址为 10.0.0.10/24，IP 规划中用于端口映射的子网地址是 1.1.1.4/30。假设要用 1.1.1.5 这个公网地址的 TCP 80 端口与 Web2 服务器的 10.0.0.10 这个私网地址的 TCP 80 端口建立映射，则配置命令如下：

```
Router(config)#ip nat inside source static tcp 10.0.0.10 80 1.1.1.5 80
```

在出口路由器上添加以上端口映射后，在互联网中的用户通过访问 1.1.1.5 这个公网地址，就能访问到位于局域网内网并且使用私网地址的 Web2 服务器了。

如果内网有很多台使用私网地址的 Web 服务器且用于端口映射的公网地址数少于要映射的私网地址服务器数，则只能用公网地址的非 TCP 80 端口，比如 TCP 8080 端口或者其他端口来映射到私网地址的 TCP 80 端口。

例如，如果内网有一台 IP 地址为 10.0.0.12/24 的 Web3 服务器，假设用 1.1.1.5 这个公网 IP 地址的 TCP 8080 端口来映射到该台私网地址服务器的 TCP 80 端口，则配置命令如下：

```
Router(config)#ip nat inside source static tcp 10.0.0.12 80 1.1.1.5 8080
```

在出口路由器上添加以上端口映射后，在互联网中的用户通过 http://1.1.1.5:8080

这个地址，就能访问到位于局域网内网并且使用私网地址的 Web3 服务器了。

6. IP 映射

如果某个使用私网地址的应用服务器所使用的端口数量比较多，则每一个用到的端口都必须配置端口映射，配置工作量会比较大，此时可考虑配置 IP 映射。

配置命令如下：

```
ip nat inside source static local-ip global-ip
```

命令功能：将公网 IP 地址与私网 IP 地址建立一对一的映射。建立映射后，互联网中的主机通过访问该公网地址，就可以访问到对应的私网地址服务器。

参数说明：local-ip 代表私网地址；global-ip 代表公网地址。由于是一对一的映射，相当于所有端口都建立了一对一的映射。用来建立 IP 映射的公网地址，不能是 NAT 地址池中的地址。

如果要用 1.1.1.6 这个公网地址与私有地址 10.0.0.13 建立 IP 映射，则配置命令如下：

```
Router(config)#ip nat inside source static 10.0.0.13 1.1.1.6
```

8.1.5　NAT 实现使用私有地址的网络接入互联网

使用私有地址的网络接入互联网可以使用静态地址转换、动态地址转换、端口地址转换或它们的组合来实现。

1. 实现静态地址转换

静态地址转换配置是比较简单的，在内部本地地址与内部全局地址之间进行一对一的转换，配置分四个步骤来完成。

（1）指定连接内部网络的路由器内部接口（例如 f0/0 接口），在这个接口执行如下命令：

```
Router(config)#interface f0/0
Router(config-if)#ip nat inside
```

（2）指定连接外部网络的路由器外部接口（例如 Ser3/0 接口），在这个接口执行如下命令：

```
Router(config)#interface ser3/0
Router(config-if)#ip nat outside
```

（3）配置一条去往互联网的默认路由。

（4）在全局配置模式下进行静态地址映射。

①进行内部源 IP 地址转换：

```
ip nat inside source static local-ip global-ip
```

②进行内部目标 IP 地址转换：

```
ip nat inside destination static global-ip local-ip
```

③进行外部源 IP 地址转换：

```
ip nat outside source static global-ip local-ip
```

一个内网地址静态转换为一个公网地址，用于内网访问外网的应用现在已经很少使用，但静态地址转换用于外网访问内网 Web 服务的应用则非常广泛。

譬如，企业只有一个合法的公网 IP 地址，而这个 IP 地址已经应用在路由器的外网接口，而多个内网服务器需要接受外网访问，那么可以利用带端口的静态地址转换方法来解决此问题。

带端口的静态地址转换方法不是将 IP 地址做一对一映射，而是将传输层的端口号进行一对一映射。

例如，在 ISP 申请了一个地址 200.200.200.1/24，把它应用在接入路由器的出口上，并且做 NAT 重载来为内网主机提供 Internet 服务，而内网有一台主机（地址为 192.168.1.1）需要为外网提供 WWW 服务。在路由器上进行静态地址转换配置，可以用以下三步来完成。

第一步，指定内部接口。

```
Router(config)#interface f0/0
Router(config-if)#ip address 192.168.1.254 255.255.255.0
Router(config-if)#ip nat inside
Router(config-if)#no shutdown
```

第二步，指定外部接口。

```
Router(config)#interface f1/0
Router(config-if)#ip address 200.200.200.1 255.255.255.0
Router(config-if)#ip nat outside
Router(config-if)#no shutdown
Router(config-if)#exit
Router(config)#
```

第三步，设置端口映射。

```
Router(config)#ip nat inside source static tcp 192.168.1.1 80 200.200.200.1 80
```

上面的配置实现了将外部地址 200.200.200.1 的 80 端口映射到内部地址 192.168.1.1 的 80 端口。外网访问内网 Web 服务器时只需访问接入路由器出口地址 200.200.200.1，而不是访问内网 Web 服务器地址 192.168.1.1。在外网计算机的浏览器上输入"http://200.200.200.1"，就能浏览到内网 Web 服务器上的网页。

2. 实现动态地址转换

动态地址转换在内部本地地址与内部全局地址池集中的某个地址进行一对一的转换，配置分六个步骤来完成。

（1）指定连接内部网络的路由器内部接口。在这个接口执行如下命令：

```
ip nat inside
```

（2）指定连接外部网络的路由器外部接口。在这个接口执行如下命令：

```
ip nat outside
```

（3）配置去往互联网的默认路由。

（4）在全局配置模式下指定一个地址池。

```
ip nat pool pool_name startip endip netmask subnetmask
```

（5）定义一个访问控制列表。

定义一个访问控制列表，指明允许进行地址转换的地址范围。

（6）在全局配置模式下进行地址转换。

①进行内部源地址转换：

```
ip nat inside source list acl-number pool pool_name overload
```

②进行内部目标地址转换：

```
ip nat inside destination list acl-number pool pool_name
```

③进行外部源地址转换：

```
ip nat outside source list acl-number pool pool_name
```

图 8-2 所示是一个动态地址转换实现内网接入互联网的拓扑结构图。

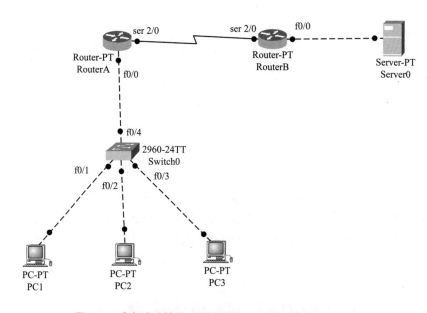

图 8-2　动态地址转换实现内网接入互联网的拓扑结构图

配置各 PC 主机的 IP 地址、子网掩码和网关。

在 Packet Tracer 中单击 PC1 按钮,在弹出的窗口中选择"桌面"选项卡下的"IP 地址配置"选项,出现如图 8-3 所示对话框,然后设置 PC1 的 IP 地址、子网掩码和网关,按照同样方法设置其他 PC 的 IP 地址、子网掩码和网关。

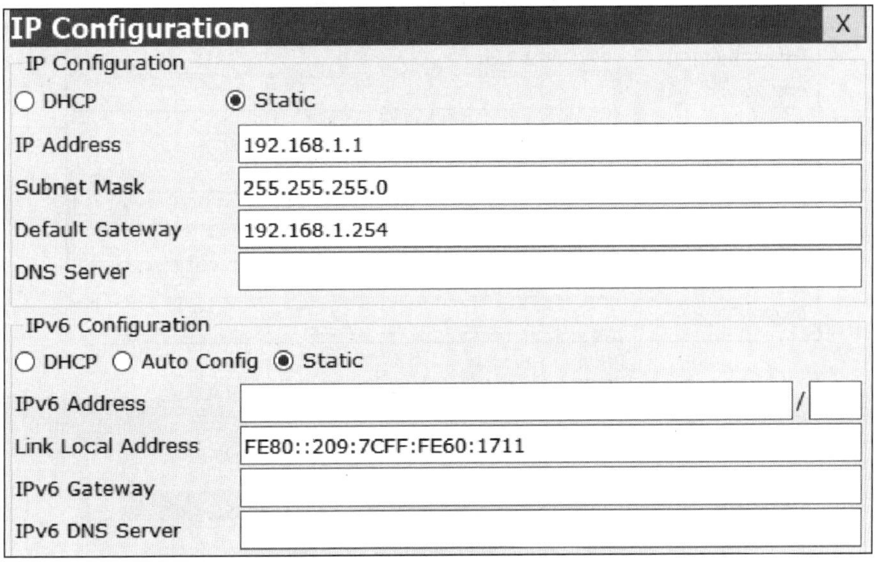

图 8-3 配置 PC1 主机的 IP 地址、子网掩码和网关

PC2 主机的 IP 地址、子网掩码和网关配置如图 8-4 所示。

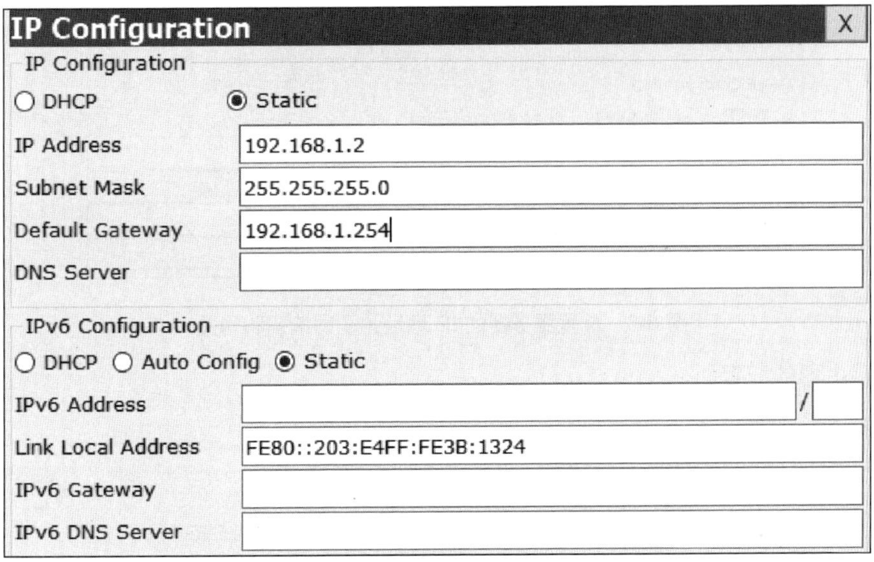

图 8-4 配置 PC2 主机的 IP 地址、子网掩码和网关

PC3 主机的 IP 地址、子网掩码和网关配置如图 8-5 所示。

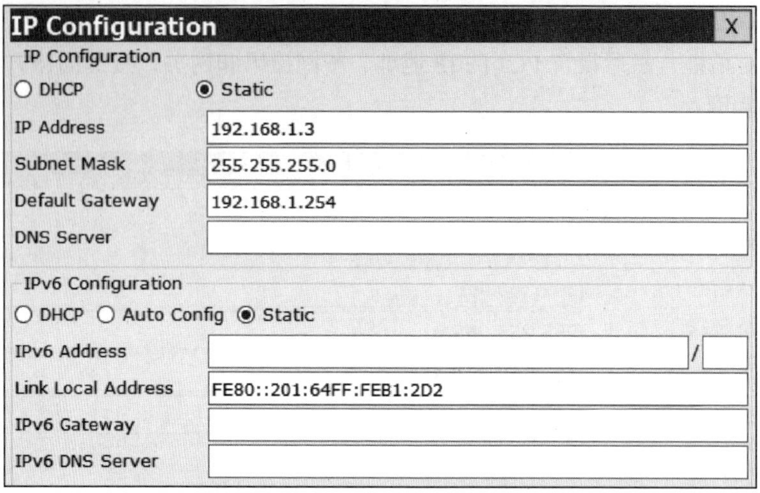

交换机与路由器的配置管理

图 8-5 配置 PC3 主机的 IP 地址、子网掩码和网关

Web 服务器 Server0 的 IP 地址、子网掩码和网关配置如图 8-6 所示。

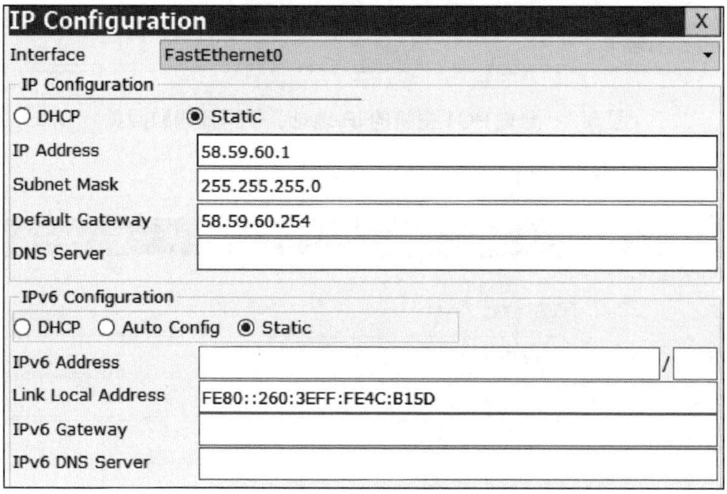

图 8-6 配置服务器的 IP 地址、子网掩码和网关

RouterA 路由器的配置如下:

```
RouterA#configure terminal
RouterA(config)#hostname RouterA
RouterA(config)#interface f0/0
RouterA(config-if)#ip address 192.168.1.254 255.255.255.0
RouterA(config-if)#ip nat inside
RouterA(config-if)#no shutdown
RouterA(config-if)#exit
RouterA(config)#interface ser2/0
RouterA(config-if)#ip address 200.200.200.1 255.255.255.0
RouterA(config-if)#ip nat outside
```

```
RouterA(config-if)#clock rate 64000
RouterA(config-if)#no shutdown
RouterA(config-if)#exit
RouterA(config)#ip route 0.0.0.0 0.0.0.0 200.200.200.2
RouterA(config)#ip nat pool test 200.200.200.3 200.200.200.4 netmask
255.255.255.0
RouterA(config)#access-list 1 permit 192.168.1.0 0.0.0.255
RouterA(config)#ip nat inside source list 1 pool test
RouterA(config)#end
RouterA#
```

RouterB 路由器的配置如下：

```
Router#configure terminal
Router(config)#hostname RouterB
RouterB(config)#interface f0/0
RouterB(config-if)#ip address 58.59.60.254 255.255.255.0
RouterB(config-if)#no shutdown
RouterB(config-if)#exit
RouterB(config)#interface ser2/0
RouterB(config-if)#ip address 200.200.200.2 255.255.255.0
RouterB(config-if)#no shutdown
RouterB(config-if)#end
RouterB#
```

在主机 PC1 上对路由器动态 NAT 的测试如图 8-7 所示。

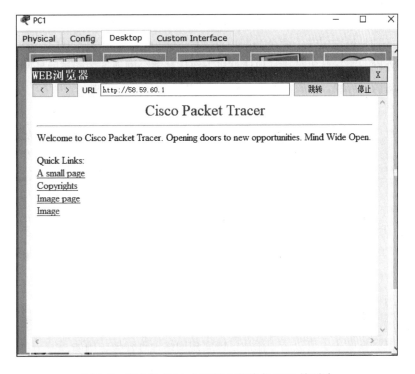

图 8-7　在主机 PC1 上对路由器动态 NAT 的测试

在主机 PC2 上对路由器动态 NAT 的测试如图 8-8 所示。

图 8-8　在主机 PC2 上对路由器动态 NAT 的测试

经过动态地址转换后内网中部分计算机可以访问互联网，能够同时访问外网的计算机数量等于地址池中地址的个数。地址池中定义了两个公网地址 200.200.200.3、200.200.200.4，因此，内网中两台计算机可以同时访问外网，第三台要等待其他计算机下线后释放公网地址才能访问外网。如果要使得所有内网计算机都能同时访问外网，需要在地址转换命令中使用 overload 参数。

内网两台计算机访问外网后，在接入路由器上查看地址转换情况如图 8-9 所示。

```
RouterA#show ip nat translations
Pro   Inside global      Inside local       Outside local      Outside global
tcp   200.200.200.3:1025 192.168.1.1:1025   58.59.60.1:80      58.59.60.1:80
tcp   200.200.200.4:1025 192.168.1.2:1025   58.59.60.1:80      58.59.60.1:80
```

图 8-9　路由器上查看地址转换情况

如果想将多个 IP 地址段转换为合法的 IP 地址，可以将它们一一添加到访问列表中。例如，当欲将 172.16.98.0～172.16.98.255/24 和 172.16.99.0～172.16.99.255/24 转换为合法的 IP 地址时，应当添加下述命令：

```
access-list 1 permit 172.16.98.0 0.0.0.255
access-list 1 permit 172.16.99.0 0.0.0.255
```

如果有多个内部访问列表，可以一一添加，以实现网络地址转换，例如：

```
Router(config)#ip nat inside source list 1 pool test
```

```
Router(config)#ip nat inside source list 2 pool test
```

如果有多个地址池，也可以一一添加，以增加合法地址池范围，例如：

```
Router(config)#ip nat inside source list 1 pool testa
Router(config)#ip nat inside source list 1 pool testb
Router(config)#ip nat inside source list 1 pool testc
```

至此，动态地址转换设置完毕。

3. 实现端口地址转换

端口地址转换也是一种动态地址转换，是多个内网地址的端口被转换为一个公网地址的多个端口。配置也分六个步骤来完成。

（1）指定连接内部网络的路由器内部接口。在这个接口执行如下命令：

```
ip nat inside
```

（2）指定连接外部网络的路由器外部接口。在这个接口执行如下命令：

```
ip nat outside
```

（3）配置去往互联网的默认路由。

（4）指定一个公有地址：可以是连接公网的接口，也可以是只有一个地址的地址池。

```
ip nat pool pool_name startip endip netmask subnetmask
```

对于只有一个 IP 地址的地址池，"startip" 和 "endip" 是同一个内部全局地址。

（5）定义一个访问控制列表。

定义一个访问控制列表，指明允许进行地址转换的地址范围。

（6）内部本地地址转换为外部接口地址。

```
ip nat inside source list acl-number {pool pool_name|interface interface_number}overload
```

overload 说明是过载。

图 8-10 所示为端口地址转换实现内网接入互联网的拓扑结构图。

RouterA 路由器的配置如下：

```
Router#configure terminal
Router(config)#hostname RouterA
RouterA(config)#interface f0/0
RouterA(config-if)#ip address 192.168.1.254 255.255.255.0
RouterA(config-if)#ip nat inside
RouterA(config-if)#no shutdown
RouterA(config-if)#exit
RouterA(config)#interface ser2/0
RouterA(config-if)#ip address 200.200.200.1 255.255.255.0
RouterA(config-if)#ip nat outside
RouterA(config-if)#clock rate 64000
RouterA(config-if)#exit
```

```
RouterA(config)#ip route 0.0.0.0 0.0.0.0 200.200.200.2
RouterA(config)#access-list 1 permit 192.168.1.0 0.0.0.255
RouterA(config)#ip nat inside source list 1 interface ser2/0 overload
RouterA(config)#end
RouterA#
```

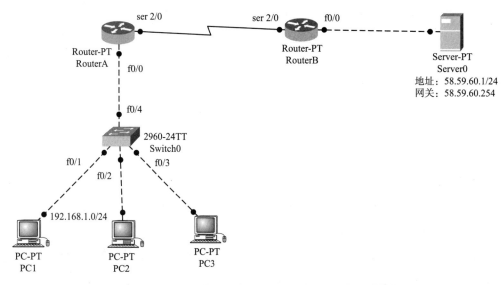

图 8-10　端口地址转换实现内网接入互联网的拓扑结构图

RouterB 路由器的配置如下：

```
Router#configure terminal
Router(config)#hostname RouterB
RouterB(config)#interface f0/0
RouterB(config-if)#ip address 58.59.60.254 255.255.255.0
RouterB(config-if)#no shutdown
RouterB(config-if)#exit
RouterB(config)#interface ser2/0
RouterB(config-if)#ip address 200.200.200.2 255.255.255.0
RouterB(config-if)#no shutdown
RouterB(config-if)#end
RouterB#
```

经过动态地址转换后内网中所有计算机可以访问互联网，所有的访问外网的内网地址都被转换为接入路由器访问外网的公网地址，是一对一的转换，用不同的端口号来区分。

在主机 PC3 上对路由器端口地址转换实现内网接入互联网的测试如图 8-11 所示。

端口地址转换后每台内网计算机都可以访问外网，通过端口号区分。每台内网计算机访问外网后，可以在接入路由器上查看端口地址转换的情况如图 8-12 所示。

虽然每个内网地址都转换成相同的公网地址（接入路由器出接口地址）200.200.200.1，但端口号不一样，这样就将它们区分开来了。

至此，端口复用动态地址转换配置完成。

第 8 章 网络地址转换

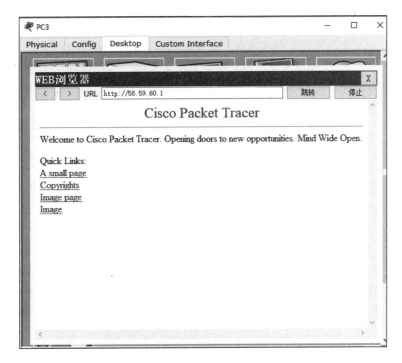

图 8-11 在主机 PC3 上对路由器端口地址转换实现内网接入互联网的测试

```
RouterA#show ip nat translations
Pro  Inside global      Inside local       Outside local    Outside global
tcp  200.200.200.1:1024 192.168.1.2:1025   58.59.60.1:80    58.59.60.1:80
tcp  200.200.200.1:1025 192.168.1.1:1025   58.59.60.1:80    58.59.60.1:80
tcp  200.200.200.1:1026 192.168.1.3:1025   58.59.60.1:80    58.59.60.1:80
```

图 8-12 在接入路由器上查看端口地址转换的情况

8.2 NAT 技术配置实训

8.2.1 静态 NAT 配置实训

1. 实训目标

（1）了解静态内部源地址转换的定义及应用。

（2）掌握静态内部源地址转换的配置方法。

2. 实训任务

你是某公司的网络管理员，公司内网有一台 WEB 服务器，公司向 ISP 申请了一条专线，该专线分配了一个公网 IP 地址，通过配置实现公司的 WEB 服务器对外提供服务。

3. 任务分析

路由器与外网相连的接口为 Ser2/0，假设申请的公网 IP 地址为 200.1.1.1/30，内网有一台 WEB 服

视 频

静态NAT配置实训

务器地址为 192.168.1.100，公司内部有两个网段分别为 192.168.1.0 及 192.168.2.0，其中，192.168.1.0 网段是服务器网段，为了实现服务器对外发布。首先在路由器上进行配置，并设置默认路由指向外网，然后在路由器上配置静态 NAT 端口地址进行转换，实现 WEB 服务器对外提供服务。静态 NAT 配置及应用如图 8-13 所示。

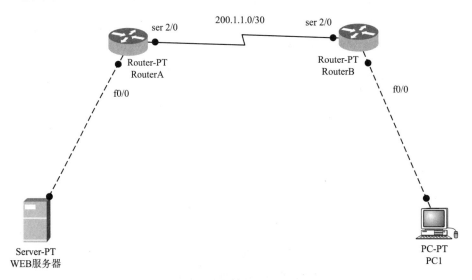

图 8-13　静态 NAT 配置及应用

4. 任务实施

1）配置服务器的 IP 地址

在 Packet Tracer 中单击 WEB 服务器，在弹出的窗口中选择"桌面"选项卡下的"IP 地址配置"选项，出现如图 8-14 所示对话框，然后设置 WEB 服务器的 IP 地址、子网掩码和网关。

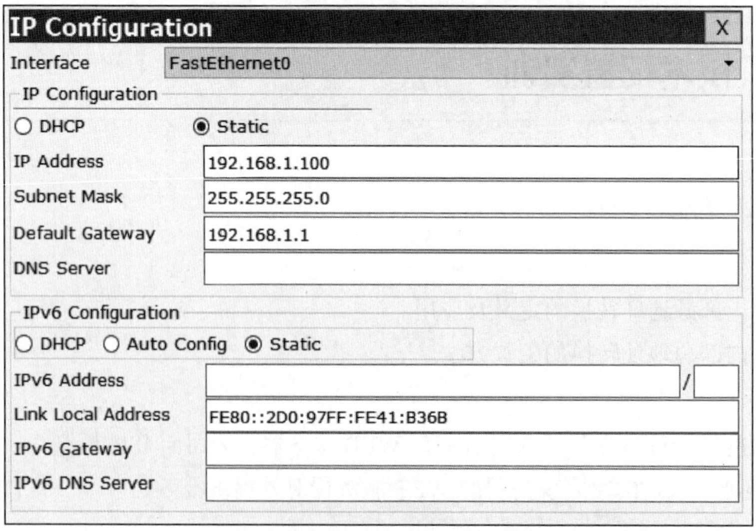

图 8-14　配置 WEB 服务器的 IP 地址、子网掩码和网关

2）配置服务器的 WEB 服务

在 Packet Tracer 中单击 WEB 服务器，在弹出的窗口中选择"服务"选项卡下的 HTTP 选项，出现如图 8-15 所示对话框，然后在 HTTP 选项中设置"启用"。

图 8-15　启用 WEB 服务器的 WEB 站点

3）配置 PC1 主机的 IP 地址

PC1 主机的 IP 地址、子网掩码和网关配置如图 8-16 所示。

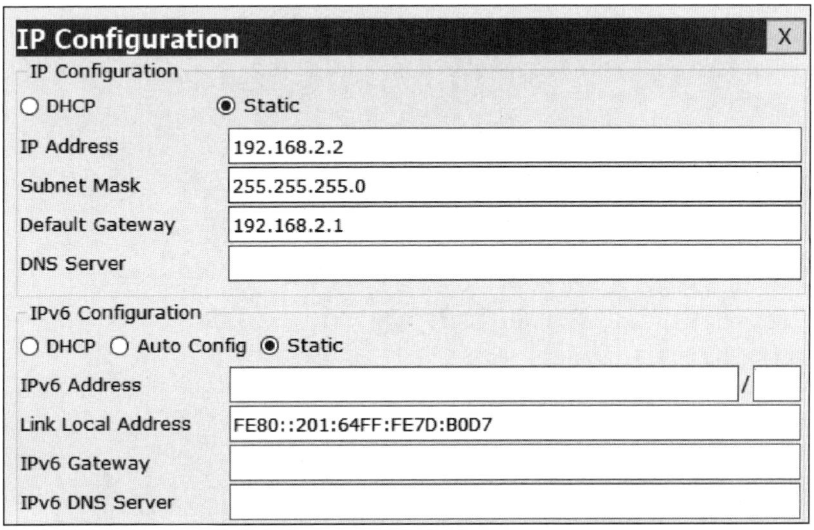

图 8-16　配置 PC1 主机的 IP 地址、子网掩码和网关

4）路由器配置

(1) 路由器基本配置：

① RouterA 路由器的配置如下：

```
Router#configure terminal
Router(config)#hostname RouterA
RouterA(config)#interface f0/0
RouterA(config-if)#ip address 192.168.1.1 255.255.255.0
RouterA(config-if)#no shutdown
RouterA(config-if)#exit
RouterA(config)#interface ser2/0
RouterA(config-if)#ip address 200.1.1.1 255.255.255.252
RouterA(config-if)#clock rate 64000
RouterA(config-if)#no shutdown
RouterA(config-if)#exit
RouterA(config)#
```

② RouterB 路由器的配置如下：

```
Router#configure terminal
Router(config)#hostname RouterB
RouterB(config)#interface f0/0
RouterB(config-if)#ip address 192.168.2.1 255.255.255.0
RouterB(config-if)#no shutdown
RouterB(config-if)#exit
RouterB(config)#interface ser2/0
RouterB(config-if)#ip address 200.1.1.2 255.255.255.252
RouterB(config-if)#no shutdown
RouterB(config-if)#exit
RouterB(config)#
```

(2) 配置默认路由：

```
RouterA(config)#ip route 0.0.0.0 0.0.0.0 200.1.1.2
RouterA(config)#end
RouterA#
```

5）路由器静态 NAT 配置

(1) 指定内外网路由器 NAT 转换接口：

```
RouterA(config)#interface f0/0
RouterA(config-if)#ip nat inside
RouterA(config-if)#exit
RouterA(config)#interface ser2/0
RouterA(config-if)#ip nat outside
RouterA(config-if)#exit
RouterA(config)#
```

(2) 配置路由器静态 NAT 地址转换：

```
RouterA(config)#ip nat inside source static 192.168.1.100 200.1.1.1
```

在 RouterA 路由器上查看网络地址转换情况如图 8-17 所示。

```
RouterA#show ip nat translations
Pro  Inside global      Inside local       Outside local      Outside global
---  200.1.1.1          192.168.1.100      ---                ---
```

图 8-17 在 RouterA 路由器上查看网络地址转换情况

6）验证测试

验证测试如图 8-18 所示。

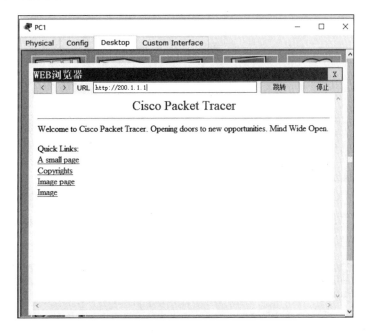

图 8-18 验证测试

8.2.2 动态 NAT 配置实训

1. 实训目标

（1）了解动态内部源地址转换的定义及应用。

（2）掌握动态内部源地址转换的配置方法。

动态NAT配置实训

2. 实训任务

你是某公司的网络管理员，公司办公网需要接入互联网，公司只向 ISP 申请了一条专线，该专线分配了一个公网 IP 地址，通过配置动态 NAT 实现与公司有业务往来的外界主机都能访问外网。

3. 任务分析

路由器与外网相连的接口为 Ser2/0，假设申请的公网 IP 地址为 200.1.1.1/30，外网有一台 WEB 服务器地址为 210.1.1.100，公司内部有两个网段分别为 192.168.1.0、192.168.2.0，其中，两个网段都可以访问外网。首先在路由器上进行配置，并设置默认路由指向外网，然后在路由器上配置动态 NAT 进行转换，实现对 Internet 的访问，如图 8-19 所示。

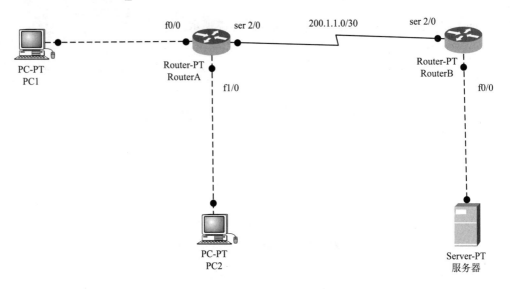

图 8-19　路由器动态 NAT 配置

4. 任务实施

1）配置各 PC 和服务器的 IP 地址

在 Packet Tracer 中单击 PC1 按钮，在弹出的窗口中选择"桌面"选项卡下的"IP 地址配置"选项，出现如图 8-20 所示对话框，然后设置 PC1 的 IP 地址、子网掩码和网关，按照同样方法设置其他 PC 的 IP 地址、子网掩码和网关。

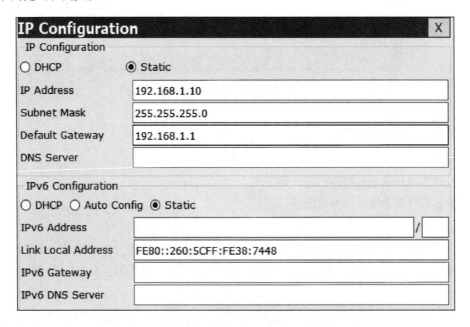

图 8-20　配置 PC1 主机的 IP 地址、子网掩码和网关

PC2 主机的 IP 地址、子网掩码和网关配置如图 8-21 所示。

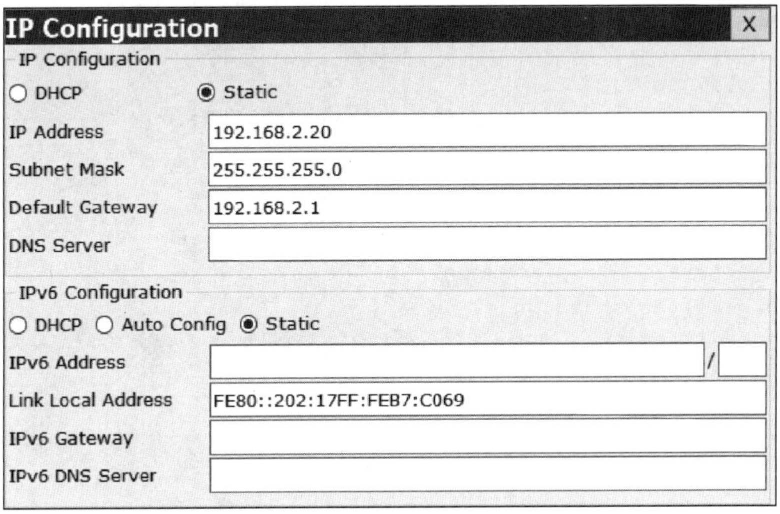

图 8-21 配置 PC2 主机的 IP 地址、子网掩码和网关

服务器的 IP 地址、子网掩码和网关配置如图 8-22 所示。

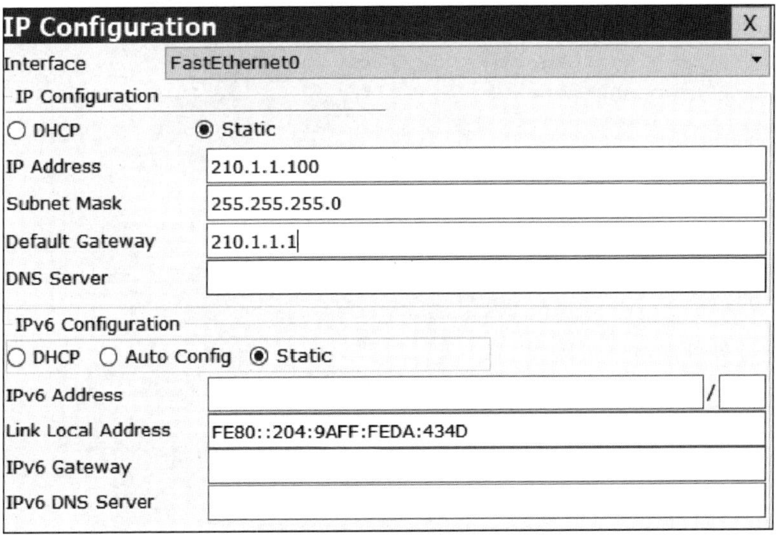

图 8-22 配置服务器的 IP 地址、子网掩码和网关

2）路由器配置

（1）路由器基本配置：

① RouterA 路由器的配置如下：

```
Router>enable
Router#configure terminal
Router(config)#hostname RouterA
RouterA(config)#interface f0/0
RouterA(config-if)#ip address 192.168.1.1 255.255.255.0
```

交换机与路由器的配置管理

```
RouterA(config-if)#no shutdown
RouterA(config-if)#exit
RouterA(config)#interface f1/0
RouterA(config-if)#ip address 192.168.2.1 255.255.255.0
RouterA(config-if)#no shutdown
RouterA(config-if)#exit
RouterA(config)#interface ser2/0
RouterA(config-if)#ip address 200.1.1.1 255.255.255.252
RouterA(config-if)#clock rate 64000
RouterA(config-if)#no shutdown
RouterA(config-if)#exit
RouterA(config)#
```

② RouterB 路由器的配置如下：

```
Router>enable
Router#configure terminal
Router(config)#interface f0/0
Router(config-if)#ip address 210.1.1.1 255.255.255.0
Router(config-if)#no shutdown
Router(config-if)#exit
Router(config)#interface ser2/0
Router(config-if)#ip address 200.1.1.2 255.255.255.252
Router(config-if)#no shutdown
Router(config-if)#exit
Router(config)#
```

（2）配置默认路由。

```
RouterA(config)#ip route 0.0.0.0 0.0.0.0 200.1.1.2
RouterA(config)#
```

（3）定义内部及外部端口。

①定义 f0/0 及 f1/0 为内网接口：

```
RouterA(config)#interface f0/0
RouterA(config-if)#ip nat inside
RouterA(config-if)#exit
RouterA(config)#interface f1/0
RouterA(config-if)#ip nat inside
RouterA(config-if)#exit
RouterA(config)#
```

②定义 Ser2/0 为外网接口：

```
RouterA(config)#interface ser2/0
RouterA(config-if)#ip nat outside
RouterA(config-if)#exit
RouterA(config)#
```

（4）定义内部全局地址池。

地址池名称为 to_internet，范围为从 200.1.1.1 到 200.1.1.1。

```
RouterA(config)#ip nat pool to_internet 200.1.1.1 200.1.1.1 netmask
255.255.255.252
```

（5）定义允许转换的地址。

允许 192.168.1.0 和 192.168.2.0 网络地址转换：

```
RouterA(config)#access-list 1 permit 192.168.1.0 0.0.0.255
RouterA(config)#access-list 1 permit 192.168.2.0 0.0.0.255
```

（6）建立映射关系。

```
RouterA(config)#ip nat inside source list 1 pool to_internet overload
```

在路由器上查看 NAT 映射关系（先建立访问会话）如图 8-23 所示。

```
RouterA#show ip nat translations
Pro   Inside global      Inside local       Outside local      Outside global
tcp   200.1.1.1:1025     192.168.1.10:1025  210.1.1.100:80     210.1.1.100:80
tcp   200.1.1.1:1026     192.168.1.10:1026  210.1.1.100:80     210.1.1.100:80
```

图 8-23 路由器上查看 NAT 映射关系

3）验证测试

在主机 PC1 上对路由器动态 NAT 的测试如图 8-24 所示。

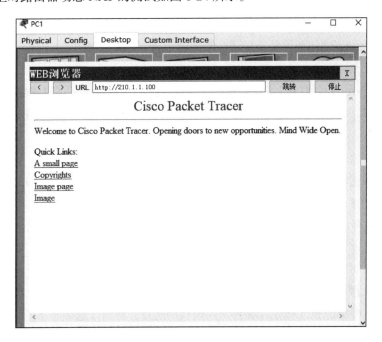

图 8-24 在主机 PC1 上对路由器动态 NAT 的测试

在主机 PC2 上对路由器动态 NAT 的测试如图 8-25 所示。

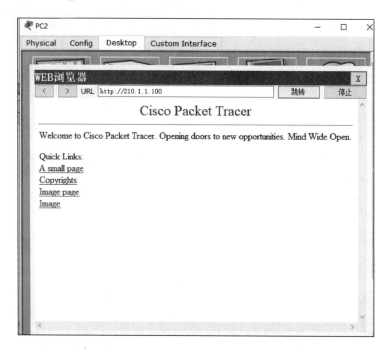

图 8-25 在主机 PC2 上对路由器动态 NAT 的测试

8.2.3 端口 NAT 配置实训

1. 实训目标

（1）了解动态内部源地址端口转换的定义及应用。

（2）掌握动态内部源地址端口转换的配置方法。

2. 实训任务

你是某公司的网络管理员，公司办公网需要接入互联网，公司只向 ISP 申请了一条专线，该专线分配了一个公网 IP 地址，通过配置端口 NAT 实现与公司有业务往来的外界主机都能访问外网。

3. 任务分析

路由器与外网相连的接口为 Ser2/0，假设申请的公网 IP 地址为 208.1.1.1/30，外网有一台 WEB 服务器地址为 212.1.1.108，公司内部有两个网段分别为 192.168.1.0 及 192.168.2.0，其中，两个网段都可以访问外网。首先在路由器上进行配置，并设置默认路由指向外网，然后在路由器上配置动态 NAT 端口进行转换，实现对 Internet 的访问，如图 8-26 所示。

4. 任务实施

1）配置各 PC 和服务器的 IP 地址

在 Packet Tracer 中单击 PC1 按钮，在弹出的窗口中选择"桌面"选项卡下的"IP 地址配置"选项，出现如图 8-27 所示对话框，然后设置 PC1 的 IP 地址、子网掩码和网关，按照同样方法设置其他 PC 的 IP 地址、子网掩码和网关。

第 8 章　网络地址转换

图 8-26　路由器端口 NAT 配置

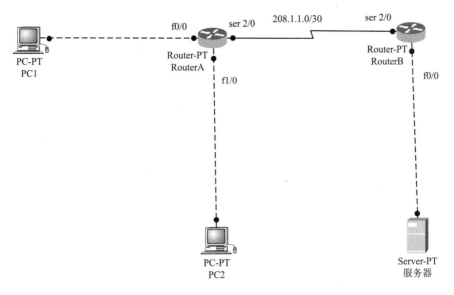

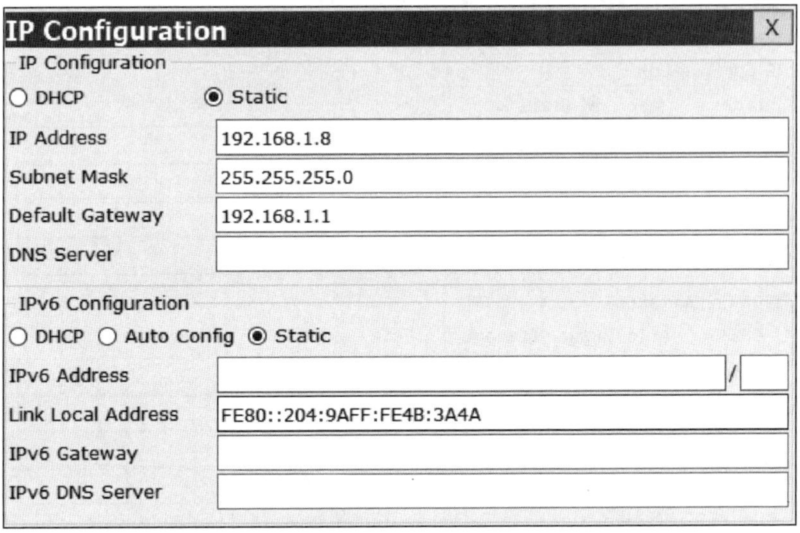

图 8-27　配置 PC1 主机的 IP 地址、子网掩码和网关

PC2 主机的 IP 地址、子网掩码和网关配置如图 8-28 所示。

服务器的 IP 地址、子网掩码和网关配置如图 8-29 所示。

2）路由器配置

（1）路由器基本配置：

① RouterA 路由器的配置如下：

```
Router>enable
Router#configure terminal
Router(config)#hostname RouterA
```

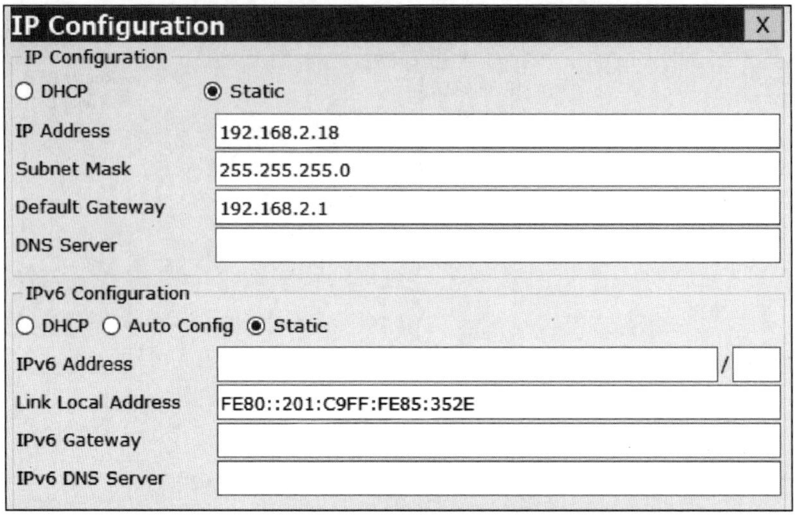

交换机与路由器的配置管理

图 8-28 配置 PC2 主机的 IP 地址、子网掩码和网关

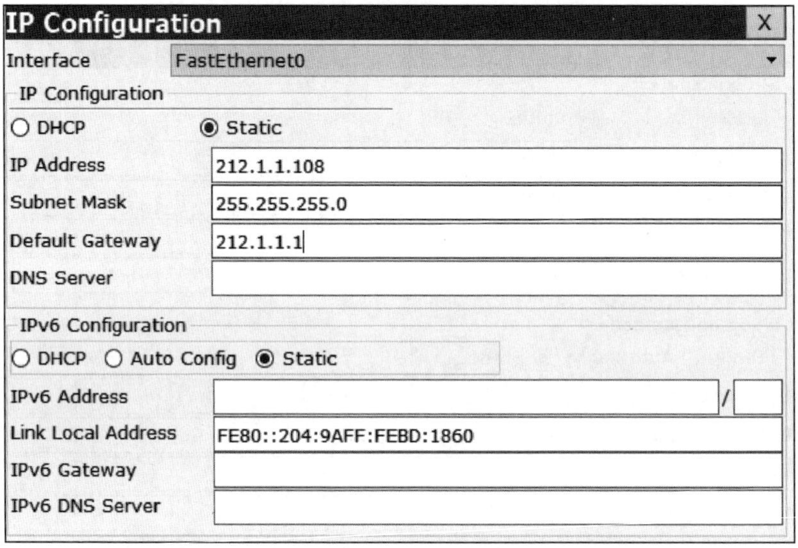

图 8-29 配置服务器的 IP 地址、子网掩码和网关

```
RouterA(config)#interface f0/0
RouterA(config-if)#ip address 192.168.1.1 255.255.255.0
RouterA(config-if)#no shutdown
RouterA(config-if)#exit
RouterA(config)#interface f1/0
RouterA(config-if)#ip address 192.168.2.1 255.255.255.0
RouterA(config-if)#no shutdown
RouterA(config-if)#exit
RouterA(config)#interface ser2/0
RouterA(config-if)#ip address 208.1.1.1 255.255.255.252
```

```
RouterA(config-if)#clock rate 64000
RouterA(config-if)#no shutdown
RouterA(config-if)#exit
RouterA(config)#
```

② RouterB 路由器的配置如下:

```
Router>enable
Router#configure terminal
Router(config)#interface f0/0
Router(config-if)#ip address 212.1.1.1 255.255.255.0
Router(config-if)#no shutdown
Router(config-if)#exit
Router(config)#interface ser2/0
Router(config-if)#ip address 208.1.1.2 255.255.255.252
Router(config-if)#no shutdown
Router(config-if)#exit
Router(config)#
```

(2) 配置默认路由:

```
RouterA(config)#ip route 0.0.0.0 0.0.0.0 208.1.1.2
RouterA(config)#
```

(3) 定义内部及外部端口:

① 定义 f0/0 及 f1/0 为内网接口:

```
RouterA(config)#interface f0/0
RouterA(config-if)#ip nat inside
RouterA(config-if)#exit
RouterA(config)#interface f1/0
RouterA(config-if)#ip nat inside
RouterA(config-if)#exit
RouterA(config)#
```

② 定义 Ser2/0 为外网接口:

```
RouterA(config)#interface ser2/0
RouterA(config-if)#ip nat outside
RouterA(config-if)#exit
RouterA(config)#
```

(4) 定义允许转换的地址。

允许 192.168.1.0 和 192.168.2.0 网段地址转换:

```
RouterA(config)#access-list 1 permit 192.168.1.0 0.0.0.255
RouterA(config)#access-list 1 permit 192.168.2.0 0.0.0.255
```

(5) 建立映射关系。

```
RouterA(config)#ip nat inside source list 1 interface ser2/0 overload
```

在路由器上查看 NAT 映射关系（先建立访问会话）如图 8-30 所示。

```
RouterA#show ip nat translations
Pro  Inside global      Inside local        Outside local       Outside global
tcp  208.1.1.1:1025     192.168.2.18:1025   212.1.1.108:80      212.1.1.108:80
tcp  208.1.1.1:1027     192.168.1.8:1027    212.1.1.108:80      212.1.1.108:80
```

图 8-30　在路由器上查看 NAT 映射关系

3）验证测试

在主机 PC1 上对路由器端口动态 NAT 的测试如图 8-31 所示。

图 8-31　在主机 PC1 上对路由器端口动态 NAT 的测试

在主机 PC2 上对路由器端口动态 NAT 的测试如图 8-32 所示。

图 8-32　在主机 PC2 上对路由器端口动态 NAT 的测试

习 题

一、选择题

1. NAT（网络地址转换）的功能是（　　）。
   A. 将 IP 协议改为其他网络协议
   B. 实现 ISP（因特网服务提供方）之间的通信
   C. 实现拨号用户的接入功能
   D. 实现私有 IP 地址与公网 IP 地址的相互转换

2. 用（　　）命令可以查看网络地址转换条目。
   A. show ip nat translations　　　　　　B. ip nat inside source
   C. ip nat outside　　　　　　　　　　　D. show ip nat statistics

3. 以下（　　）NAT 的配置类型可以通过将端口信息作为区分标志，将多个内部私有 IP 地址动态映射到单个公有 IP 地址。
   A. 动态　　　　　B. 静态　　　　　C. 端口　　　　　D. 都不对

4. 如果某单位申请到四个公网地址的网段，应该采用（　　）地址转换技术来实现所有计算机均可上网。
   A. 动态 NAT　　　　　　　　　　　　B. 静态 NAT
   C. 端口 NAT　　　　　　　　　　　　D. 都不对

5. 关于地址池的描述，正确的说法是（　　）。
   A. 只能定义一个地址池
   B. 地址池中的地址必须是连续的
   C. 当某个地址池已和某个访问控制列表关联时，不允许删除这个地址池
   D. 以上说法都不正确

6. 表示私有地址的是（　　）。
   A. 202.118.56.21　　　　　　　　　　B. 1.2.3.4
   C. 192.118.2.1　　　　　　　　　　　D. 172.16.33.78

二、简答题

1. 为什么要进行网络地址转换？
2. 如何进行静态网络地址转换？
3. 如何进行动态网络地址转换？
4. 如何进行网络地址端口转换？

第 9 章

访问控制技术

网络应用与互联网的普及在大幅提高企业的生产经营效率的同时，也带来了诸如数据泄露等负面影响。如何将一个网络有效地管理起来，尽可能地降低网络所带来的负面影响就成了摆在网络管理员面前的一个重要课题。

企业网络建成后可能会遇到各种各样的问题，如网络会受到攻击；领导会抱怨互联网开通后，员工成天上网聊天；财务人员说研发部门的员工看了不该看的数据等。这些问题都需要网络管理员来解决。那有什么办法能够解决这些问题呢？答案就是使用网络层的访问限制控制技术——访问控制列表(access control list, ACL)。

9.1 访问控制列表简介

访问控制列表是 Cisco IOS 所提供的一种访问控制技术，主要应用在路由器和三层交换机上，在其他厂商的路由器或多层交换机上也提供类似的技术，不过名称和配置方式都可能有细微的差别。

ACL 是应用到路由器接口的一组指令列表，路由器根据这些指令列表来决定是接收数据包还是拒绝数据包。

ACL 使用包过滤技术，在路由器上读取第三层及第四层包头中的信息，如源地址、目的地址、源端口、目的端口等，根据预先定义好的规则对数据包进行过滤，从而达到访问控制的目的。

看一个简单的 ACL 配置：

```
Router(config)#access-list 1 permit host 192.168.1.2
Router(config)#access-list 1 deny any
Router(config)#interface vlan 1
```

```
Router(config-if)#ip access-group 1 out
```

这几条命令定义了一个访问控制列表（列表号为 1）并且把这个列表所定义的规则应用于 vlan 1 接口出去的方向。

这几条命令中的相应关键字的意义如下：

（1）access-list：配置 ACL 的关键字，所有的 ACL 均使用这个命令进行配置。

（2）access-list 后面的 1：ACL 表号，ACL 号相同的所有 ACL 形成一个列表。

（3）permit/deny：操作。permit 是允许数据包通过；deny 是拒绝数据包通过。

（4）host 192.168.1.2/any：匹配条件。host 192.168.1.2 等同于 192.168.1.2 0.0.0.0，意思是只匹配地址为 192.168.1.2 的数据包。0.0.0.0 是通配符掩码，某位的通配符掩码为 0 表示 IP 地址的对应位必须精确匹配；为 1 表示 IP 地址的对应位不管是什么都行。any 表示匹配所有地址。

（5）interface vlan 1 和 ip access-group 1 out：这两句将 access-list 1 应用到 vlan 1 接口的 out 方向。ip access-group 1 out 中的 1 是 ACL 表号，和相应的 ACL 进行关联。out 是对路由器该接口上出口方向的数据包进行过滤，可以有 in 和 out 两种选择。

ACL 是使用包过滤技术来实现的，过滤的依据仅仅只是第三层和第四层包头中的部分信息，这种技术具有一些固有的局限性，如无法识别到具体的人，无法识别到应用内部的权限级别等。因此，要达到 end to end 的权限控制目的，还需要和系统级以及应用级的访问权限控制结合使用。

1. 访问控制列表的分类

访问控制列表主要使用的有两类：号码式访问控制列表和命名式访问控制列表。两者都有标准访问控制列表和扩展访问控制列表之分，见表 9-1。

表 9-1 访问控制列表分类

号码式	命名式
标准号码式访问控制列表	标准命名访问控制列表
扩展号码式访问控制列表	扩展命名访问控制列表

标准访问控制列表利用源 IP 地址来做过滤，配置简单，但应用场合有限，不能够进行复杂条件的过滤。而扩展访问控制列表则可以利用多个条件来做过滤，包括源 IP 地址、目标 IP 地址、网络层的协议字段和传输层的端口号。

标准号码式访问控制列表的表号范围为 1～99，而扩展号码式访问控制列表的表号范围为 100～199。

2. 访问控制列表设置规则

设置访问控制列表，一方面是保护资源节点，阻止非法用户对资源节点的访问；另一方面是为了限制特定用户的访问权限。

访问控制列表的设置规则如下：

（1）每个接口、每个方向、每种协议只能设置一个 ACL。

（2）组织好 ACL 顺序，测试性最好放在 ACL 的最顶部。

（3）在 ACL 里至少要有一条 permit 语句，除非要拒绝所有的数据包。

（4）要把所创建的 ACL 应用到需要过滤的接口上。

（5）尽可能把标准 ACL 放置在离目标地址近的接口上，而把扩展 ACL 放置在离源地址近的接口上。

（6）号码式 ACL 一旦建立好，就不能去除列表中的某一条。去除一条就意味着去除了整个控制列表。

（7）ACL 按顺序比较，先比较第一条，再比较第二条，直到最后一条。

（8）从第一条开始比较，直到找到符合条件的那条，符合以后就不再继续比较。

（9）每个列表的最后隐含了一条拒绝（deny）语句，如果在列表中没有找到一条允许（permit）语句，数据包将被拒绝。

3. 访问控制列表中的协议

扩展访问控制列表涉及协议和端口，那么 TCP/IP 协议栈中有哪些协议？它们之间的关系是怎样的？

在 TCP/IP 参考模型中，计算机网络被分为四层，每层都有自己的一些协议，而每层的协议又形成一种从上至下的依赖关系，如图 9-1 所示。

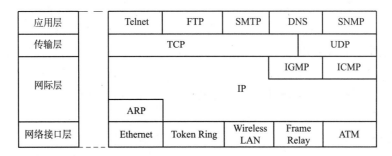

图 9-1　TCP/IP 协议栈

从图 9-1 中可以看出，Telnet、FTP、SMTP 协议依赖于 TCP 协议，而 TCP 协议又依赖于 IP 协议。

因此，如果在访问控制列表中只禁止 FTP 报文通过路由器，那么，其他的报文，如 Telnet、SMTP 的报文仍然可以通过路由器。下面的扩展访问控制列表就是只禁止依赖于 TCP 协议的 FTP 报文通过路由器，其他报文都可以通过路由器的配置如下：

```
Router(config)#access-list 101 deny tcp 192.168.1.0 0.0.0.255 192.168.3.0 0.0.0.255 eq ftp
Router(config)#access-list 101 permit ip any any
```

如果没有后面的 eq ftp，所有依赖于 TCP 协议的报文都不能通过路由器，那么 Telnet、SMTP 和 FTP 的报文也就都不能通过路由器。

4. 访问控制列表中的端口号

端口分为硬件领域的端口和软件领域的端口。硬件领域的端口又称接口，如计算机的 COM 口、USB 口、路由器的局域网口等。软件领域的端口一般指网络中面向连接服务和无连接服务的通信协议接口，是一种抽象的软件结构，包括一些数据结构和 I/O（输入/输出）缓冲区。

（1）访问控制列表中的端口号指的是软件领域的端口编号，按端口号可分为三大类。

①公认端口。编号从 0 到 1023，它们紧密绑定于一些服务，明确表明了某种服务的协议。例如，21 端口总是 FTP 通信，80 端口总是 HTTP 通信。

②注册端口。编号从 1024 到 49 151，它们松散地绑定于一些服务。也就是说有许多服务绑定于这

些端口，这些端口同样用于许多其他目的。

③动态/私有端口。编号从 49 152 到 65 535。理论上，不应为服务分配这些端口。实际上，计算机通常从 1024 起分配动态端口。

一些端口常常会被黑客利用，还会被一些木马病毒利用，对计算机系统进行攻击。了解这些端口可以帮助网络管理员针对这些端口进行限制。

（2）计算机端口及防止被黑客攻击的简要办法。

① 8080 端口。8080 端口同 80 端口，是被用于 WWW 代理服务的，可以实现网页浏览，经常在访问某个网站或使用代理服务器的时候，加上 ":8080" 端口号。

8080 端口可以被各种病毒程序所利用，如特洛伊木马病毒可以利用 8080 端口完全遥控被感染的计算机。

② 21 端口。FTP 服务，21 端口是 FTP 服务器所开放的端口。用于上传、下载文件。最常见的攻击是寻找打开 anonymous 的 FTP 服务器。这些服务器带有可读/写的目录。木马 Doly Trojan、Fore、Invisible FTP、WebEx、WinCrash 和 blade Runner 就开放该端口。

③ 23 端口。Telnet 远程登录服务。木马 Tiny Telnet Server 就开放这个端口。

④ 25 端口。SMTP 简单邮件传输服务。SMTP 服务器所开放的端口，用于发送邮件。入侵者寻找 SMTP 服务器是为了传递它们的 SPAM。木马 Antigen、Email password Sender、Haebu Coceda、Shtrilitz Stealth、WinpC、WinSpy 开放这个端口。

⑤ 80 端口。HTTP 服务，用于网页浏览。木马 Executor 开放这个端口。

⑥ 110 端口。POP3 服务，POP3 服务器开放此端口，用于接收邮件，客户端访问服务器端的邮件服务。POP3 服务有许多公认的弱点。

⑦ 119 端口。NEWS 新闻组传输协议端口，承载 Usenet 通信。这个端口的连接通常是人们在寻找 Usenet 服务器。多数 ISP 限制，只有它们的客户才能访问新闻组服务器。

⑧ 137、138、139 端口。NetBIOS Name Service 服务。137、138 是 UDP 端口，当通过网上邻居传输文件时用这个端口。而通过 139 端口进入的连接试图获得 NetBIOS/SAMBA 服务，这个协议被用于 Windows 文件和打印机共享以及 SAMBA，还有 WINS Registration 也用它。

⑨ 161 端口。SNMP 服务，SNMP 允许远程管理设备。所有配置和运行的信息都储存在数据库中，通过 SNMP 可获得这些信息。

了解端口后，网络管理员就能够根据具体情况设置相应的访问控制列表，来增加网络的安全性。例如，局域网内部容易受到冲击波病毒的冲击，而冲击波病毒主要使用 69、4444、135、138 和 139 端口。可以使用下面的 ACL 来防止冲击波病毒从 Ser2/0 口进入：

```
Router(config)#ip access-list extended curity
Router(config-ext-nacl)#deny tcp any any eq 69
Router(config-ext-nacl)#deny tcp any any eq 4444
Router(config-ext-nacl)#deny tcp any any eq 135
Router(config-ext-nacl)#deny tcp any any eq 138
Router(config-ext-nacl)#deny tcp any any eq 139
Router(config-ext-nacl)#exit
```

```
Router(config)#interface ser2/0
Router(config-if)#ip access-group curity in
```

9.2 配置号码式访问控制列表限制计算机访问

号码式 ACL 分为标准号码式 ACL 和扩展号码式 ACL 两种。前者基于源地址过滤，后者可以基于源地址、目标地址、第三层协议和第四层端口进行复杂的组合过滤。

当网络管理员想要阻止来自某一网络的所有通信流量，或者允许某一特定网络的所有流量通过某个路由器的出口时可以使用标准号码式 ACL。由于标准号码式 ACL 只基于源地址来过滤数据包，所以一些复杂的过滤要求就不能实现，这时就需要使用扩展号码式 ACL 来进行过滤。

1. 配置标准号码式 ACL 限制计算机访问

（1）标准号码式 ACL 的设置命令。标准号码式 ACL 的配置是使用全局配置命令 access-list 来定义访问控制列表的。详细命令如下：

```
access-list list-number {permit|deny}source[source-wildcard][log]
```

可以在全局配置模式下通过在执行"access-list"命令前面加"no"的形式，移去一个已经遍历的标准 ACL，命令如下：

```
no access-list list-number
```

"access-list"命令中的参数说明如下：

list-number：ACL 表号。标准 ACL 的表号为 1~99 中的一个数字，同一数字的语句形成一个 ACL，1~99 中的一个数同时告诉 IOS 该 ACL 是和 IP 协议联系在一起的，扩展 ACL 的表号为 100~199 中的一个数字。

Permit：允许从入口进来的数据包通过。

竖线：两项之间的竖线"|"表示选择两项中的某一项。

Deny：拒绝从入口进来的数据包通过。

Source：数据包的源地址，对于标准的 IP 访问控制列表，可以是网络地址，也可以是主机的 IP 地址。在实际应用中，使用一组主机要基于对通配符掩码的使用。

source-wildcard（可选）：通配符掩码，用来和源地址一起决定哪些位需要匹配操作。Cisco 访问控制列表所支持的通配符掩码与子网掩码的方式是相反的。某位的 wildcards 为 0 表示 IP 地址的对应位必须匹配，为 1 表示 IP 地址的对应位不需要关心。

为了说明对通配符掩码的操作，假设企业拥有一个 C 类网络 192.168.1.0。如果不使用子网，当配置网络中的工作站时，使用的子网掩码为 255.255.255.0。在这种情况下，TCP/IP 协议栈只匹配报文中的网络地址，而不匹配主机地址。而标准 ACL 中，如果是 192.168.1.0 0.0.0.255，则表示匹配源网络地址中的所有报文。

log（可选）：生成相应的日志信息。log 关键字只在 IOS 版本 11.3 中存在。

下面来看几个设置 IP 标准号码式 ACL 的例子。

```
Router(config)#access-list 1 permit 192.168.1.0 0.0.0.255
```

表示允许源地址是 192.168.1.0 这个网络的所有报文通过路由器。

```
Router(config)#access-list 1 permit 192.168.1.0 0.0.0.3
```

表示只允许源地址是 192.168.1.1、192.168.1.2 和 192.168.1.3 的报文通过路由器。

```
host
Router(config)#access-list 1 permit 192.168.1.1 0.0.0.0
```

表示只允许源地址是 192.168.1.1 的报文通过路由器。0.0.0.0 也可以用 host 代替，表示一种精确匹配。因此，前面的语句也可以写成：

```
Router(config)#access-list 1 permit host 192.168.1.1
any
```

在 ACL 中，如果源地址或目标地址是 0.0.0.0 255.255.255.255，则表示所有的地址，可以用 any 来代替。例如：

```
Router(config)#access-list 1 deny host 192.168.1.1
Router(config)#access-list 1 permit any
```

表示拒绝源地址 192.168.1.1 来的报文，而允许从其他源地址来的报文。但要注意这两条语句的顺序，ACL 语句的处理顺序是由上到下的。如果颠倒上面两条语句的顺序，则不能过滤 192.168.1.1 来的报文，因为第一条语句就已经符合条件，不会再比较后面的语句。

（2）在路由器接口上应用标准号码式 ACL 的命令。将一个 ACL 应用于接口分为三步：首先要定义一个 ACL，然后指定应用的接口，最后用 ip access-group 命令定义数据流的方向。

要将 ACL1 应用于快速以太网接口 0/0 的出口方向需要使用如下命令定义接口：

```
Router(config)#interface f0/0
Router(config-if)#ip access-group 1 out
```

要将 ACL50 应用于串行接口 2/0 的入口方向需要使用如下命令定义接口：

```
Router(config)#interface ser2/0
Router(config-if)#ip access-group 50 in
```

在接口上应用 ACL 时需要指定方向，用 ip access-group 命令来定义。其格式如下：

```
ip access-group list-number{in|out}
```

list-number 是 ACL 表号；in 和 out 是指明 ACL 所使用的方向。方向是指报文在进入还是在离开路由器时对其进行检查。

如果是在 VTY 线路上使用 ACL，则使用 access-class list-number{in|out} 格式的命令，而不是使用 ip access-group 命令。

例如，只允许指定的计算机 telnet 登录到路由器，可以采用以下方式：

```
Router(config)#access-list 10 permit host 192.168.1.1
Router(config)#line vty 0 4
Router(config-line)#access-class 10 in
```

（3）配置标准号码式 ACL 并应用于路由器端口。

企业的财务部、销售部和其他部门分属于三个不同的网段，部门之间的数据通过路由器。企业规定只有销售部可以访问财务部，其他部门的计算机不允许访问财务部。

网络管理员分配财务部地址为 192.168.2.0/24，网络接入路由器的 f0/0 接口。销售部地址 192.168.1.0/24，销售部网络接入路由器的 f1/0 接口。其他部门地址为 192.168.3.0/24，网络接入路由器的 f0/1 接口，如图 9-2 所示。

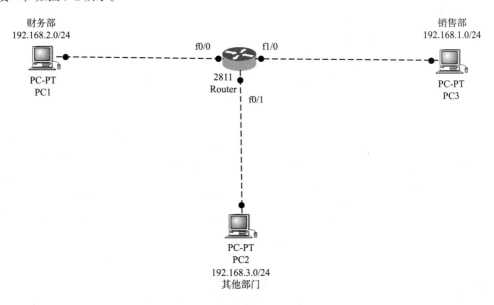

图 9-2 路由器连接三个部门的局域网

在路由器上做如下配置可满足要求：

```
Router(config)#access-list 20 deny 192.168.3.0 0.0.0.255
Router(config)#access-list 20 permit 192.168.1.0 0.0.0.255
Router(config)#interface f0/0
Router(config-if)#ip access-group 20 out
```

2. 配置扩展号码式 ACL 限制计算机访问

标准号码式 ACL 只是利用报文字段中源地址进行过滤，而扩展号码式 ACL 则可以根据源和目的地址、协议、源和目的的端口号以及一些选项来进行过滤，提供了更广阔的控制范围，应用也更为广泛。

（1）配扩展号码式 ACL 的设置命令。扩展号码式 ACL 的命令格式如下：

```
access-list list-number {permit|deny} protocol source source-wildcard source-port destination destination-wildcard destination-port[options]
```

扩展号码式 ACL 中的参数有些和标准号码式 ACL 中的参数一样，不再重复介绍。

list-number：扩展号码式 ACL 的表号，范围为 100～199 中的一个数字。

protocol：定义了被过滤的协议，如 IP、TCP、UDP 等。过滤具体的协议报文时要注意列表中语句的顺序，更具体的表项应该放在靠前的位置。因为 TCP 和 UDP 被封装在 IP 数据报中，如果需要过滤 TCP 的报文，就不能将允许 IP 协议的语句放在拒绝 TCP 协议的语句之前。

source-port：源端口号。

destination-port：目的端口号。

端口号可以用 eq、gt、lt、neq、range 等操作符后跟一个数字，或者跟一个可识别的助记符，如 80 和 http 等。80 和 http 可以指定超文本传输协议。来看一个例子：

```
Router(config)#access-list 101 deny tcp 192.168.1.0 0.0.0.255 192.168.3.0 0.0.0.255 eq ftp
```

意思是拒绝从网络 192.168.1.0/24 来的依赖于 TCP 协议的 FTP 服务报文通过路由器去往 192.168.3.0/24 网络。

eq、gt、lt、neq、range 等操作符含义见表 9-2。

表 9-2 端口号操作符含义

操作符	描述	举例
eq	等于，用于指定单个的端口	eq 21 或 eq ftp
gt	大于，用于指定大于某个端口的一个端口范围	gt 1024
lt	小于，用于指定小于某个端口的一个端口范围	lt 1024
neq	不等于，用于指定除了某个端口以外的所有端口	neq 21
range	指两个端口号间的一个端口范围	range 135 145

options：选项。除 log 外，还有一个常用选项 Established，该选项只用于 TCP 协议并且只在 TCP 通信流的一个方向上来响应由另一端发起的会话。为了实现该功能，使用 Established 选项的 ACL 语句检查每个 TCP 报文，以确定报文的 ACK 或 RST 位是否已设置。如以下的 ACL 语句：

```
Router(config)#access-list 101 permit tcp any host 192.168.1.2 established
```

只要报文的 ACK 和 RST 位被设置，该 ACL 语句允许来自任何源地址的 TCP 报文流到指定的主机 192.168.1.2。这意味着主机 192.168.1.2 此前必须发起了 TCP 会话。

（2）配置扩展号码式 ACL 并应用于路由器端口。某企业销售部网络地址为 192.168.1.0/24，连接于路由器的 f0/0 口。研发部网络地址为 192.168.2.0/24，连接于路由器的 f0/1 口。服务器群地址为 192.168.3.0/24，连接于路由器的 f1/0 口，如图 9-3 所示。销售部禁止访问 FTP 服务器，允许其他访问。

在路由器上做如下配置可满足要求：

```
Router(config)#access-list 101 deny tcp 192.168.1.0 0.0.0.255 192.168.3.0 0.0.0.255 eq ftp
Router(config)#access-list 101 permit ip any any
Router(config)#interface f0/0
Router(config-if)#ip access-group 101 in
```

注意：扩展号码式 ACL 尽量应用在离源地址近的接口上。

（3）按要求完成扩展号码式 ACL 配置。RouterA、RouterB、RouterC 路由器按图 9-4 所示的方式连接。RouterA 的局域网口 f0/0、f0/1、f1/0 和 f1/1 分别连接四台计算机，所有路由器运行 RIP 协议，网络已经可以互联互通。以下的几个要求都是基于这个网络环境，根据不同要求来配置扩展号码式 ACL。

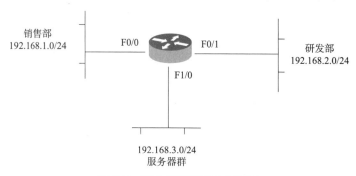

图 9-3　路由器连接三个局域网

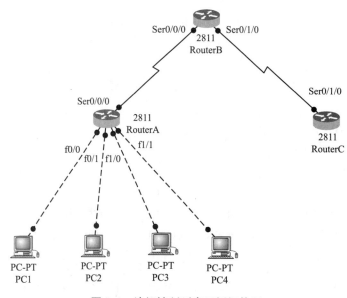

图 9-4　访问控制列表示例拓扑图

①配置各 PC 的 IP 地址。在 Packet Tracer 中单击 PC1，在弹出的窗口中选择"桌面"选项卡下的"IP 地址配置"选项，出现如图 9-5 所示对话框，然后设置 PC1 的 IP 地址、子网掩码和默认网关，按照同样方法设置其他 PC 的 IP 地址、子网掩码和默认网关。

PC2 主机的 IP 地址、子网掩码和默认网关配置如图 9-6 所示。
PC3 主机的 IP 地址、子网掩码和默认网关配置如图 9-7 所示。
PC4 主机的 IP 地址、子网掩码和默认网关配置如图 9-8 所示。

②网络进行连通性配置。
a. RouterA 路由器的配置如下：

```
Router#configure terminal
Router(config)#hostname RouterA
```

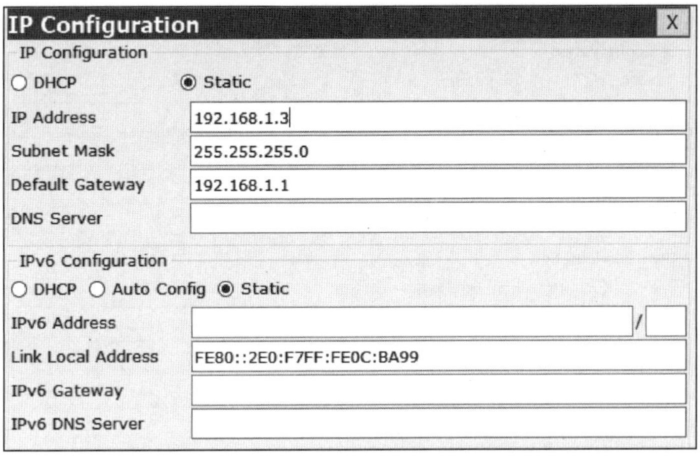

图 9-5　配置 PC1 主机的 IP 地址、子网掩码和默认网关

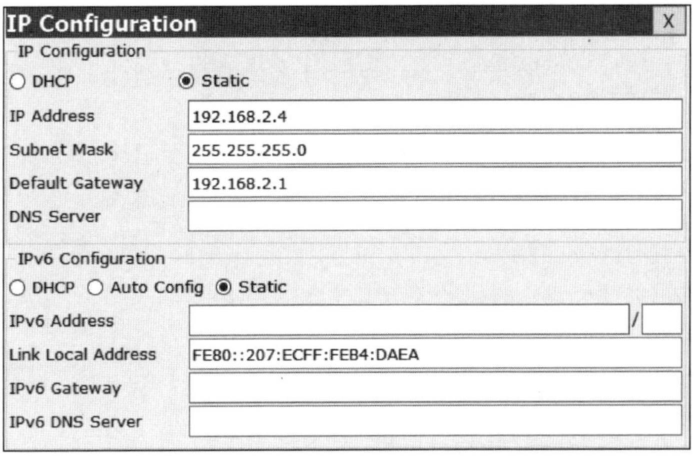

图 9-6　配置 PC2 主机的 IP 地址、子网掩码和默认网关

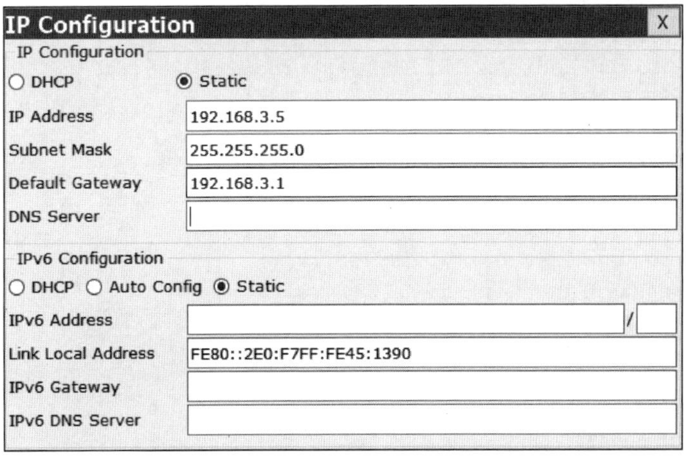

图 9-7　配置 PC3 主机的 IP 地址、子网掩码和默认网关

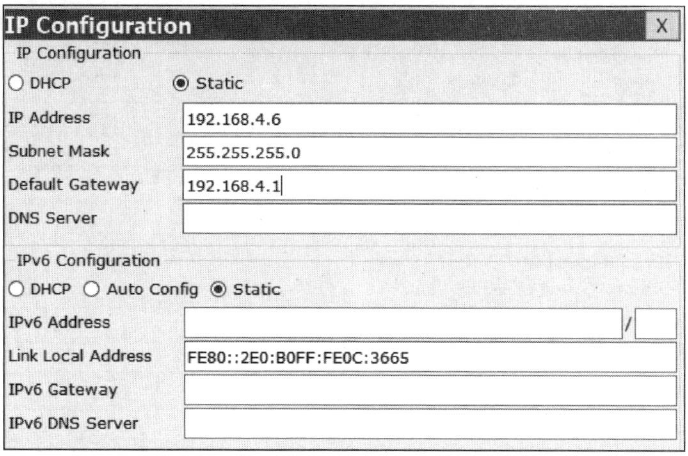

交换机与路由器的配置管理

图 9-8 配置 PC4 主机的 IP 地址、子网掩码和默认网关

```
RouterA(config)#interface ser0/0/0
RoRouterA(config-if)#ip address 12.12.12.1 255.255.255.0
RouterA(config-if)#clock rate 64000
RouterA(config-if)#no shutdown
RouterA(config-if)#exit
RouterA(config)#interface f0/0
RouterA(config-if)#ip address 192.168.1.1 255.255.255.0
RouterA(config-if)#no shutdown
RouterA(config-if)#exit
RouterA(config)#interface f0/1
RouterA(config-if)#ip address 192.168.2.1 255.255.255.0
RouterA(config-if)#no shutdown
RouterA(config-if)#exit
RouterA(config)#interface f1/0
RouterA(config-if)#ip address 192.168.3.1 255.255.255.0
RouterA(config-if)#no shutdown
RouterA(config-if)#exit
RouterA(config)#interface f1/1
RouterA(config-if)#ip address 192.168.4.1 255.255.255.0
RouterA(config-if)#no shutdown
RouterA(config-if)#exit
RouterA(config)#router rip
RouterA(config-router)#network 192.168.1.0
RouterA(config-router)#network 192.168.2.0
RouterA(config-router)#network 192.168.3.0
RouterA(config-router)#network 192.168.4.0
RouterA(config-router)#network 12.12.12.0
RouterA(config-router)#
```

b. RouterB 路由器的配置如下:

```
Router#configure terminal
Router(config)#hostname RouterB
```

```
RouterB(config)#interface ser0/0/0
RouterB(config-if)#ip address 12.12.12.2 255.255.255.0
RouterB(config-if)#no shutdown
RouterB(config-if)#exit
RouterB(config)#interface ser0/1/0
RouterB(config-if)#ip address 23.23.23.2 255.255.255.0
RouterB(config-if)#clock rate 64000
RouterB(config-if)#no shutdown
RouterB(config-if)#exit
RouterB(config)#router rip
RouterB(config-router)#network 12.12.12.0
RouterB(config-router)#network 23.23.23.0
RouterB(config-router)#
```

c. RouterC 路由器的配置如下：

```
Router#configure terminal
Router(config)#hostname RouterC
RouterC(config)#interface ser0/1/0
RouterC(config-if)#ip address 23.23.23.3 255.255.255.0
RouterC(config-if)#no shutdown
RouterC(config-if)#exit
RouterC(config)#router rip
RouterC(config-router)#network 23.23.23.0
RouterC(config-router)#
```

配置完成后各主机能够相互连通如图 9-9 所示。

Fire	Last Status	Source	Destination	Type	Color	Time(sec)	Periodic	Num	Edit	Delete
●	成功	PC1	PC2	ICMP		0.000	N	0	(编辑)	(删除)
●	成功	PC1	PC3	ICMP		0.000	N	1	(编辑)	(删除)
●	成功	PC1	PC4	ICMP		0.000	N	2	(编辑)	(删除)
●	成功	PC2	PC3	ICMP		0.000	N	3	(编辑)	(删除)

图 9-9 各主机能够相互连通

③要求 1：在 RouterB 上进行配置，使 RouterA 不能 ping 通 RouterB，但是可以 ping 通 RouterC。
在 RouterB 路由器上进行如下配置：

```
RouterB#configure terminal
RouterB(config)#access-list 100 deny ICMP any host 12.12.12.2 echo
RouterB(config)#access-list 100 deny ICMP any host 23.23.23.2 echo
RouterB(config)#access-list 100 permit ip any any
RouterB(config)#interface ser0/0/0
RouterB(config-if)#ip access-group 100 in
RouterB(config-if)#exit
RouterB(config)#
```

RouterA 路由器无法 ping 通 RouterB 路由器如图 9-10 所示。
RouterA 路由器能够 ping 通 RouterC 路由器如图 9-11 所示。

交换机与路由器的配置管理

```
RouterA>ping 12.12.12.2

Type escape sequence to abort.
Sending 5, 100-byte ICMP Echos to 12.12.12.2, timeout is 2 seconds:
UUUUU
Success rate is 0 percent (0/5)

RouterA>ping 23.23.23.2

Type escape sequence to abort.
Sending 5, 100-byte ICMP Echos to 23.23.23.2, timeout is 2 seconds:
UUUUU
Success rate is 0 percent (0/5)
```

图 9-10　RouterA 路由器无法 ping 通 RouterB 路由器

```
RouterA>ping 23.23.23.3

Type escape sequence to abort.
Sending 5, 100-byte ICMP Echos to 23.23.23.3, timeout is 2 seconds:
!!!!!
Success rate is 100 percent (5/5), round-trip min/avg/max = 2/23/82 ms

RouterA>
```

图 9-11　RouterA 路由器能够 ping 通 RouterC 路由器

④要求 2：在 RouterB 上进行配置，使得四台主机中 IP 地址最后一位为奇数的主机可以 ping 通 RouterB，其他的不允许 ping 通 RouterB。

在 RouterB 路由器上进行如下配置：

```
RouterB#configure terminal
RouterB(config)#access-list 100 permit ICMP 192.168.0.1 0.0.7.6 host 12.12.12.2 echo
RouterB(config)#access-list 100 permit ICMP 192.168.0.1 0.0.7.6 host 23.23.23.2 echo
RouterB(config)#access-list 100 permit udp any any
RouterB(config)#interface ser0/0/0
RouterB(config-if)#ip access-group 100 in
RouterB(config-if)#exit
RouterB(config)#
```

主机 PC1 能够 ping 通 RouterB，如图 9-12 所示。
主机 PC3 能够 ping 通 RouterB，如图 9-13 所示。
主机 PC2 无法 ping 通 RouterB，如图 9-14 所示。
主机 PC4 无法 ping 通 RouterB，如图 9-15 所示。

⑤要求 3：在 RouterB 上进行配置，使 RouterA 连接网络号为奇数的局域网只能 ping 通 RouterB，为偶数的只能 ping 通 RouterC。

在 RouterB 路由器上进行如下配置：

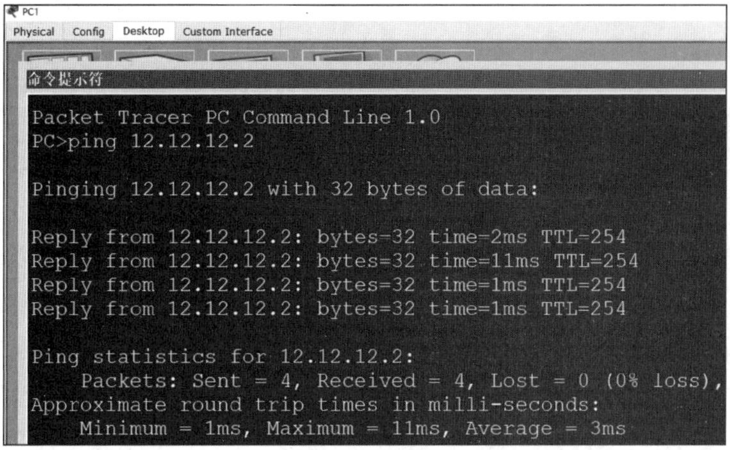

图 9-12　主机 PC1 能够 ping 通 RouterB

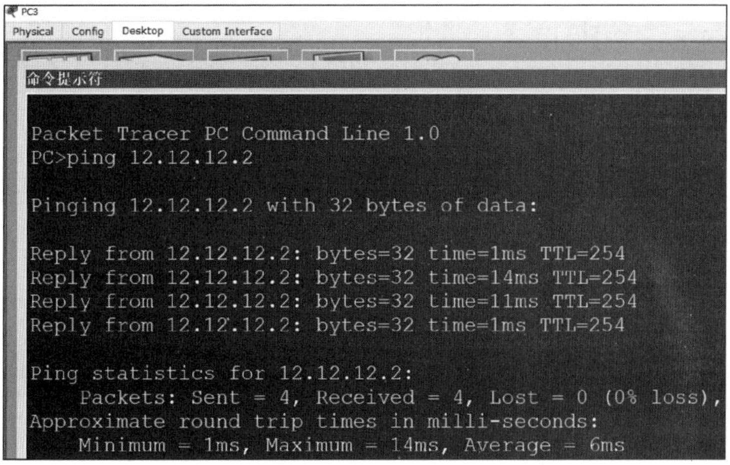

图 9-13　主机 PC3 能够 ping 通 RouterB

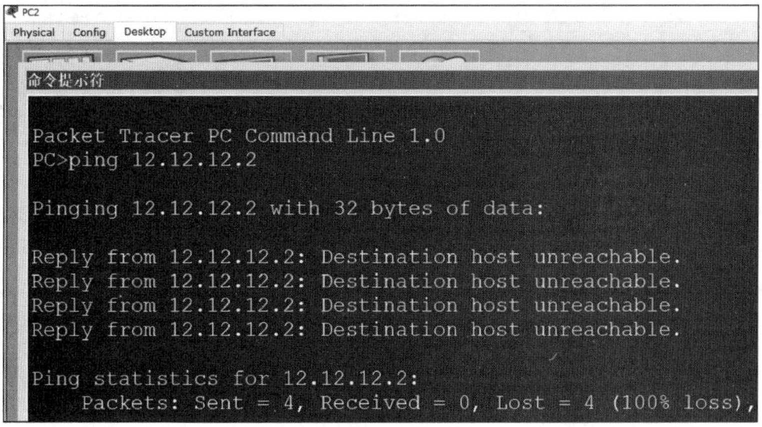

图 9-14　主机 PC2 无法 ping 通 RouterB

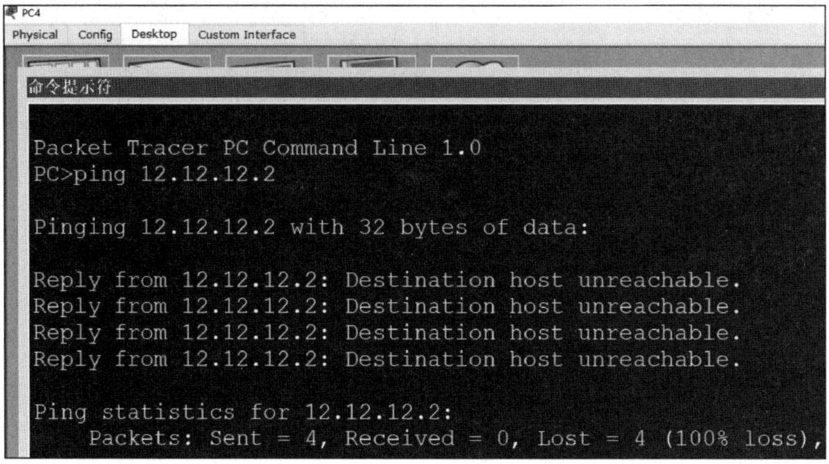

图 9-15 主机 PC4 无法 ping 通 RouterB

```
RouterB#configure Terminal
RouterB(config)#access-list 100 permit ICMP 192.168.1.0 0.0.6.7 host 12.12.12.2 echo
RouterB(config)#access-list 100 permit ICMP 192.168.1.0 0.0.6.7 host 23.23.23.2 echo
RouterB(config)#access-list 100 permit ICMP 192.168.0.0 0.0.6.7 host 23.23.23.3 echo
RouterB(config)#access-list 100 permit udp any any
RouterB(config)#interface ser0/0/0
RouterB(config-if)#ip access-group 100 in
RouterB(config-if)#exit
RouterB(config)#
```

主机 PC1 能够 ping 通 RouterB，如图 9-16 所示。

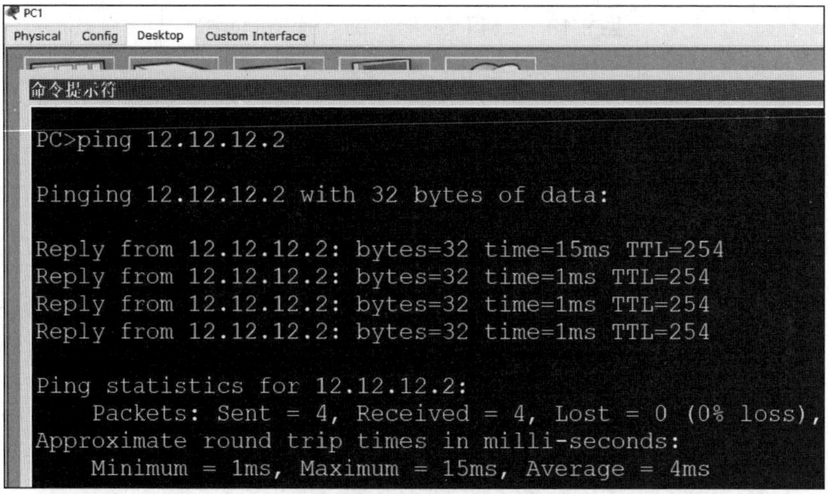

图 9-16 主机 PC1 能够 ping 通 RouterB

第 9 章 访问控制技术

主机 PC1 无法 ping 通 RouterC,如图 9-17 所示。

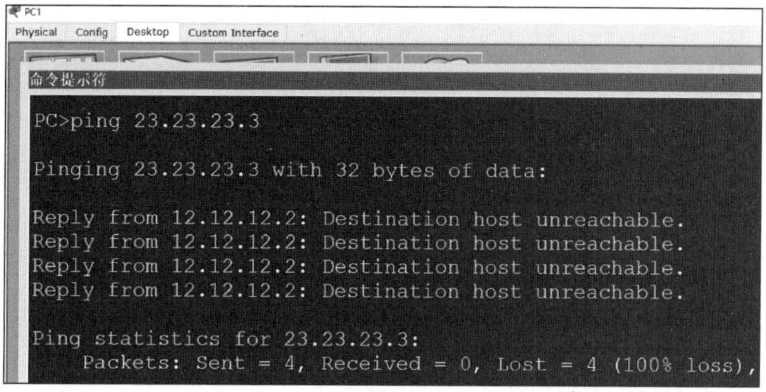

图 9-17　主机 PC1 无法 ping 通 RouterC

主机 PC2 无法 ping 通 RouterB,如图 9-18 所示。

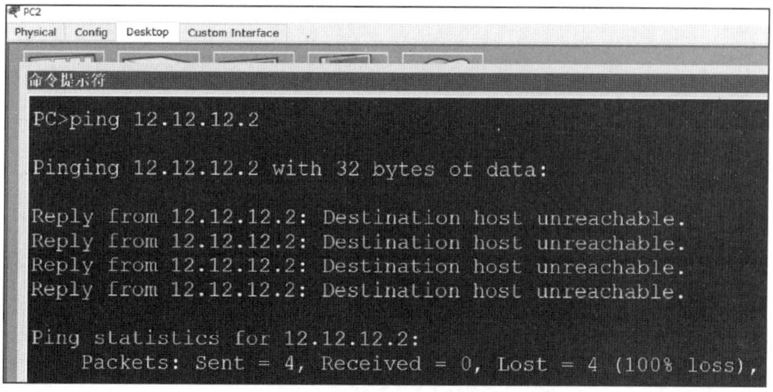

图 9-18　主机 PC2 无法 ping 通 RouterB

主机 PC2 能够 ping 通 RouterC,如图 9-19 所示。

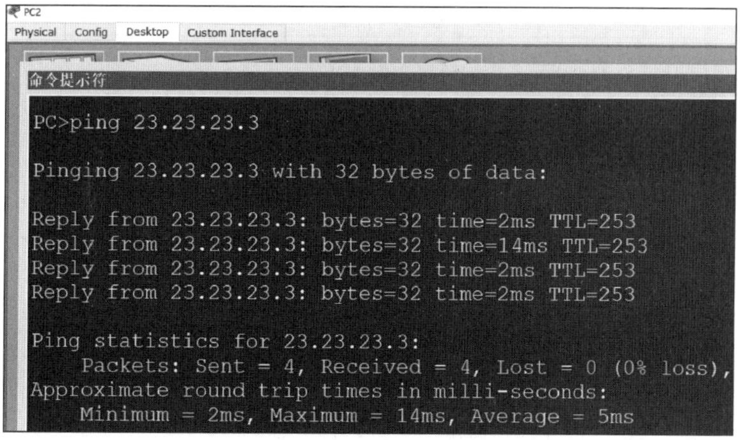

图 9-19　主机 PC2 能够 ping 通 RouterC

主机 PC3 能够 ping 通 RouterB，如图 9-20 所示。

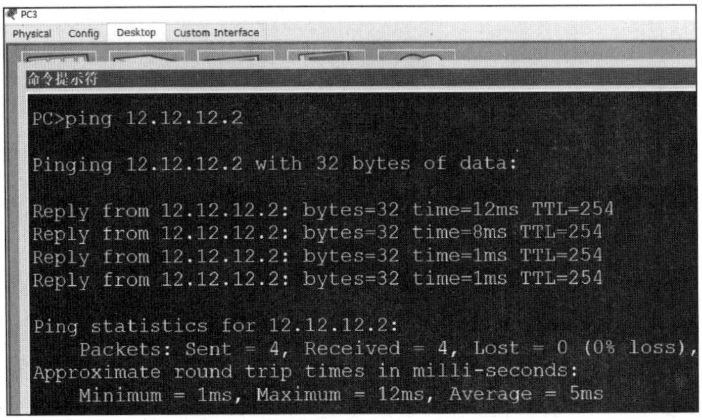

图 9-20　主机 PC3 能够 ping 通 RouterB

主机 PC3 无法 ping 通 RouterC，如图 9-21 所示。

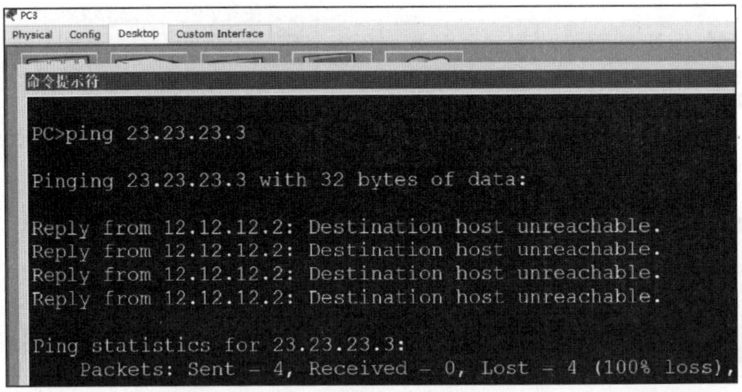

图 9-21　主机 PC3 无法 ping 通 RouterC

主机 PC4 无法 ping 通 RouterB，如图 9-22 所示。

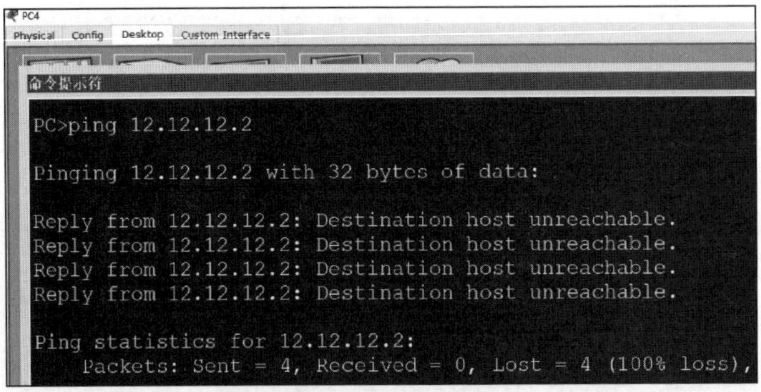

图 9-22　主机 PC4 无法 ping 通 RouterB

主机 PC4 能够 ping 通 RouterC，如图 9-23 所示。

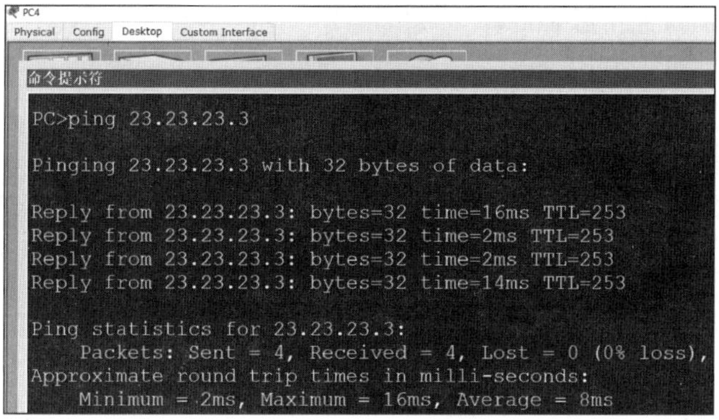

第 9 章 访问控制技术

图 9-23 主机 PC4 能够 ping 通 RouterC

⑥要求 4：在 RouterC 上进行配置，使得 192.168.1.3 主机可以 Telnet 路由器 RouterC，其他主机不允许 Telnet 路由器 RouterC。

在 RouterC 路由器上进行如下配置：

```
Router#configure terminal
Router(config)#access-list 100 permit tcp host 192.168.1.3 any eq telnet
Router(config)#access-list 100 permit udp any any
Router(config)#interface ser0/1/0
Router(config-if)#ip access-group 100 in
Router(config-if)#exit
Router(config)#
```

主机 PC1 能够 Telnet 路由器 RouterC，如图 9-24 所示。

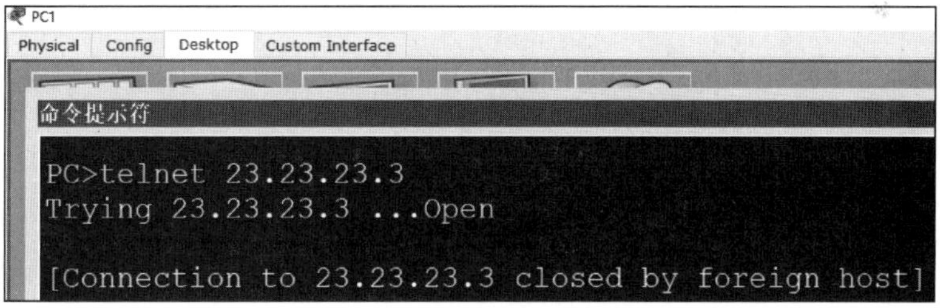

图 9-24 主机 PC1 能够 Telnet 路由器 RouterC

主机 PC2 不允许 Telnet 路由器 RouterC，如图 9-25 所示。

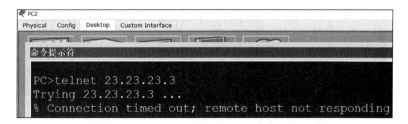

图 9-25 主机 PC2 不允许 Telnet 路由器 RouterC

主机 PC3 不允许 Telnet 路由器 RouterC，如图 9-26 所示。

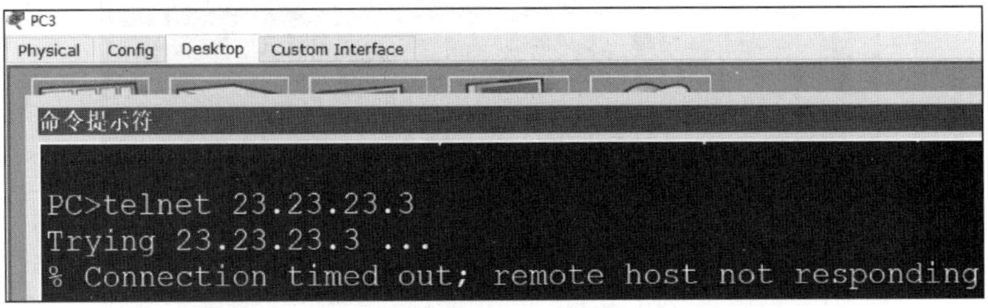

图 9-26　主机 PC3 不允许 Telnet 路由器 RouterC

主机 PC4 不允许 Telnet 路由器 RouterC，如图 9-27 所示。

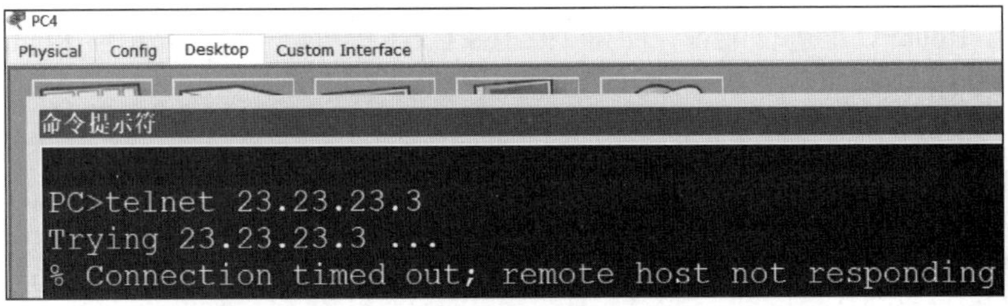

图 9-27　主机 PC4 不允许 Telnet 路由器 RouterC

⑦要求 5：在 RouterB 上进行配置，仅 192.168.1.3 允许 Telnet 路由器 RouterB，其他的地址不允许 Telnet 路由器 RouterB。

在 RouterB 路由器上进行如下配置：

```
RouterB#configure terminal
RouterB(config)#access-list 100 permit tcp host 192.168.1.3 any eq 23
RouterB(config)#access-list 100 permit udp any any
RouterB(config)#line vty 0 15
RouterB(config-line)#access-class 100 in
RouterB(config-line)#exit
RouterB(config)#
```

主机 PC1 能够 Telnet 路由器 RouterB，如图 9-28 所示。

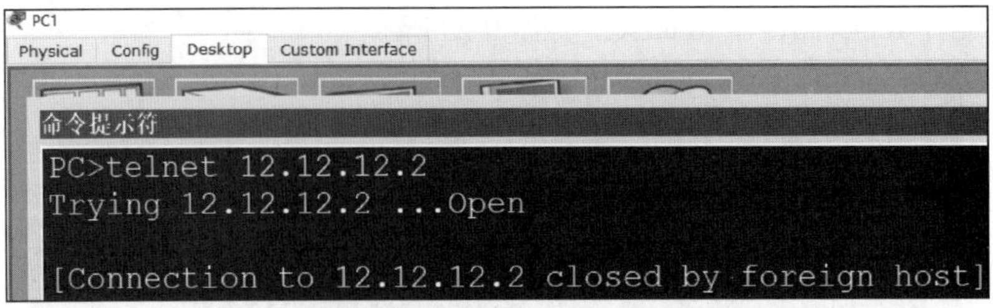

图 9-28　主机 PC1 能够 Telnet 路由器 RouterB

主机 PC2 不允许 Telnet 路由器 RouterB，如图 9-29 所示。

第 9 章 访问控制技术

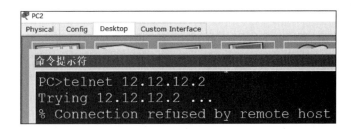

图 9-29 主机 PC2 不允许 Telnet 路由器 RouterB

主机 PC3 不允许 Telnet 路由器 RouterB，如图 9-30 所示。

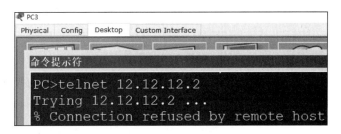

图 9-30 主机 PC3 不允许 Telnet 路由器 RouterB

主机 PC4 不允许 Telnet 路由器 RouterB，如图 9-31 所示。

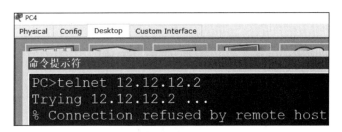

图 9-31 主机 PC4 不允许 Telnet 路由器 RouterB

⑧要求 6：RouterA、RouterB、RouterC 之间采用 RIPv2 路由协议发送路由信息，在 RouterB 上配置，仅接受 RouterC 的 RIPv2 路由更新（不使用"passive-interface"命令）。

RIP 路由协议的路由信息更新包是端口号为 520 的 UDP 协议数据包。

在设置 ACL 之前，先看一下各个路由器的路由表，RouterB 的路由表如图 9-32 所示，可以看到 RouterB 中有通过路由协议从 RouterA 得到的路由和从 RouterC 得到的路由。

在 RouterB 路由器上进行下面的 ACL 设置：

```
RouterB#configure terminal
RouterB(config)#access-list 100 deny udp any any eq 520
RouterB(config)#access-list 100 permit ip any any
RouterB(config)#interface ser0/0/0
RouterB(config-if)#ip access-group 100 in
RouterB(config-if)#exit
RouterB(config)#
```

交换机与路由器的配置管理

```
RouterB#show ip route
Codes: C - connected, S - static, I - IGRP, R - RIP, M - mobile, B - BGP
       D - EIGRP, EX - EIGRP external, O - OSPF, IA - OSPF inter area
       N1 - OSPF NSSA external type 1, N2 - OSPF NSSA external type 2
       E1 - OSPF external type 1, E2 - OSPF external type 2, E - EGP
       i - IS-IS, L1 - IS-IS level-1, L2 - IS-IS level-2, ia - IS-IS inter area
       * - candidate default, U - per-user static route, o - ODR
       P - periodic downloaded static route

Gateway of last resort is not set

     12.0.0.0/24 is subnetted, 1 subnets
C       12.12.12.0 is directly connected, Serial0/0/0
     23.0.0.0/24 is subnetted, 1 subnets
C       23.23.23.0 is directly connected, Serial0/1/0
R    192.168.1.0/24 [120/1] via 12.12.12.1, 00:00:04, Serial0/0/0
R    192.168.2.0/24 [120/1] via 12.12.12.1, 00:00:04, Serial0/0/0
R    192.168.3.0/24 [120/1] via 12.12.12.1, 00:00:04, Serial0/0/0
R    192.168.4.0/24 [120/1] via 12.12.12.1, 00:00:04, Serial0/0/0
```

图 9-32　RouterB 的路由表

设置 ACL 之后，再看 RouterB 的路由表如图 9-33 所示，就只有从 RouterC 得到的路由了。

```
RouterB#show ip route
Codes: C - connected, S - static, I - IGRP, R - RIP, M - mobile, B - BGP
       D - EIGRP, EX - EIGRP external, O - OSPF, IA - OSPF inter area
       N1 - OSPF NSSA external type 1, N2 - OSPF NSSA external type 2
       E1 - OSPF external type 1, E2 - OSPF external type 2, E - EGP
       i - IS-IS, L1 - IS-IS level-1, L2 - IS-IS level-2, ia - IS-IS inter area
       * - candidate default, U - per-user static route, o - ODR
       P - periodic downloaded static route

Gateway of last resort is not set

     12.0.0.0/24 is subnetted, 1 subnets
C       12.12.12.0 is directly connected, Serial0/0/0
     23.0.0.0/24 is subnetted, 1 subnets
C       23.23.23.0 is directly connected, Serial0/1/0
RouterB#
```

图 9-33　设置 ACL 后的 RouterB 的路由表

9.3　配置命名式访问控制列表限制计算机访问

号码式 ACL 不能从列表中删除某一条控制条目，删除一条相当于去除整个访问控制列表。而命名式访问控制列表可以删除某一特定的条目，有助于网络管理员修改 ACL。

命名式访问控制列表是在标准 ACL 和扩展 ACL 中使用一个名称来代替 ACL 的表号。这个名称是字母和数字的组合字符串。这个字符串可以用一个有意义的名字来帮助网络管理员记忆所设置的访问控制列表的用途。命名式访问控制列表分为标准命名式 ACL 和扩展命名式 ACL。

1. 配置标准命名式 ACL 限制计算机访问

标准命名式 ACL 分两步来定义：

```
ip access-list standard list-name
{permit|deny}source[source-wildcard]
```

可以看出，命名式 ACL 在定义时和号码式有区别。list-name 是标准命名式 ACL 的表名，可以是 1～99 中的数字或是字母和数字的任意组合。

与标准号码式的例子来做对比，标准号码式配置如下：

```
Router(config)#access-list 20 deny 192.168.3.0 0.0.0.255
Router(config)#access-list 20 permit 192.168.1.0 0.0.0.255
Router(config)#interface f0/0
Router(config-if)#ip access-group 20 out
```

而如果采用标准命名式达到以上效果，则配置如下：

```
Router(config)#ip access-list standard denybzmm
Router(config-std-nacl)#deny 192.168.3.0 0.0.0.255
Router(config-std-nacl)#permit 192.168.1.0 0.0.0.255
Router(config-std-nacl)#exit
Router(config)#interface f0/0
Router(config-if)#ip access-group denybzmm out
```

列表号 20 被名字"denybzmm"代替了。

2. 配置扩展命名式 ACL 限制计算机访问

扩展命名式 ACL 也分两步来定义：

```
ip access-list extended list-name
{permit|deny} protocol source source-wildcard source-port destination destination-wildcard destination-port[options]
```

这里的"list-name"是扩展命名式 ACL 的表名，可以是 100～199 的数字，也可以是字母和数字的任意组合。

下面将扩展命名式 ACL 的配置与扩展号码式做一个比较。还是利用前面的例子，扩展号码式配置如下：

```
Router(config)#access-list 101 deny tcp 192.168.1.0 0.0.0.255 192.168.3.0 0.0.0.255 eq ftp
Router(config)#access-list 101 permit ip any any
Router(config)#interface f0/0
Router(config-if)#ip access-group 101 in
```

而采用扩展命名式 ACL，利用名称"denyftp"来代替列表号 101，配置如下：

```
Router(config)#ip access-list extended denyftp
Router(config-ext-nacl)#deny tcp 192.168.1.0 0.0.0.255 192.168.3.0 0.0.0.255 eq ftp
Router(config-ext-nacl)#permit ip any any
Router(config-ext-nacl)#exit
Router(config)#interface f0/0
Router(config-if)#ip access-group denyftp in
```

9.4 访问控制列表实训

9.4.1 标准访问控制列表实训

视频
标准访问控制列表实训

1. 实训目标

（1）了解标准访问控制列表的功能及用途。

（2）掌握交换机 IP 标准访问控制列表配置技能。

2. 实训任务

你是公司网络管理员，公司的技术部、业务部和财务部分属不同的三个网段，三个部门之间通过三层交换机进行信息传递，为了安全起见，公司要求你对网络的数据流量进行控制，实现技术部的主机可以访问财务部的主机，但是业务部不能访问财务部主机。

3. 任务分析

首先对三层交换机进行基本配置，实现三个网段可以相互访问，然后对三层交换机配置 IP 标准访问控制列表，允许 192.168.1.0 网段（技术部）主机发出的数据包通过，不允许 192.168.2.0 网段（业务部）主机发出的数据包通过，最后将这一策略加到三层交换机的相应端口，如图 9-34 所示。

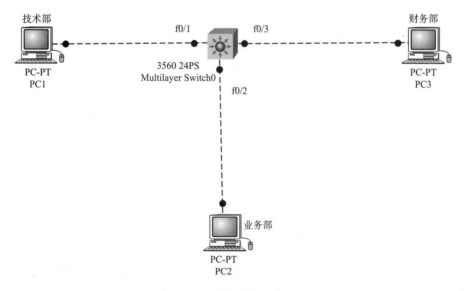

图 9-34　三层交换机 IP 标准访问控制列表

4. 任务实施

1）配置各 PC 的 IP 地址

在 Packet Tracer 中单击 PC1，在弹出的窗口中选择"桌面"选项卡下的"IP 地址配置"选项，出现如图 9-35 所示对话框，然后设置 PC1 的 IP 地址、子网掩码和默认网关，按照同样方法设置其他 PC 的 IP 地址、子网掩码和默认网关。

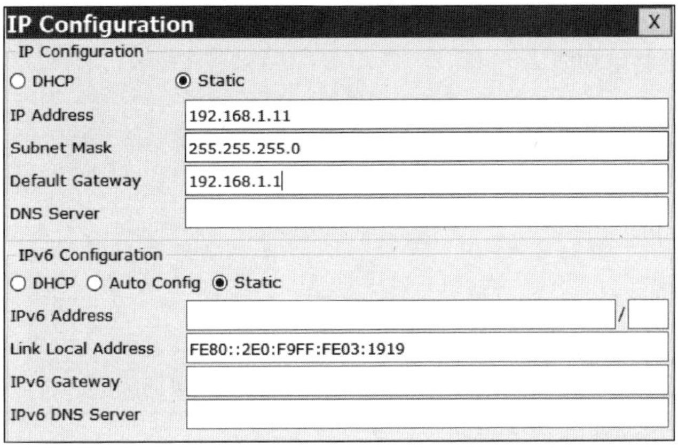

图 9-35 配置 PC1 主机的 IP 地址、子网掩码和默认网关

PC2 主机的 IP 地址、子网掩码和默认网关配置如图 9-36 所示。

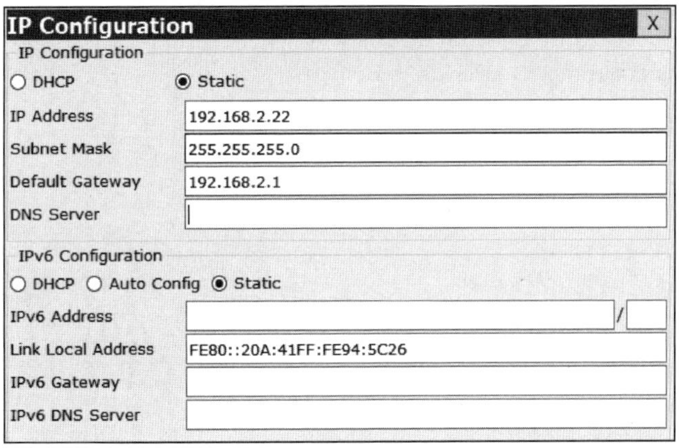

图 9-36 配置 PC2 主机的 IP 地址、子网掩码和默认网关

PC3 主机的 IP 地址、子网掩码和默认网关配置如图 9-37 所示。

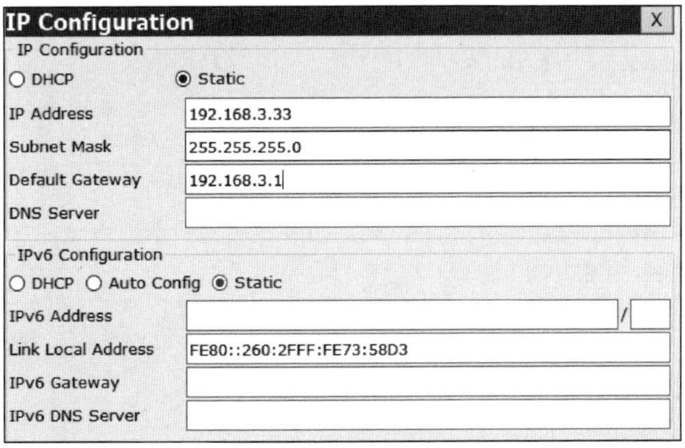

图 9-37 配置 PC3 主机的 IP 地址、子网掩码和默认网关

2）交换机基本配置

（1）开启三层交换机路由功能。

```
Switch#configure terminal
Switch(config)#hostname s3560
s3560(config)#ip routing
```

（2）建立 VLAN 并分配端口。

```
s3560(config)#vlan 10
s3560(config-vlan)#name tech
s3560(config-vlan)#exit
s3560(config)#vlan 20
s3560(config-vlan)#name business
s3560(config-vlan)#exit
s3560(config)#vlan 30
s3560(config-vlan)#name finance
s3560(config-vlan)#exit
s3560(config)#interface f0/1
s3560(config-if)#switchport mode access
s3560(config-if)#switchport access vlan 10
s3560(config-if)#exit
s3560(config)#interface f0/2
s3560(config-if)#switchport mode access
s3560(config-if)#switchport access vlan 20
s3560(config-if)#exit
s3560(config)#interface f0/3
s3560(config-if)#switchport mode access
s3560(config-if)#switchport access vlan 30
s3560(config-if)#exit
s3560(config)#
```

（3）配置三层交换机端口的路由功能。

```
s3560(config)#interface vlan 10
s3560(config-if)#ip address 192.168.1.1 255.255.255.0
s3560(config-if)#no shutdown
s3560(config-if)#exit
s3560(config)#interface vlan 20
s3560(config-if)#ip address 192.168.2.1 255.255.255.0
s3560(config-if)#no shutdown
s3560(config-if)#exit
s3560(config)#interface vlan 30
s3560(config-if)#ip address 192.168.3.1 255.255.255.0
s3560(config-if)#no shutdown
s3560(config-if)#exit
s3560(config)#
```

3）交换机标准访问控制的配置

（1）定义标准访问控制。

```
s3560(config)#access-list 1 deny 192.168.2.0 0.0.0.255
```

第 9 章 访问控制技术

```
s3560(config)#access-list 1 permit 192.168.1.0 0.0.0.255
```

（2）应用在三层交换机 S3560 的 VLAN 30 虚拟接口输出方向上。

```
s3560(config)#interface vlan 30
s3560(config-if)#ip access-group 1 out
s3560(config-if)#end
s3560#show access-list 1
s3560#show ip interface vlan 30
```

（3）验证测试。

主机 PC1 能够 ping 通主机 PC2，如图 9-38 所示。

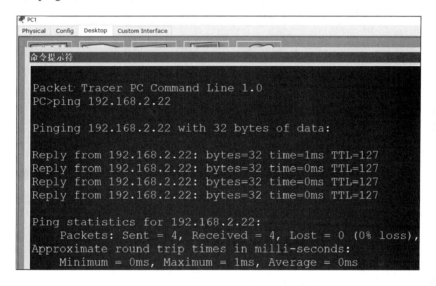

图 9-38　主机 PC1 能够 ping 通主机 PC2

主机 PC1 能够 ping 通主机 PC3，如图 9-39 所示。

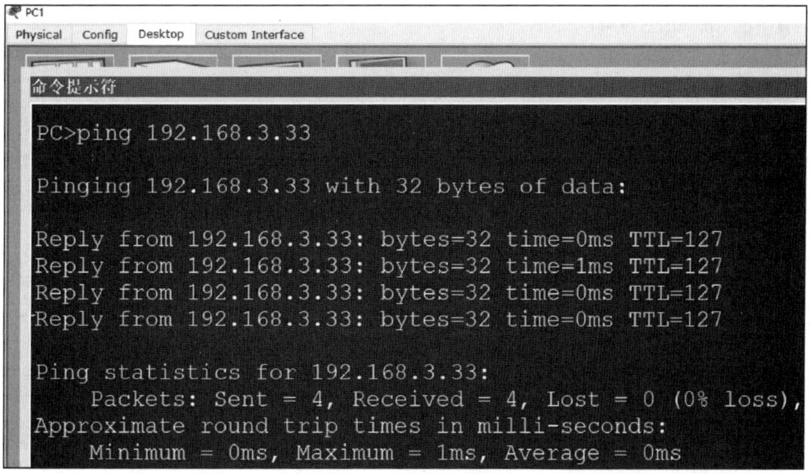

图 9-39　主机 PC1 能够 ping 通主机 PC3

业务部主机 PC2 无法 ping 通财务部主机 PC3，如图 9-40 所示。

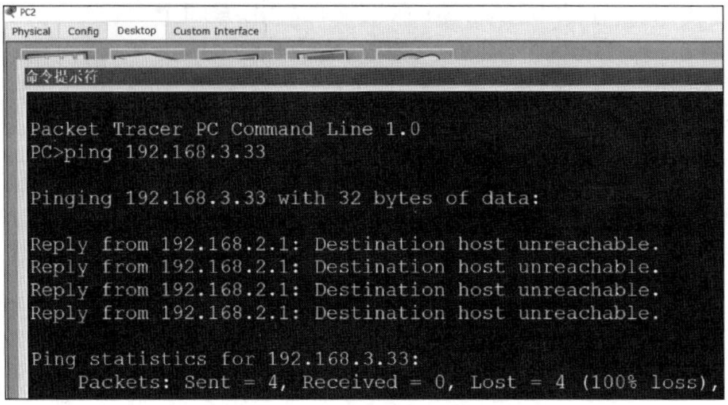

图 9-40　主机 PC2 无法 ping 通主机 PC3

9.4.2　基于 VTY 的访问控制实训

基于VTY的访问控制实训

1. 实训目标

掌握利用标准访问实现 Telnet 远程管理访问控制的技能。

2. 实训任务

你是单位网络管理员或网络公司技术支持工程师，客户单位有一台交换机具备远程 Telnet 管理功能，为了安全管理需求，客户要求只允许管理员才可以 Telnet 管理交换机。

3. 任务分析

（1）配置交换机特权密码。

（2）在交换机上配置管理 VLAN 接口 IP 地址。

（3）在交换机上配置 VTY 终端密码和允许登录。

（4）在交换机上定义标准访问控制列表。

（5）将访问控制列表应用在 VTY 终端上。

基于 VTY 的访问控制如图 9-41 所示。

4. 任务实施

1）配置各 PC 的 IP 地址

在 Packet Tracer 中单击 PC1，在弹出的窗口中选择"桌面"选项卡下的"IP 地址配置"选项，出现如图 9-42 所示对话框，然后设置 PC1 的 IP 地址和子网掩码，按照同样方法设置其他 PC 的 IP 地址和子网掩码。由于所有计算机在同一网段，因此不需要配置网关。

主机 PC2 的 IP 地址和子网掩码配置如图 9-43 所示。

2）交换机基本配置

（1）在交换机上配置特权密码。

```
Switch#configure terminal
Switch(config)#enable password cisco
Switch(config)#
```

第 9 章 访问控制技术

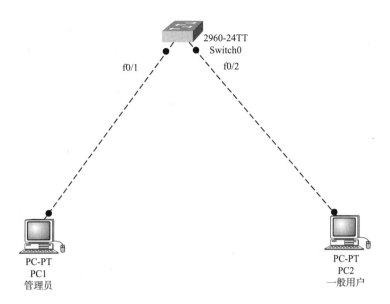

图 9-41 基于 VTY 的访问控制

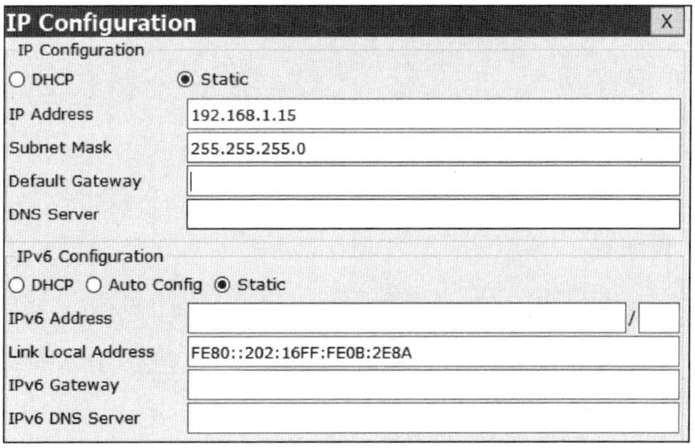

图 9-42 配置 PC1 主机的 IP 地址和子网掩码

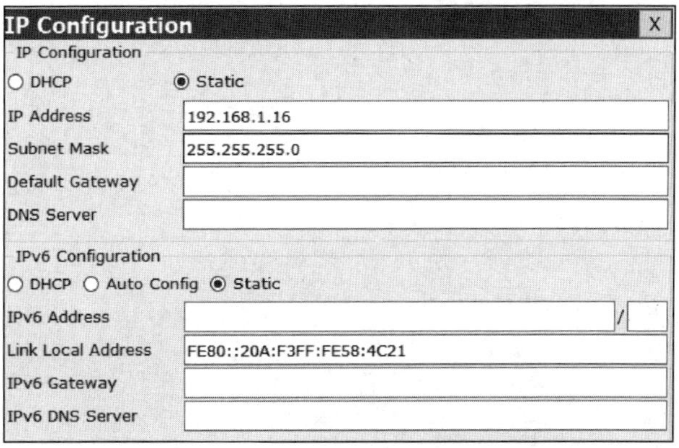

图 9-43 配置 PC2 主机的 IP 地址和子网掩码

(2)在交换机上配置管理 VLAN 接口 IP 地址。

```
Switch(config)#interface vlan 1
Switch(config-if)#ip address 192.168.1.1 255.255.255.0
Switch(config-if)#no shutdown
Switch(config-if)#exit
Switch(config)#
```

(3)在交换机上配置 VTY 终端。

```
Switch(config)#line vty 0 4
Switch(config-line)#login
Switch(config-line)#password 123
Switch(config-line)#exit
Switch(config)#
```

3)配置 VTY 标准访问控制

(1)定义访问控制。

```
Switch(config)#access-list 1 permit host 192.168.1.15
```

(2)在交换机上 VTY 终端上应用访问控制。

```
Switch(config)#line vty 0 4
Switch(config-line)#access-class 1 in
Switch(config-line)#end
Switch#
```

(3)查看访问控制列表配置。

```
Switch#show access-lists
```

4)验证测试

在主机 PC1 上对 VTY 标准访问控制测试,如图 9-44 所示。

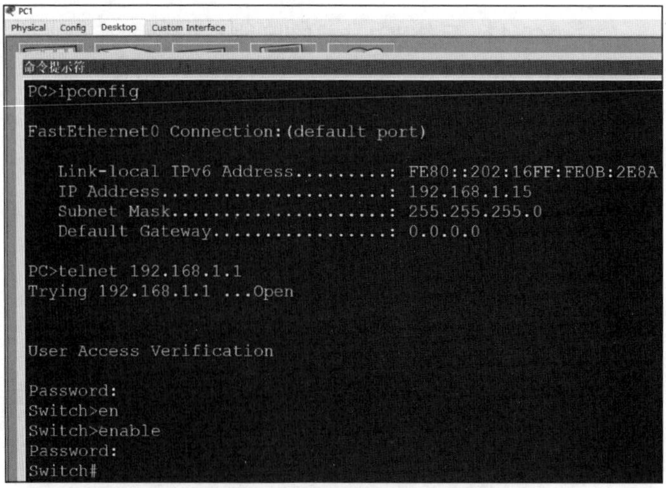

图 9-44 在主机 PC1 上对 VTY 标准访问控制测试

第 9 章 访问控制技术

在主机 PC2 上对 VTY 标准访问控制测试，如图 9-45 所示。

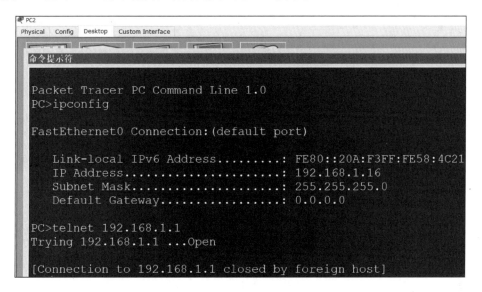

图 9-45 在主机 PC2 上对 VTY 标准访问控制测试

9.4.3 扩展访问控制列表实训

1. 实训目标

（1）了解扩展访问控制列表的功能及用途。

（2）掌握路由器 IP 扩展访问控制列表配置技能。

2. 实训任务

扩展访问控制列表实训

你是某公司的网络管理员，公司有两个部门分别为技术部和业务部，公司的网络中心分别架设 FTP、WEB 服务器，其中 FTP 服务器供技术部专用，业务部不可使用，技术部和业务部都可访问 WEB 服务器。FTP 及 WEB 服务器、技术部和业务部分属不同的三个网段，三个网段之间通过路由器进行信息传递，要求你对路由器进行适当设置，从而实现网络的数据流量控制。

3. 任务分析

首先对两路由器进行基本配置，实现三个网段相互访问。然后对离控制源地址较近的 RouterA 路由器配置 IP 扩展访问控制列表，不允许 192.168.1.0 网段（业务部）主机发出的去 192.168.3.0 网段的 FTP 数据包通过，允许 192.168.1.0 网段主机发出的其他服务数据包通过，最后将这一策略加到 RouterA 路由器的 f0/0 端口，如图 9-46 所示。

4. 任务实施

1）配置各 PC 主机、服务器的 IP 地址

在 Packet Tracer 中单击 PC1，在弹出的窗口中选择"桌面"选项卡下的"IP 地址配置"选项，出现如图 9-47 所示对话框，然后设置 PC1 的 IP 地址、子网掩码和默认网关，按照同样方法设置其他 PC、服务器的 IP 地址、子网掩码和默认网关。

交换机与路由器的配置管理

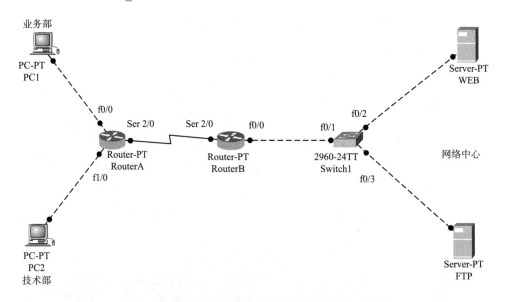

图 9-46　路由器 IP 扩展访问控制列表

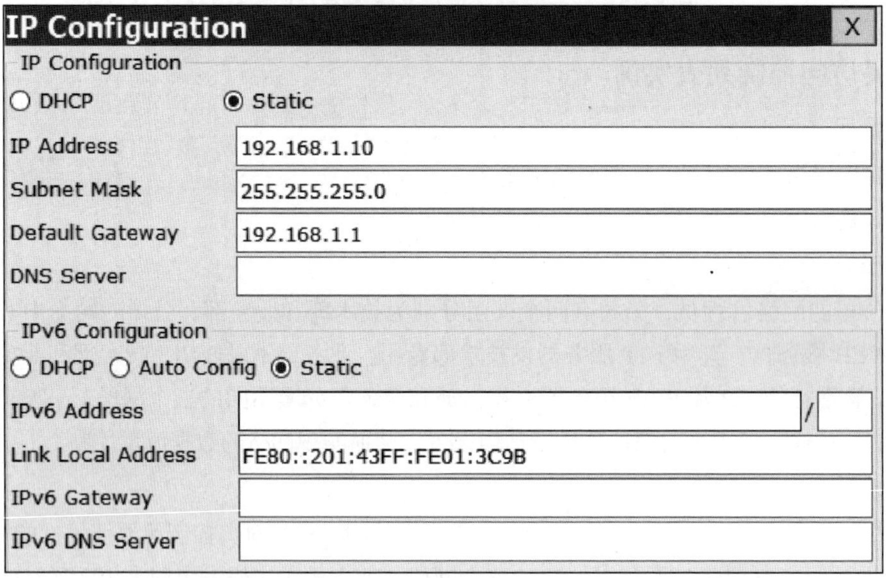

图 9-47　配置 PC1 主机的 IP 地址、子网掩码和默认网关

PC2 主机的 IP 地址、子网掩码和默认网关配置如图 9-48 所示。

WEB 服务器的 IP 地址、子网掩码和默认网关配置如图 9-49 所示。

FTP 服务器的 IP 地址、子网掩码和默认网关配置如图 9-50 所示。

2）配置服务器的 WEB 服务

在 Packet Tracer 中单击 WEB 服务器，在弹出的窗口中选择"配置"选项卡下的"HTTP"选项，出现如图 9-51 所示对话框，然后在"HTTP"选项中设置"启用"，与 FTP 服务器的配置相同。

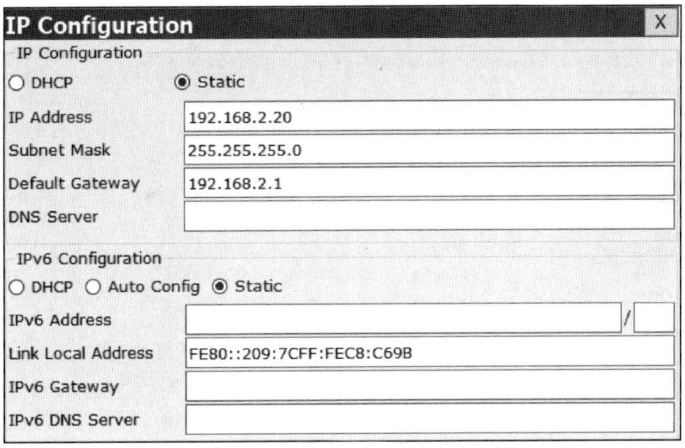

图 9-48 配置 PC2 主机的 IP 地址、子网掩码和默认网关

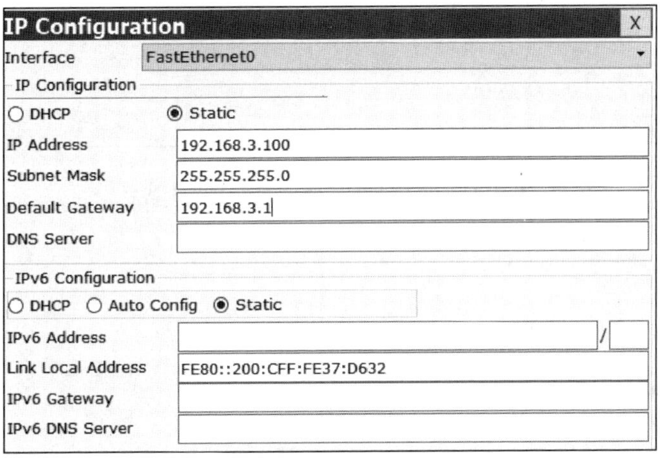

图 9-49 配置 WEB 服务器的 IP 地址、子网掩码和默认网关

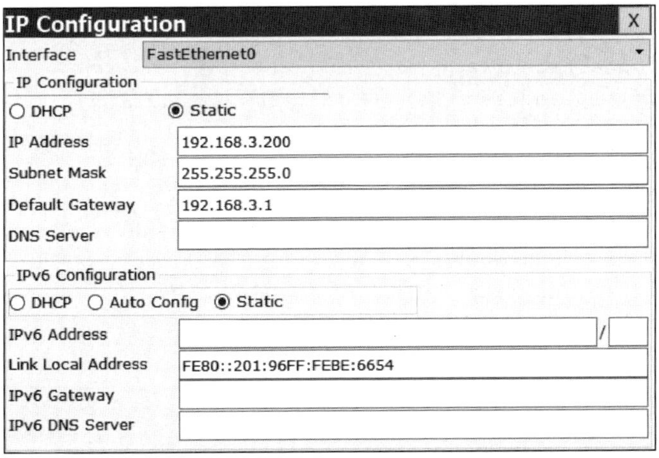

图 9-50 配置 FTP 服务器的 IP 地址、子网掩码和默认网关

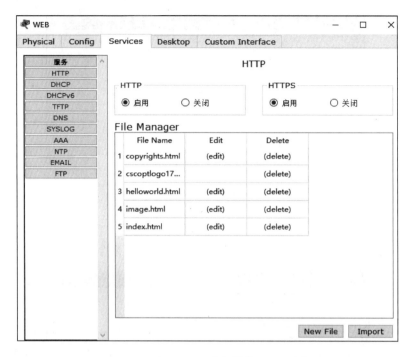

图 9-51　启用 WEB 服务器的 WEB 站点

3）路由器配置

（1）路由器基本配置。

① RouterA 路由器的配置如下：

```
Router>enable
Router#configure terminal
Router(config)#hostname RouterA
RouterA(config)#interface f0/0
RouterA(config-if)#ip address 192.168.1.1 255.255.255.0
RouterA(config-if)#no shutdown
RouterA(config-if)#exit
RouterA(config)#interface f1/0
RouterA(config-if)#ip address 192.168.2.1 255.255.255.0
RouterA(config-if)#no shutdown
RouterA(config-if)#exit
RouterA(config)#interface ser2/0
RouterA(config-if)#ip address 192.168.12.1 255.255.255.0
RouterA(config-if)#no shutdown
RouterA(config-if)#clock rate 64000
RouterA(config-if)#exit
RouterA(config)#
```

② RouterB 路由器的配置如下：

```
Router>enable
Router#configure terminal
```

```
Router(config)#hostname RouterB
RouterB(config)#interface f0/0
RouterB(config-if)#ip address 192.168.3.1 255.255.255.0
RouterB(config-if)#no shutdown
RouterB(config-if)#exit
RouterB(config)#interface ser2/0
RouterB(config-if)#ip address 192.168.12.2 255.255.255.0
RRouterB(config-if)#no shutdown
RouterB(config-if)#exit
RouterB(config)#ip route 0.0.0.0 0.0.0.0 192.168.12.1
RouterB(config)#end
RouterB#show ip route
```

(2)配置默认路由。

```
RouterA(config)#ip route 0.0.0.0 0.0.0.0 192.168.12.2
RouterA(config)#end
RouterA#
RouterA#show ip route
```

4)路由器扩展访问控制配置

(1)在路由器 RouterA 上配置 IP 扩展访问控制列表，拒绝来自 192.168.1.0 网段的去 192.168.3.0 网段的 FTP 流量通过。

```
RouterA#configure terminal
RouterA(config)#access-list 100 deny tcp 192.168.1.0 0.0.0.255 192.168.3.0 0.0.0.255 eq ftp
```

允许其他服务的流量通过：

```
RouterA(config)#access-list 100 permit ip any any
RouterA(config)#exit
RouterA#show access-lists 100
```

(2)把访问控制列表应用在路由器 RouterA 的 f0/0 接口输入方向上。

```
RouterA#configure terminal
RouterA(config)#interface f0/0
RouterA(config-if)#ip access-group 100 in
RouterA(config-if)#
```

5)验证测试

业务部主机 PC1 访问 WEB 服务器如图 9-52 所示。
技术部主机 PC2 访问 WEB 服务器如图 9-53 所示。
业务部主机 PC1 无法访问 FTP 服务器，如图 9-54 所示。
技术部主机 PC2 能够访问 FTP 服务器，如图 9-55 所示。

图 9-52　业务部主机 PC1 访问 WEB 服务器

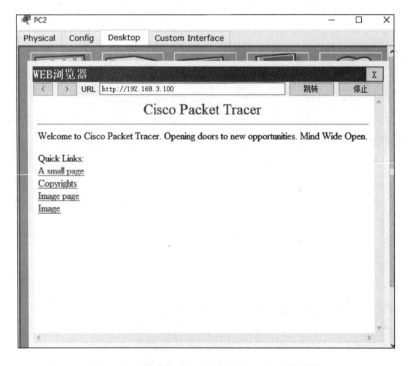

图 9-53　技术部主机 PC2 访问 WEB 服务器

图 9-54　业务部主机 PC1 无法访问 FTP 服务器

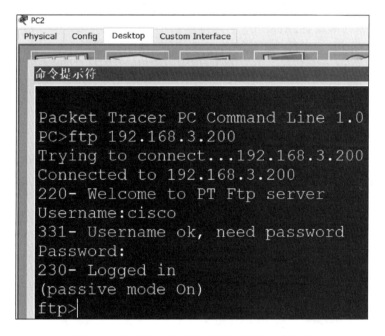

图 9-55　技术部主机 PC2 能够访问 FTP 服务器

习　题

一、选择题

1. IP 扩展访问控制列表的数字标示范围是（　　）。

　　A. 0～99　　　　　　　　B. 1～99　　　　　　　　C. 100～199　　　　　　D. 101～200

2. 下面 ACL 正确的是（　　）。

　　A. access-list 38 permit 192.168.8.10 255.255.255.0

　　B. access-list 120 deny host 192.168.10.9

　　C. ip access-list 1 permit 192.168.10.9 0.0.0.255

　　D. access-list 2 deny 192.168.10.9 0.0.0.255

3. ACL 中拒绝 B 类网络 129.10.0.0 的数据流，应该使用的通配符掩码是（　　）。

　　A. 0.0.0.255　　　　　　　　　　　　B. 0.0.255.255

　　C. 0.255.255.255　　　　　　　　　　D. 255.255.255.0

4. 以下（　　）只允许 FTP 流量进入 192.168.1.0 网络。

　　A. access-list 38 permit 192.168.1.0 0.0.0.255

　　B. access-list 120 deny tcp any 192.168.1.0 0.0.0.255 eq ftp

　　C. access-list 120 permit tcp any 192.168.1.0 0.0.0.255 eq 21

　　D. access-list 2 deny 192.168.1.0 0.0.0.255

5. 要禁止远程登录到网络 192.168.1.0，可以使用（　　）。

　　A. access-list 120 deny tcp any 192.168.1.0 255.255.255.0 eq telnet

　　B. access-list 120 deny tcp any 192.168.1.0 0.0.0.255 eq 23

　　C. access-list 120 permit tcp any 192.168.1.0 0.0.0.255 eq 23

　　D. access-list 98 deny tcp any 192.168.1.0 0.0.0.255 eq telnet

6. 在路由器接口上使用 43 号访问控制列表正确的是（　　）。

　　A. access-group 43 in　　　　　　　　B. ip access-list 43 out

　　C. ip access-group 43 in　　　　　　 D. access-list 43 in

7. 下述访问控制列表的含义是（　　）。

```
access-list 100 deny icmp 10.1.10.10 0.0.255.255 any host-unreachable
```

　　A. 规则序列号是 100，禁止到 10.1.10.10 主机的所有主机不可达报文

　　B. 规则序列号是 100，禁止到 10.1.0.0/16 网段的所有主机不可达报文

　　C. 规则序列号是 100，禁止从 10.1.0.0/16 网段来的所有主机不可达报文

　　D. 规则序列号是 100，禁止从 10.1.10.10 主机来的所有主机不可达报文

8. 在 ACL 语句中，含义为"允许 172.168.0.0/24 网段所有 PC 访问 10.1.0.10 中的 FTP 服务"的是（　　）。

　　A. access-list 101 deny tcp 172.168.0.0 0.0.0.255 host 10.1.0.10 eq ftp

　　B. access-list 101 permit tcp 172.168.0.0 0.0.0.255 host 10.1.0.10 eq ftp

　　C. access-list 101 deny tcp host 10.1.0.10 172.168.0.0 0.0.0.255 eq ftp

　　D. access-list 101 permit tcp host 10.1.0.10 172.168.0.0 0.0.0.255 eq ftp

9. 能够表示"禁止从 129.9.0.0 网段中的主机建立与 202.38.16.0 网段内的主机的 WWW 端口的连接"的访问控制列表是（　　）。

　　A. access-list 101 deny tcp 129.9.0.0 0.0.255.255 202.38.16.0 0.0.0.255 eq www

B. access-list 100 deny tcp 129.9.0.0 0.0.255.255 202.38.16.0 0.0.0.255 eq 80

C. access-list 100 deny udp 129.9.0.0 0.0.255.255 202.38.16.0 0.0.0.255 eq www

D. access-list 99 deny udp 129.9.0.0 0.0.255.255 202.38.16.0 0.0.0.255 eq 80

10. 在网络中，为保证 192.168.10.0/24 网络中 WWW 服务器的安全，只允许访问 WEB 服务，采用访问控制列表来实现，正确的是（　　）。

　　A. access-list 100 permit tcp any 192.168.10.0 0.0.0.255 eq www

　　B. access-list 10 deny tcp any 192.168.10.0 eq www

　　C. access-list 100 permit 192.168.10.0 0.0.0.255 eq www

　　D. access-list 110 permit www 192.168.10.0 0.0.0.255

11. 以下为标准访问控制列表的是（　　）。

　　A. access-list 116 permit host 2.2.1.1

　　B. access-list 1 deny 172.16.10.198

　　C. access-list 1 permit 172.16.10.198 0.0.0.255

　　D. access-list standard 1.1.1.1

12. 把一个扩展访问控制列表 101 应用到接口上，通过（　　）命令。

　　A. permit access-list 101 out　　　　　　B. ip access-group 101 out

　　C. access-list 101 out　　　　　　　　　D. apply access-list 101 out

13. 允许来自 192.168.1.0 网络的主机访问，在 Switch（config-std-nacl）#模式下，则下列命令行正确的是（　　）。

　　A. deny 192.168.1.0 0.0.0.255

　　B. deny 192.168.1.0 255.255.255.0

　　C. permit 192.168.1.0 0.0.0.255

　　D. permit 192.168.1.0 255.255.255.0

二、简答题

1. 简述访问控制列表的分类。

2. 简述访问控制列表设置规则。

3. 如何配置标准号码式 ACL 限制计算机访问？

4. 如何配置扩展命名式 ACL 限制计算机访问？

参 考 文 献

[1] 殷玉明，华丹. 交换机与路由器配置项目式教程 [M].4 版 . 北京：电子工业出版社，2022.

[2] 韩劲松，李康乐 . 交换机与路由器配置教程 [M]. 北京：清华大学出版社，2022.

[3] 冯昊 . 交换机 / 路由器的配置与管理 [M].3 版 . 北京：清华大学出版社，2022.

[4] 毛正标 . 网络项目实践与设备管理教程 [M]. 上海：上海交通大学出版社，2017.

[5] 张世勇 . 交换机与路由器配置实验教程 [M].2 版 . 北京：机械工业出版社，2018.